D1936584

Dr. M. A. Koenig

Geologische Katastrophen
und ihre Auswirkungen auf die Umwelt

Dr. Martin A. Koenig

Geologische Katastrophen

Vulkane
Erdbeben
Bergstürze

und ihre Auswirkungen auf die Umwelt

17 Farbbilder
90 Abbildungen und Zeichnungen
8 Tabellen

OTT VERLAG THUN

CIP-Kurztitelaufnahme der Deutschen Bibliothek

König, Martin Adolf:
Geologische Katastrophen und ihre Auswirkungen
auf die Umwelt : Vulkane, Erdbeben, Bergstürze/
Martin Adolf Koenig. - Thun : Ott, 1984.
ISBN 3-7225-6290-2

© 1984, Ott Verlag Thun
ISBN 3-7225-6290-2

Alle Rechte an der deutschsprachigen Ausgabe, insbesondere das Recht
der Vervielfältigung und Verbreitung, vorbehalten.
Kein Teil des Werkes darf in irgendeiner Form (durch Fotokopien,
Mikrofilm oder andere Verfahren) ohne schriftliche Genehmigung
des Verlages reproduziert oder unter Verwendung elektronischer
Systeme verarbeitet, vervielfältigt oder verbreitet werden.

Gedruckt in der Schweiz, by Ott Verlag + Druck AG Thun
Printed in Switzerland.
Gestaltung und Einbandvignette Ingeborg Koenig-Jogerst, Zürich
Umschlag: Ingeborg Koenig-Jogerst und Jean Masset, Basel

Inhaltsverzeichnis

Vorwort

Die nächste geologische Katastrophe kommt bestimmt und mit zunehmender Bevölkerungsdichte und empfindlicher werdender Technik – man denke nur an Staudämme und Anlagen für die Kernenergie – ist mit einer Zunahme der Schäden zu rechnen. Schon in der Vergangenheit sind große Kulturen das Opfer von geologischen Katastrophen geworden.

Der Verfasser als in der Praxis stehender Ingenieurgeologe, der selbst immer wieder mit Schäden konfrontiert wird, interessiert sich naturgemäß besonders für die Auswirkungen solcher Ereignisse auf Mensch, Umwelt und Bautechnik, auf die Möglichkeiten der Vorhersage und Schadenverhütung.

Besondere Aktualität erhält die Erforschung geologischer Katastrophen angesichts des geschärften Umweltbewußtseins im Hinblick auf Klimaveränderungen, sauren Regen und größere Kernexplosionen. In den großen Vulkanausbrüchen, Erdbeben und Meteoritenfällen haben wir diesbezüglich Fallbeispiele für «natürliche» Umweltschädigungen vor uns. Daher werden in diesem Buch auch ganz besonders die weltweit wirkenden Gefahren der Lebensäußerungen unseres Planeten dargestellt.

In der erdwissenschaftlichen Reihe des Ott Verlages, in der geologische Zusammenhänge in allgemein verständlicher Form dargestellt werden sollen, ist dies nunmehr das dritte Buch des Verfassers nach «Kleine Geologie der Schweiz» und «Vulkane und Erdbeben». Nach dem erfreulichen Echo aus ganz Europa auf diese Bücher wurde versucht, die seinerzeit gewählte Darstellungsweise beizubehalten bzw. weiter auszubauen.

Herrn Verleger Hans M. Ott sei hiermit für die Möglichkeit der reichen Ausstattung des Werkes mit Abbildungen aus der Hand von Fachleuten aus aller Welt gedankt.

Singen/Hohentwiel und Zürich

Dr. M. A. Koenig
Chefgeologe
Geosond GmbH

Stromboli (Foto: M. A. Koenig)

1. Einleitung: Die Katastrophe – eine normale geologische Erscheinung

Fotos vom Mond zeigen uns Bilder von Landschaften, wie sie sich seit Jahrmilliarden nicht verändert haben (Abb. 1-1). Lavaströme und Vulkankrater haben ein Bild der Oberfläche geformt – und so blieb es bestehen. Nur die von außerhalb des Himmelskörpers auf die Oberfläche niederstürzenden Meteorite überprägen nach und nach die Topographie und so ist ein Hauptinstrument der Datierung von geologischen Strukturen auf dem Mond die Dichte der Einschlagskrater, wie wir sie auf den Fotos direkt auszählen können. Die Kräfte aus dem Inneren des Mondes, die die Vulkane in Gang gehalten hatten, sind erloschen. Durch die kleine Masse des Himmelskörpers kann er auch keine Hydrosphäre und Atmosphäre halten, so daß es keinen Wasserkreislauf und keine Lebensformen gibt. Die außerhalb der Erdkruste wirkenden exogenen Prozesse, wie Sedimentation und dadurch Bildung neuer Gesteine und die erodierende Wirkung des fließenden Wassers, die ein Einebnen des Oberflächenreliefs anstrebt, fehlen hier völlig.

Das Innere der Erde dagegen befindet sich im glutflüssigen Zustand. Aufgrund der mit der Tiefe zunehmenden Fortpflanzungsgeschwindigkeit von Erdbebenwellen und den daraus abgeleiteten physikalischen Eigenschaften ergibt sich ein schalenförmiger Aufbau der Erde. Die oberste Schicht, die Erdkruste, hat eine Stärke von etwa 15 bis 40 km. Ihre Untergrenze wurde von dem jugoslawischen Geophysiker Mohorovicic entdeckt, indem er feststellte, daß sich an ihr die Erdbebenwellen brechen bzw. reflektiert werden (Abb. 1-2).

Schon ein Blick in einen Steinbruch zeigt, daß Felsgestein nicht aus einem zusammenhängenden Stück besteht, sondern eine mehr oder weniger starke Durchklüftung die Regel ist. Der Fels wird von feinen Haarrissen bis zu zentimeterbreit klaffenden Spalten durchzogen. Die Erdkruste, die im Vergleich zum Erddurchmesser ja vergleichbar ist mit der dünnen Schale eines Hühnereis, ist ihrerseits in Schollen zerlegt, die man sich schwimmend auf dem glutflüssigen Erdinneren vorstellt. Diese Theorie geht zurück auf den Geologen Alfred Wegener, der von einer Kontinentalwanderung sprach, während wir heute wissen, daß nicht die Kontinente allein, sondern mit ihnen der benachbarte Meeresboden in Bewegung ist. Die Ränder dieser «Platten» sind es, die auf der Erdoberfläche eine erhöhte Erdbebenaktivität sowie verstärkte Vulkanausbrüche zeigen. Der Rand des Pazifiks ist ein Beispiel hierfür (vgl. Textziffer 2.10).

Sowohl Vulkanausbrüche als auch Erdbeben sind jedoch keinesfalls auf die groß-tektonischen Strukturen, wie es Plattenränder darstellen, gebunden. Die größten Erdbebenkatastrophen ereignen sich regelmäßig außerhalb dieser «typischen» Erdbebengebiete, so in China, wo wiederholt Beben mit mehreren hunderttausend Opfern stattfanden (3.5).

Abb. 1-1 Die Luftaufnahme vom Mond zeigt im Vordergrund den Krater *Goclenius,* der von «Rillen», d.h. Brüchen durchzogen ist. Im oberen Bereich des Bildes sind Bodenflächen ersichtlich, die dichter mit Meteoritenkratern bedeckt sind und daher als älter anzusehen sind. (Foto: NASA)

Das europäische Erdbebenzentrum nördlich der Alpen befindet sich gegenwärtig auf der Schwäbischen Alb bei Albstadt (3.3), nachdem es bis 1911 bei Basel gelegen hatte. Auch Vulkankatastrophen sind nicht auf ferne Länder beschränkt. Als etwa 9000 v.Chr. der explosive Ausbruch des heutigen Laacher Sees in der Eifel erfolgte, war bereits der Mensch Zeuge dieser Katastrophe, wie die Ausgrabung einer altsteinzeitlichen Siedlung unter vulkanischen Ablagerungen in Feldkirchen-Gönnersdorf nordwestlich von Neuwied zeigt. Noch jünger sind die Vulkane der Chaîne des Puys in der französischen Auvergne.

Vulkangebiete, die während Jahrtausenden keinen Ausbruch gezeigt haben, gelten im allgemeinen Sprachgebrauch als «erloschen». Der Geologe bezeichnet solche nacheiszeitlichen Ereignisse jedoch als «rezent», d.h. sie fanden in der geologischen Gegenwart statt. Mit einem erneuten Ausbruch der Vulkane der Eifel ist durchaus zu rechnen, nachdem die Ruhepausen zwischen den letzten Ausbrüchen mit 70000, 50000 und 20000 Jahren immer kürzer wurden.

Vulkanausbrüche und Erdbeben sind das Ergebnis von endogenen Vorgängen, solchen geologischen Vorgängen, die sich im Erdinneren abspielen. Rutschungen und Bergstürze sind exogene geologische Vorgänge, die auf der Erdoberfläche ohne Bezug auf den jeweiligen Aufbau des Erdinneren unter dem Ereignisgebiet ablaufen können. Insbesondere Rutschungen können überall auftreten, wo sich natürliche oder künstliche Hänge befinden.

Die geologischen Kräfte verändern das Bild der Erdoberfläche unaufhaltsam – teils durch stetig und unmerkbar verlaufende Prozesse, wie die Erosion, teils durch gewaltsame Eingriffe durch geologische Katastrophen. Hierbei können menschliche Kulturen ausgelöscht werden, wie dies für die Kultur der Maya in Mittelamerika (2.2) und die minoische Kultur auf Kreta (2.12) anzunehmen ist.

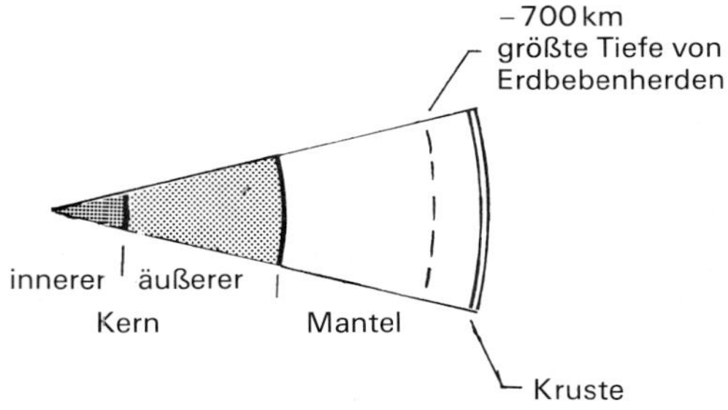

Abb. 1-2 Ein Querschnitt durch die Erde zeigt aufgrund seismischer Messungen einen Schalenaufbau.

Als vor 100 Jahren selbst in Europa in einem Jahr nach Mißernten noch Hunderttausende verhungerten oder zur Auswanderung gezwungen wurden, konnten wir uns vor den jährlich Zehntausenden von Opfern von geologischen Katastrophen achselzuckend verschließen. Heute werden für den Erhalt des Lebens eines einzigen Menschen auf der Intensivstation eines Krankenhauses größte Kosten aufgewendet. Das Massensterben infolge von geologischen Katastrophen geht – eher verstärkt – unvermindert weiter, und wir beschränken uns allenfalls auf eine Katastrophenhilfe für die Überlebenden.

Geologische Risiken sind aber mit unserem heutigen Wissen bereits weitgehend vorher erkennbar. Das «kurze Gedächtnis» des Menschen für Gefahrensituationen ist eine der Hauptursachen für die nicht abreißende Liste von Ereignissen mit zahllosen Todesopfern und ungeheuren wirtschaftlichen Schäden. Die Bereitschaft, Präventivmaßnahmen zu ergreifen, ist örtlich jeweils nur nach einem «Ereignis» gegeben. Dieses Buch soll ein solches Ereignis sein und die Ursachen und die möglichen Auswirkungen beschreiben und die Verständnisbereit-

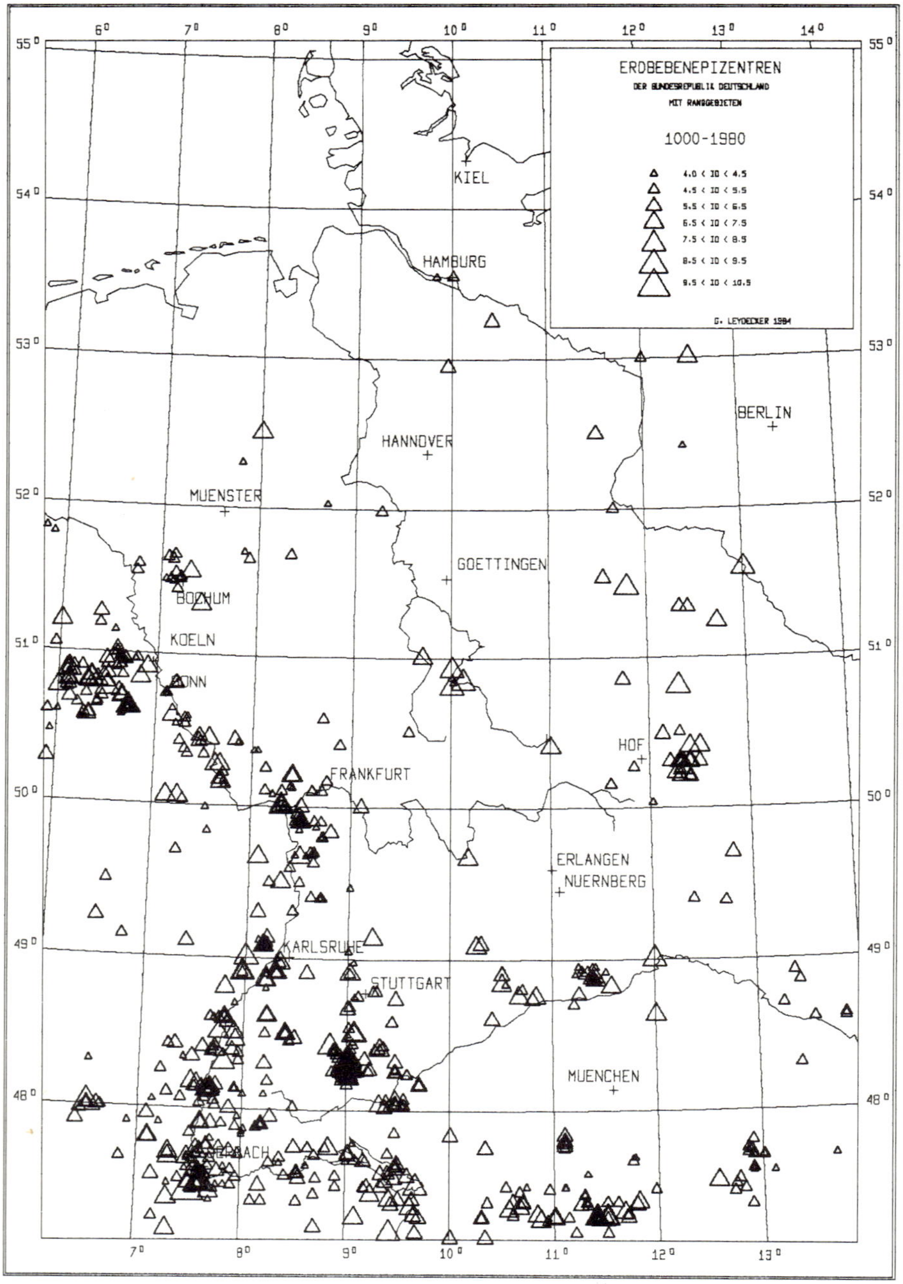
ERDBEBENEPIZENTREN
DER BUNDESREPUBLIK DEUTSCHLAND
MIT RANDGEBIETEN
1000-1980
4.0 < IO < 4.5
4.5 < IO < 5.5
5.5 < IO < 6.5
6.5 < IO < 7.5
7.5 < IO < 8.5
8.5 < IO < 9.5
9.5 < IO < 10.5
G. LEYDECKER 1984
KIEL
HAMBURG
BERLIN
HANNOVER
MUENSTER
GOETTINGEN
BOCHUM
KOELN
BONN
HOF
FRANKFURT
ERLANGEN
NUERNBERG
KARLSRUHE
STUTTGART
MUENCHEN

schaft für Schutzmaßnahmen wecken. Da der Verfasser seit über 20 Jahren als beratender Geologe an der Schadensverhütung durch geologische Einflüsse arbeitet, werden bewußt immer wieder Beispiele aus dem mitteleuropäischen Raum gebracht, wo wir uns keineswegs in einer Oase der Sicherheit befinden (Abb. 1-3).

◁ *Abb. 1-3* Erdbeben-Epizentren der Bundesrepublik Deutschland mit Randgebieten, von 1000 bis 1980 (nach Leydecker, 1981).

Die Geburt der Surtsey-Vulkaninsel: die explosive Phase der Eruptionen. (Foto: RDZ)

2. Vulkankatastrophen

2.1 Die Geburt der Surtsey-Vulkaninsel

Am Morgen des 14. November 1963 lag vor der Inselgruppe der Westmänner-Inseln südlich von Island das Fischerboot Isleifur II. Kurz vor 7 Uhr stellte der einzige an Deck befindliche Fischer einen eigenartigen Geruch fest, den er zunächst auf einen Schaden an der Maschine zurückführte. Eine Viertelstunde später werden an Bord unerklärliche Schlingerbewegungen verspürt. Zur gleichen Zeit wurde in der Dämmerung eine Rauchfahne gesichtet. Da man vermutete, daß es sich hier um ein brennendes Schiff handelte, wurde die Küstenstation benachrichtigt. Als das Schiff jedoch Kurs auf die Rauchwolke nahm, war es den Männern sofort klar, daß eine untermeerische Vulkaneruption eingesetzt hatte. Die See wurde immer bewegter und gegen 8 Uhr hatte die Säule von vulkanischer Asche bereits eine Höhe von 60 m erreicht. Es waren 2 oder 3 Ausbruchstellen lokalisierbar. Die Temperatur des Meeres wurde zu diesem Zeitpunkt mit 11° C gemessen, während normalerweise nur 7 bis 8° C herrschen. Ohne bemerkenswerten Lärm, aber begleitet von Lichtblitzen wuchs die Eruptionssäule in die Höhe. Als etwa um 10 Uhr die ersten Luftaufnahmen gemacht wurden, reichte sie schon 3500 m hoch. Bereits um 11 Uhr war der Vulkanologe Thorarinsson zur Stelle. Er beobachtet, daß in Abständen von etwa jeweils einer halben Minute unter Explosionen vulkanisches Lockermaterial in Form von Bomben, Lapilli und Asche bis zu 150 m Höhe ausgeworfen wurde. Am Nachmittag war ersichtlich, daß unter dem Meeresspiegel eine Spalte von 500 m Länge verlief. Die Rauchsäule reichte nun bereits 6000 m hoch und konnte von der isländischen Hauptstadt Reykjavik aus beobachtet werden.

Der Ausbruch war nicht ohne Vorboten gewesen. Eine Woche vor dem Ausbruch waren von der Erdbebenwarte Reykjavik schwache Erdstöße registriert worden. Drei Tage vor den ersten Eruptionen konnten die Bewohner der etwa 15 km entfernten Insel Heimaey deutlichen Schwefelgeruch feststellen. Einen Tag vor dem Ausbruch befand sich ein Forschungsschiff etwa 2 Meilen südwestlich und konnte einen plötzlichen Anstieg der Meerestemperatur von 7 auf 9,4° C messen. Es dauerte mehrere Tage, bis sich in dem 130 m tiefen Wasser der Tephra-Kegel bis zur Meeresoberfläche aufgebaut hatte und so eine Insel entstanden war (siehe nebenstehende Seite).

Die Insel wächst

Von diesem Moment an normalisierte sich die Wassertemperatur weitgehend. Es wurde jedoch eine Anreicherung von Kieselsäure und von Phosphaten im Meerwasser f estgestellt. Zwei Tage nach Erreichen des Wasserspiegels hatte die Insel bereits eine Höhe von 10 m erreicht. Die Eruptionssäule erreichte die Stratosphäre, die im Winter über Island bei etwa 9 km Höhe beginnt. Die Insel nahm eine langgestreckte Form an, durch deren Längsrichtung eine Spalte verlief, in die das Meer eindringen konnte. Die Explosionen, die selbst große Bomben bis 1000 m Höhe emporschleuderten, gingen zum Jahresende 1963 mit nur wenigen Pausen

Abb. 2.1-1 Lavaströme des Eldfell auf Heimaey/Island von 1973 in der effusiven Eruptionsphase. (Foto: RDZ)

von Minuten oder Stunden weiter, so daß zu diesem Zeitpunkt die Insel bereits eine Höhe von 145 m über dem Meeresspiegel erreicht hatte.

Nun ergaben sich auch Auswirkungen auf benachbarte bewohnte Gebiete. Ab Ende November gingen auf der Insel Heimaey immer wieder Aschenregen nieder, die jedoch nur eine schwarze Schicht von weniger als 1 cm bildeten. Dies sollte nur ein kleiner Vorgeschmack sein für die dortige große Eruption von 1973 (Abb. 2.1-1). Der relativ kleine Aschenfall verursachte immerhin bereits erhebliche Störungen, weil die Wasserversorgung hauptsächlich in der Weise betrieben wurde, indem Regenwasser, von den Dächern in Zisternen aufgesammelt, als Trinkwasser verwendet werden mußte.

Die schwarze Färbung der Asche ist darauf zurückzuführen, daß wir es hier mit Basalt zu tun haben. Basaltische Gesteinsschmelzen sind reich an dunklen, d.h. hauptsächlich eisen- und magnesiumreichen Mineralien. Sie werden basisch genannt im Gegensatz zu den sauren Gesteinsschmelzen, die reich an Kieselsäure

Abb. 2.1-2 Seillava vom Ausbruch 1973 in der East-Riftzone (Kilauea) der Hauptinsel von Hawaii. (Foto: H. Pichler)

sind. Da es sich bei dem Lavamaterial von Surtsey sogar um einen besonders basischen Basalt, nämlich Olivin-Basalt handelt, kann angenommen werden, daß der Magmaherd sehr tief liegt.

Im Februar brach, ebenfalls unter Erdbebenerscheinungen, ein zweiter Krater aus. Auch dieser hatte zunächst eine rein explosive Tätigkeit. So war nach rund 4

Monaten eine Insel von 1 km^2 entstanden, aber der Bestand derselben war noch nicht gesichert. Die von der Meeresbrandung umtoste Spitze eines auf dem Meeresgrund aufstehenden Berges war aus leicht erodierbarer, locker gelagerter Tephra aufgebaut. Doch am 4. April ging die explosive Tätigkeit in eine effusive über – es begann das Ausfließen von Lava. Es hatte sich zunächst ein rotglühender Lavasee von 120 m Durchmesser gebildet. Wo dieser überzulaufen begann, schoß ein Lavastrom mit einer Geschwindigkeit von 20 m/sec zum Strand. Beim Kontakt mit dem Meer zischten Dampfwolken bis 3000 m Höhe empor. Der an der Strandlinie jeweils rasch abgekühlte Lavastrom bildete alsdann einen Wall, so daß die nachfließende Lava dann in eine andere Richtung geleitet wurde. So entstand eine Schutzschicht über dem Lockermaterial, die fortan dem Angriff der Wellen und des Windes Widerstand leisten kann und den Bestand der Insel in Zukunft sichern wird.

Lavaströme

Die hohe Fließgeschwindigkeit der Lava ist zurückzuführen auf den genannten sehr basischen Chemismus und die hohe Ausflußtemperatur von gegen 1200° C und zusätzlich auf den hohen Gehalt an vulkanischem Gas, welches mit der ausfließenden Lava innig vermischt ist. Bei der erstarrten Lava sind anstelle der Bläschen und Schlieren von Gas entsprechende Hohlräume zurückgeblieben. Fließt ein solcher Lavastrom, so beginnt seine Oberfläche zu erkalten und zu erstarren. Wenn sich zunächst eine dünne Haut bildet, so kann diese von der darunter noch fließenden Lava mitgeschleppt werden. Die Haut wird zusammengeschoben zu Fladen- oder Seil-Lava, nach einem Ausdruck aus Hawaii auch Pahoehoe-Lava genannt (Abb. 2.1-2).

Deutlich zähflüssige Lava bildet alsbald eine kräftige Kruste an der Oberfläche. Wenn diese beim Weiterfließen des Stromes zerbricht, wird sie zu Schollen- oder gar Block-Lava zusammengeschoben. Bei sehr zähflüssigen Magmen können die Blöcke über 2 m messen. Der entsprechende hawaiianische Ausdruck für diese Laven mit kantiger Oberfläche ist Aa-Lava (Abb. 2.1-3).

Die Erstarrungsvorgänge von Lava auf dem Land sind schon lange studiert worden. Auf Surtsey war es nun auch möglich, die Bildungen zu beobachten, die sich ergeben, wenn ein glühflüssiger Lavastrom mit dem Meer in Kontakt kommt, wie dies ja in ganz großem Maße laufend und unbemerkt am Boden der Meere vor sich geht. Dieselben Lavaströme, die an Land bei langsamer Abkühlung ihre Oberfläche mit Seil- und Schnurstrukturen überziehen, ergeben andersartige Bildungen, wenn sie von der Meeresbrandung überspült werden. Schlagartig bildet sich eine dünne glasartige Erstarrungshaut. Diese splittert ab und die Teilchen werden von der nächsten Welle fortgespült. Nach und nach sammelt sich das von A. Rittmann als Glasasche oder Hyaloklastit bezeichnete Material und verbackt wieder zu einem Produkt, das früher fälschlicherweise zur Tephra gerechnet wurde.

Bei der Entstehung von Surtsey beobachtete Thorarinsson auch die Entstehung einer anderen Unterwasser-Lavastruktur. In größerer Tiefe verhindert der

Wasserdruck die Entwicklung von Wasserdampf. Die Lava löst sich vom Strom in Form von riesigen Tropfen bis zu einem halben Meter Durchmesser ab, wobei das Innere noch flüssig bleibt, während die Hülle bereits von einer plastischen Haut überzogen ist. Es entstehen Kissen- oder Pillow-Laven. Es wird angenommen, daß solche Pillow-Laven in großen Flächen die Flanken des Vulkans unter der Meeresoberfläche bedecken. Die Lavaströme waren nämlich nicht nur über die

Abb. 2.1-3 Blocklava, Stirn eines Lavastroms auf Thera/Santorin. (Foto: M. A. Koenig)

Strandoberfläche zum Meer gelaufen, sondern auch durch Intrusion der vorher abgelagerten Tephra waren untermeerisch einzelne Ströme bis zum Wasser vorgedrungen und hatten die Flanken des Vulkans mit einer schützenden Gesteinsschicht überziehen können.

Vulkaninseln – Kontakt zwischen Lava und Wasser

Das Zusammentreffen von glühflüssiger Lava und dem Meer beschreibt auch H. Tazieff von der Geburt der Vulkaninsel Capelinhos vor der Azoren-Insel Fayal, die in den Jahren 1957 bis 1958 in einer Wassertiefe von 100 bis 200 m dem Meer entstiegen war. Auch hier war an der Stelle des Kontaktes zwischen der Gesteinsschmelze und dem Meer jeweils unter explosionsartigem Aufschleudern von Lavafetzen und Wasserdampf eine Explosionswolke in der Form einer Zypresse entstanden. Diese explosionsartigen Erscheinungen beim Kontakt zwischen Lava und Wasser werden als «phreatisch» bezeichnet. Phreatische Ausbrüche können bereits entstehen, wenn Magma im Vulkanschlot mit dem Grundwasser in Berührung kommt.

Inzwischen waren nordöstlich der jungen Insel Surtsey dicht unter der Meeresoberfläche ebenfalls entlang einer Spalte untermeerische Ausbrüche vom Flugzeug aus zu beobachten. Diese flauten jedoch wieder ab, ohne daß sich eine Insel gebildet hätte (Abb. 2.1-4).

Abb. 2.1-4 Vor der neu gebildeten Vulkaninsel Surtsey (Hintergrund) waren zeitweise heftige explosive Eruptionen dabei, eine weitere Insel zu bilden. (Foto: RDZ/UPI)

Wie im Bereich des mittelatlantischen Rückens, auf dem Island liegt, ist auch immer wieder mit dem Auftauchen von neuen Vulkaninseln im Pazifik zu rechnen. Südlich von Tokio zwischen dem 25. und 30. Breitengrad Nord ist heftige submarine vulkanische Tätigkeit im Gange. 1973 entstand hier in der Iwo-Iima-Inselkette nach heftigen Erdbeben eine Vulkaninsel, nachdem 1904 bereits die Insel Shinto neu entstanden war. Die völkerrechtliche Inbesitznahme solcher Vulkaninseln mit den daraus heute resultierenden Rechten hinsichtlich Fischfanggebieten, Rechten zum Ausbeuten des Meeresbodens usw. können auch heute noch jenes pionierhafte Entdeckertum in Gang setzen, wie wir es eigentlich nur aus vergangenen Jahrhunderten kennen.

2.2 Die Geburt des Paricutin und der Vulkanismus im Hochland der Maya

Die Entstehung eines neuen Vulkans, die sogenannte Geburt, ist recht selten. Aus historischer Zeit liegen nur von wenigen Vulkanen meist mehr oder weniger lückenhafte bzw. nicht wissenschaftlich intakte Beschreibungen der Geburt eines Vulkanes vor. So haben wir Überlieferungen von der Entstehung des Arso auf Ischia (1301), Monte Nuovo bei Pozzuoli (1538) (2.15), Jorullo in Mexiko (1759), Izalco in San Salvador (ca. 1793) und des Quizatu in den Anden (1847). Aus dem 20. Jahrhundert wird der Initialdurchbruch des Chinyiro auf Teneriffa (1909) beschrieben.

Es begann mit einer Explosion

Erstmals und intensiv konnte 1943 die Entstehung des Paricutin von Geologen fast von Anfang an laufend mitverfolgt werden.

Der Paricutin liegt 320 km westlich von Mexiko-City im Vulkangebiet der Mesata Tarasca. Hier war am 20. 2. 1943 ein indianischer Bauer mit dem Pflanzen von Mais beschäftigt, nachdem in diesem Gebiet bereits 2 Wochen lang leichte Erdstöße verspürt worden waren, die sich später verstärkt hatten und von unterirdischen Geräuschen begleitet worden waren. Als erstes Anzeichen des Ausbruches erlebte der Zeuge eine kleine Explosion in einem Erdloch, in welchem schon vorher häufig Regenwasser versickert war. Nach Schwefel riechende Dämpfe traten aus. Es folgte alsbald der Auswurf von Sand und Steinen, wobei sich die anfänglich 30 cm messende Öffnung im Boden rasch vergrößerte. Unter ohrenbetäubendem Lärm und Blitzen hatte sich nach einem Tag bereits ein Auswurfkegel aufgebaut. In fortlaufenden Explosionen, die noch in 350 km Entfernung gehört werden konnten, wurden laufend Bomben und Fetzen von flüssiger Lava ausgeschleudert, die sich nach Auftreffen auf dem Boden noch verformen konnten. Kleinere Bömbchen, Lapilli, waren vollkommen erstarrt und fielen als Festkörper zu Boden. In der Luft zu Staub, «Asche», zerriebener Bimsstein wurde vom Wind weit fortgetragen. Am dritten Tage kam zu der explosiven Phase des

Vulkans eine effusive hinzu: Aus dem Kegel begann ein Lavastrom auszutreten, der eine Geschwindigkeit von 5 m/h hatte und erst 700 m vom Vulkan entfernt zum Stillstand kam. Nach etwa einem Monat wurde die explosive Tätigkeit, d.h. der Auswurf von Tephra so stark, daß der Ausfluß von Lava unterbrochen wurde.

Asche wurde in Höhen von 8 km hinaufgeschleudert und der Wind trug sie bis in das 320km entfernte Mexiko-City. Noch in 25 km Entfernung mußte tagsüber

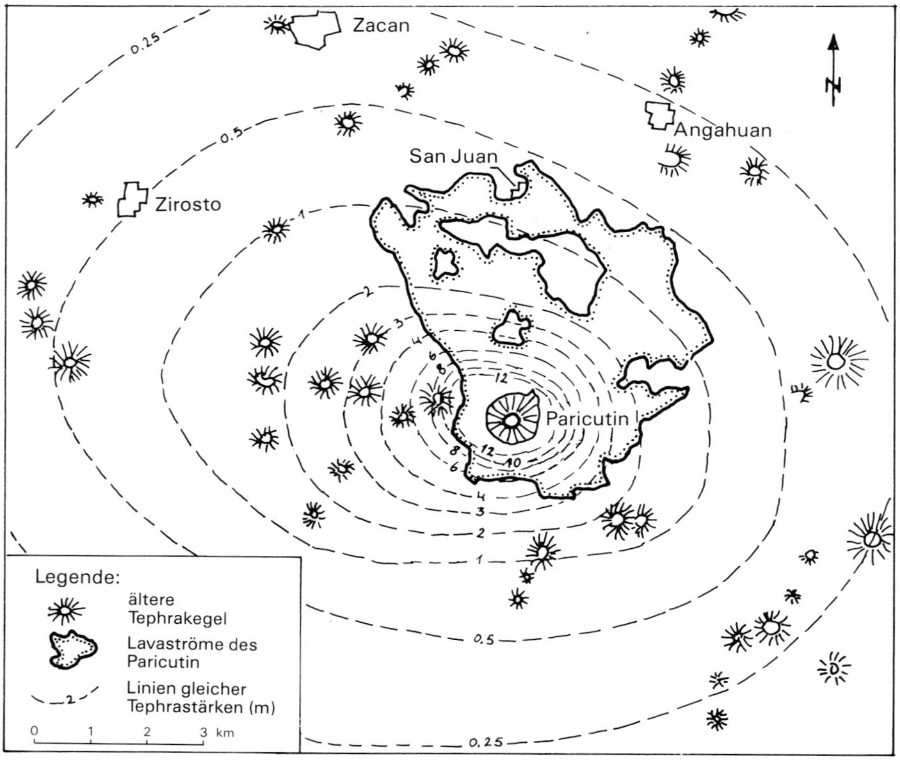

Abb. 2.2-1 Geologische Kartenskizze des Paricutin (nach Williams, 1950).

die Straßenbeleuchtung eingeschaltet werden und Autos konnten sich nur im Scheinwerferlicht vorwärts bewegen. Als zu Beginn der Regenzeit im Mai der Aschenregen in einen Schlammregen überging, zeichnete es sich ab, daß die Wälder und Felder der weiteren Umgebung zum Sterben verurteilt waren. Durch wechselnde Windrichtungen wurde eine weitgehend gleichmäßige Schädigung der Umgebung bewirkt (Abb. 2.2-1).

Von der explosiven zur effusiven Phase

Im Sommer 1943 nahm der Aschenauswurf etwas ab und im Krater bildete sich

Abb. 2.2-2 Luftaufnahme des Lavafeldes des Paricutin. Im Hintergrund der Vulkankegel, im Vordergrund der Kirchturm von San Juan, der als Überrest des Dorfes aus der Lava ragt. (Foto: Instituto de Geofisica, Universidad de Mexico)

ein Lavasee. Die Lava brach seitlich an verschiedenen Stellen durch und ergoß sich in mehreren Strömen den Kegel hinab. Im Oktober entstand neben dem 200 m hohen Zentralkrater ein parasitärer zweiter Kegel, der sich alsbald auf 70 m Höhe aufbaute und aus dem ebenfalls Lavaströme ausbrachen. Der jahrelange Ausstoß von Tephra und der Austritt von Lavaströmen, die alsbald übereinanderflossen, ging mit wechselnden Intensitäten weiter bis zum 4. März 1952 und dauerte somit 9 Jahre. Danach bedeckten die Lavaströme eine Fläche von 25 km^2 mit einem geschätzten Volumen an Lava von 700 Mio. m^3. Die Stärke der Lavaströme schwankt zwischen 3 und 242 m, letzteres dort, wo sich in der Nähe des Kegels verschiedene Lavaströme übereinander ergossen hatten (Abb. 2.2-2). Das entstandene Lavafeld kann noch als relativ klein bezeichnet werden. So bedeckt der in der Nähe befindliche alte Vulkan Capacuaro eine Fläche von 155 km^2 mit einer mittleren Schichtstärke von über 60 m.

Als verbleibende Aktivität des Paricutin verblieb eine leichte Fumarolentätigkeit in der Nähe des Kraterrandes, wo aus 12 Fumarolen aus dem Lavastrom saurer Wasserdampf austritt.

Auch hinsichtlich der Tephraförderung kann die Entstehung des Paricutin als relativ kleines vulkanisches Ereignis angesehen werden. So wird die ausgeworfene Menge an Lockermaterialien auf ein Volumen von 1309 Mio. m^3 geschätzt. Die Eruption des Mount Katmai in Alaska förderte dagegen beim Ausbruch im Jahre 1912 innerhalb von 20 Stunden ein Volumen von 15 km^3.

Die Geburt eines Vulkans verläuft meist nach demselben Schema (Abb. 2.2-3): Während einiger Tage oder Wochen werden Erdbeben verspürt. Es kommt zu einer Aufwölbung des Bodens mit Bildung von Rissen, die sich an der Erdoberfläche zeigen können. Aus einem Schlot oder einer Spalte entweichen Gase und Wasserdampf. Durch Explosionen erfolgt die Schloträumung, indem zunächst das vorhandene Nebengestein in einer explosiven Phase in Form von Steinen und Blöcken ausgeworfen wird. Danach wird das empordringende Magma unter teilweiser Entgasung als Lavafetzen in Form von Bomben, Bimssteinen und deren zerriebener Form wie Sand und Aschen ausgeschleudert. In dem erweiterten Schlot ist eine stärkere Entgasung der Lava möglich, so daß ein Austritt der Gesteinsschmelze in Form von Lavaströmen stattfinden kann. Die explosive Phase geht über in die effusive Phase.

Die Schäden

Wir haben den Ausbruch des Paricutin als kleinen Vulkanausbruch bezeichnet und doch war es für die betroffenen Menschen in 5 Dörfern eine große Katastrophe. Bevor noch an wirtschaftliche Schäden der landwirtschaftlichen Bevölkerung gedacht werden konnte, war zunächst der psychologische Schock da. So hatte inmitten der vulkanischen Landschaft der Umgebung des Paricutin seit Menschengedenken niemand den Ausbruch eines Vulkans miterlebt.

Als von den benachbarten Ortschaften die feurigen Eruptionen beobachtet worden waren, hatte man zunächst an einen Waldbrand gedacht. Die Einheimischen bildeten aus beherzten Männern einen Erkundungstrupp, der zunächst

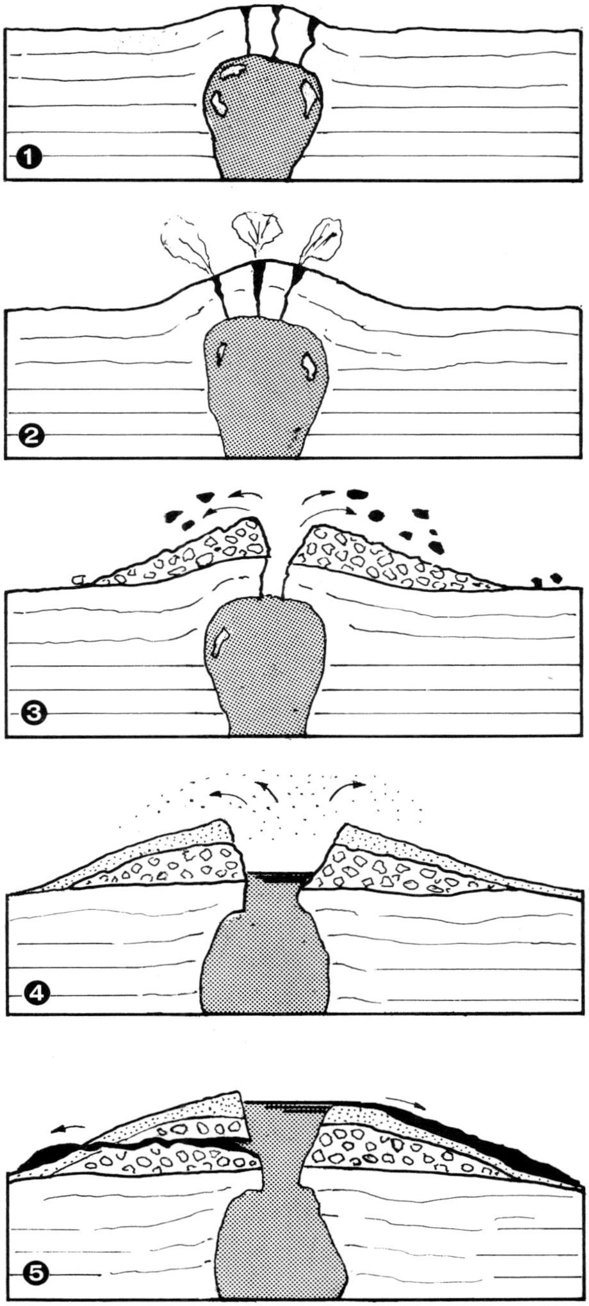

Abb. 2.2-3 Die Entstehung eines Vulkans, schematische Querschnitte.

vom Priester gesegnet wurde. Als die Männer zurückkehrten und ihre Beobachtungen mitteilten, durchstöberte der Geistliche seine Gemeindebibliothek. Er fand ein Buch über den Vesuv und erkannte alsbald, daß die Geburt eines neuen Vulkans im Gange war. Unverzüglich wurden daher die Regierungsstellen benachrichtigt. Diesen Umständen ist es zu verdanken, daß praktisch von Anfang an Wissenschaftler die Geschichte des Paricutin verfolgen konnten.

Dank rechtzeitiger Evakuierungen, die zum Teil gewaltsam und gegen den Willen der Betroffenen vorgenommen worden waren, sind bei der Eruption des Paricutin keine Menschenleben direkt zu beklagen gewesen. Der größte Schaden stellt die Zerstörung der land- und forstwirtschaftlichen Nutzfläche dar. Im Radius von rund 8 km um den Vulkankrater war noch eine Bedeckung mit vulkanischer Asche von 15 bis 50 cm vorhanden. Hier konnten nur Bäume und ein Teil der Büsche überleben. In einem inneren, leicht elliptischen Umkreis mit einem Radius von etwa 4 km um den Vulkan war die Vegetation vollständig oder weitgehend geschädigt. Die Abflußverhältnisse der Region waren nachhaltig verändert worden. Einerseits wirken die Lavaströme und Aschenlagen als Staudämme in den Tälern, andererseits saugt das poröse Vulkangestein und die Asche das Niederschlagswasser vollständig auf, so daß die vorhandenen Brunnen eine starke Verunreinigung des Wassers, einerseits durch die feine Asche direkt, andererseits durch eine Übersäuerung erlitten.

In der losen Asche konnte die Erosion kräftig ansetzen. So fegten Sandstürme während der windigen Frühlingsmonate durch die Gegend. Schlammströme ergossen sich in die neu geschaffenen Becken in den abgeschnürten Tälern. An den Stellen, an denen Asche auf Böschungen mit einer Neigung von über 32 Grad lag, trat die Erscheinung des Bodenkriechens auf (5.1), was sich im Verbiegen von Bäumen dokumentierte. An unterspülten Böschungen traten Rutschungen auf.

Als biologische Folge wurde beobachtet, daß Wild und Haustiere starben, nachdem sie Pflanzen gefressen hatten, die mit der giftigen Asche bedeckt waren. Es kam zu einer starken Vermehrung von Schadinsekten, indem die natürlichen Feinde örtlich ausgerottet waren. 2500 ha Ackerfläche mit Zuckerrohr und Reis wurde zerstört, 4500 Rinder und 500 Pferde fanden den Tod, dazu eine große Zahl von Schafen und Ziegen. Häufigste Todesursache war das Einatmen der vulkanischen Asche, wobei die Tiere häufig erst Monate später an Schädigung der Lungen eingingen.

Die einst mit der Scholle verwurzelten Einwohner waren gezwungen, sich in der Umgebung als Erntearbeiter und andere Hilfskräfte zu verdingen. Auch nach 40 Jahren hat sich die Landschaft nicht von dem Ereignis erholt. Nur langsam macht die Vegetation auf den Tephraflächen Fortschritte. Erst in weiterer Zukunft werden die Lavaflächen mit Wäldern bestanden sein. Eine Beschleunigung der Rekultivierung hätte sich durch Kunstdünger und Insektizide erreichen lassen, doch war man erst später - nicht zuletzt aus Kostengründen - auf dieses Erfordernis gestoßen. Für den Ackerbau waren die Flächen, die von 50 cm oder mehr Asche bedeckt waren, für Jahrzehnte praktisch verloren.

Vulkanische Anden
In Mexiko und Mittelamerika befinden sich zahlreiche andere Vulkane, von denen prähistorische oder Ausbrüche aus historischer Zeit überliefert sind. Diese Vulkane stehen im Zusammenhang mit dem Anden-Orogen, jenem jungen Gebirge, welches sich von der Südspitze Südamerikas entlang dem Ostrand des Kontinents über Mittelamerika nach Norden hinaufzieht über die Pazifikküste von Kalifornien. Bedeutende vulkanische Aktivitäten haben wir auch auf dem Inselbogen der Antillen.

Für das Anden-Gebirge, welches wie die Alpen und der Himalaya zu den jungen Gebirgen gehört, die zur Hauptsache im Tertiär entstanden sind, ist ein postorogener Magmatismus, d.h. der Ausbruch von Magma an die Oberfläche nach Auffaltung der Gesteinsdecken besonders charakteristisch.

So wird eine Eruption des 5452 m hohen Popocatepetel auf das Jahr 1523 datiert und Fumarolentätigkeiten aus dem Jahre 1923 dokumentieren, daß dieser gewaltige Vulkan noch nicht als erloschen gelten kann.

Im mittelamerikanischen El Salvador fanden in historischer Zeit mehrere Vulkanausbrüche statt. Hauptsächlich über Lavaausbrüche wurde berichtet vom Izalco (1966) und San Salvador (1917). Vorwiegend Aschenausbrüche sind bekannt vom San Miguel (1970) und Conchagua (1868). Offensichtlich besteht ein bedeutender Zusammenhang mit dem Auf und Ab der großen präkolumbianischen Indianerkulturen und Vulkanausbrüchen.

Der Ilgopango und das Hochland der Maya
Das heutige El Salvador stellt das alte Hochland der Maya dar. Geologen und Archäologen haben hier gemeinsam unter meterhohen Lagen von vulkanischer Asche Ruinen freigelegt. So konnte rekonstruiert werden, daß ein Ausbruch des Ilgopango im 3. Jahrhundert v. Chr. im Umkreis von mehreren Kilometern jedes Leben unter mächtigen Aschenlagen begraben hatte. Der unversehrte Zustand der Gebäude unter den Tephraschichten läßt darauf schließen, daß der Katastrophe keine stärkeren warnenden Erdbeben vorausgegangen waren. In den Häusern aufgefundene Überreste von Menschen zeigen, daß ein Entkommen nicht mehr möglich war. Ein heißer Regen von Lavabomben und Asche, dessen Temperatur auf über 575° C geschätzt wird, hat wohl Brände verursacht und ein Ersticken der Bewohner an vulkanischem Gas oder Einatmen von feinen Aschenteilchen bewirkt. Durch die Zerstörung der Felder waren voraussichtlich Zehntausende zum Verlassen ihrer angestammten Heimat gezwungen. Aufgrund von datierter Keramik kann geschlossen werden, daß erst 2 oder 3 Jahrhunderte später, als sich auf der Asche wieder eine Humusschicht gebildet hatte, die Besiedlung neu einsetzte.

Das gewaltige Ausmaß der Eruption wird verständlich, wenn man erfährt, daß in 77 km Entfernung die Aschenlagen noch eine Stärke vom 1 m hatten. Die Zone, die landwirtschaftlich unbrauchbar wurde, wird auf 8000 km^2 geschätzt. Unter Annahme einer Bevölkerungsdichte von 40 Einwohnern/km^2 muß davon ausgegangen werden, daß über 300000 Personen abwandern mußten, und dies, nachdem die Maya das Hochland bereits seit einem Jahrhundert besiedelt hatten. Die Katastrophe reiht sich so unter die aus historischer Zeit bekannten explosiven Vulkaneruptionen ein: Thera (2.12), Krakatau (2.4), Mont Pelée (2.3) und Coseguina. Der Ilgopango muß weiter als tätiger Vulkan angesehen werden. So hatte er, begleitet von heftigen Erdbeben, 1879 einen weiteren Ausbruch.

Einer der gewaltigsten Vulkanausbrüche in historischer Zeit war derjenige des

Abb. 2.2-4 Der Cerro Negro, Nicaragua, während einer Eruption 1971.

(Foto: James Sorenson)

Coseguina in Nicaragua. Am 20. Januar 1835 begannen heftige Explosionen, die nur eine Woche lang dauerten, die aber noch in 1750 km Entfernung zu hören waren. Die mit dem Ausbruch einhergehenden Erdbeben konnten im Umkreis von 900 km verspürt werden. Durch die Explosionen wurde der Kegel weggesprengt, so daß eine Caldera entstand. Die Asche wurde bis in das rund 1500 km entfernte Mexiko-City und bis nach Jamaika getragen. Das Meer war in 160 km Entfernung vom Vulkan von schwimmenden Bimssteinen bedeckt.

Nicaragua ist reich an tätigen Vulkanen. So wurde die alte Hauptstadt Leon im Jahre 1609 von Aschen- und Bimsmassen des Momotombo begraben. Weitere Aktivität zeigte dieser Vulkan 1764 und 1905. Der Cerro Negro (Abb. 2.2-4) erwachte 1850 mit heftigen Ausbrüchen. Neben explosiven Ausbrüchen kommen seitdem immer wieder Lavaausflüsse vor, die nicht im zentralen Krater, sondern an der Flanke in der Nähe der Basis austreten. Vom Masaya Nindiri sind ebenfalls Ausbrüche mit längeren Ruhepausen aus den Jahren 1772 und 1858 bekannt, bis 1902 ein heftiger Ausbruch erfolgte, der von Aktivitäten in den Jahren 1927 und 1970 gefolgt wurden.

2.3 Glutwolkenausbrüche und die Antillen-Inseln

Der Inselbogen der Großen und Kleinen Antillen, der die Karibische See vor der Küste von Mittelamerika und Venezuela umschließt, ist nicht nur reich an Erdbeben. Im Bereich der Kleinen Antillen findet sich eine Kette von Vulkanen, von denen zwei in demselben Jahr, nämlich 1902 katastrophale Ausbrüche hatten: der Mont Pelée auf der Insel Martinique und der Soufrière auf St. Vincent.

Beide sind durch einen Eruptionstyp charakterisiert, der als Glutwolkenausbruch bezeichnet wird. Ein hochviskoses Magma, gleichzeitig reich an Gas, weist bei der Explosion eine Temperatur von über 1000° C auf. Als glühende Wolke, wie auch Überlebende ähnlicher Katastrophen bezeugen, schießt diese Mischung von Gas und Asche mit der Geschwindigkeit eines Orkans die Böschung des Vulkankegels hinab. Eine solche Glutwolke löschte 1902 die Stadt St. Pierre auf der Insel Martinique aus (Abb. 2.3-1).

Mont Pelée

Der Mont Pelée am Nordrand der Insel hatte zuletzt im Jahre 1851 einen kleineren Ausbruch, bei dem Asche und Bims ausgeworfen worden war, ohne großen Schaden anzurichten. Am 20. April 1902 wurde wiederum durch schwachen Ausstoß von Tephra zunächst ein kleiner Kegel in dem bestehenden Kratersee aufgebaut, wobei nur wenig Aschenmaterial über die benachbarte Stadt St. Pierre gelangte. Als schließlich in den Straßen der Stadt kleinere erstickte Vögel aufgefunden wurden, flohen einige Leute aus der Stadt. Die meisten aber blieben im Ort und viele sonst außerhalb Tätige kamen ebenfalls, da eine politisch wichtige Wahl bevorstand und die Stimme nur am Wohnort abgegeben werden konnte. Auch der Gouverneur der Insel ging mit gutem Beispiel voran.

In den folgenden Wochen wurde mehrmals eine verstärkte Wasserführung des Rivière Blanche-Flusses beobachtet, der seinen Ursprung im Kratersee hat. Aber auch als gleichzeitig sämtliche Dampfquellen um den Vulkan herum in voller Aktion waren, dachte niemand an die Flucht. Gegen 8 Uhr am Morgen des 8. Mai 1902 kam die Glutwolke das Flußtal herab. Von Schiffen aus konnte beobachtet werden, daß in weniger als 2 Minuten die Stadt erreicht war, woraus sich

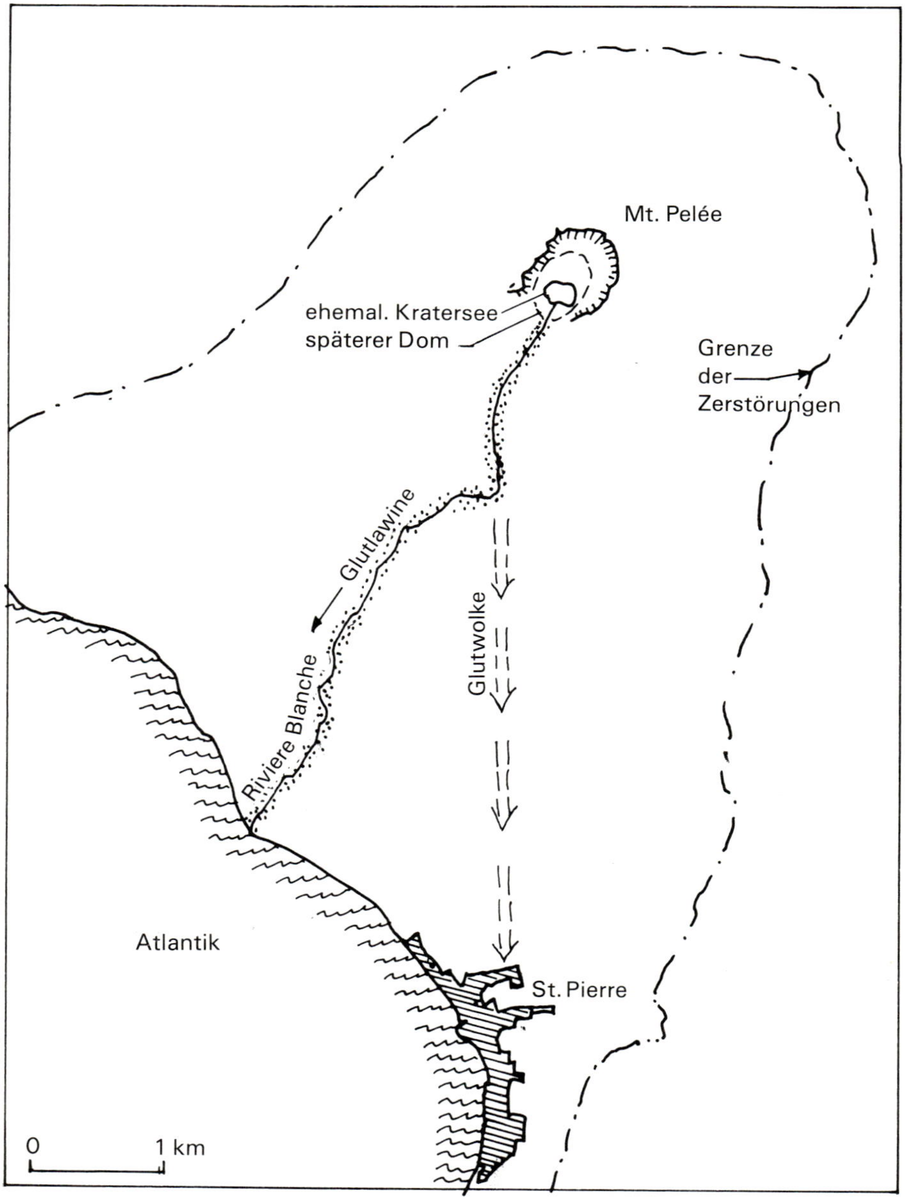

Abb. 2.3-1 Lageplan des Glutwolkenausbruchs vom 8. Mai 1902 auf der Antilleninsel Martinique (n. A. Lacroix, verändert).

eine Geschwindigkeit von 160 km/h errechnet. Plötzlich wurde es dunkel. Die Temperatur stieg schlagartig so hoch, daß Glas, welches einen Schmelzpunkt von gegen 700° C hat, schmolz. Dazu kam die Stoßwelle, die selbst tonnenschwere Gegenstände mehrere Meter weit fortbewegte. Der Tod muß augenblicklich eingetreten sein durch das Einatmen der heißen Gase. Obwohl der ganze Spuk nur wenige Minuten gedauert hatte, und obwohl später nur ca. 30 cm Asche in den Straßen von St. Pierre lag, überlebten von den 30000 Einwohnern nur zwei - andere Quellen sprechen von drei oder vier Personen. Es war dies ein Strafgefangener, der in einer fensterlosen Zelle in einem Keller saß - doch auch er erlitt Verbrennungen. Der andere Überlebende entkam einem Haus, in dem sechs Personen gestorben waren und erlitt ebenfalls schwere Verbrennungen.

In den folgenden Monaten ereigneten sich noch mehrere Glutwolkenausbrüche, die etwa denselben Weg nahmen wie der erste todbringende Ausbruch. Schließlich erfolgte ein weiterer Ausbruch am 30. August 1902, der östlich von den vorhergehenden verlief und fünf Dörfer traf, in denen weitere 2000 Tote zu beklagen waren. Im Krater selbst schob sich Mitte Oktober 1902 ein Lavadom aus dem Kratersee heraus. Die Lava war hochviskos und konnte daher nicht fließen. Die Säule schob sich mit einer mittleren Geschwindigkeit von 9 m/Tag bis zu einer Höhe von über 300 m empor. In der Zeit von 1929 bis 1932 fanden ähnliche Ausbrüche des Mont Pelée statt, bei denen infolge rechtzeitiger Evakuierung jedoch keine Todesopfer mehr zu beklagen waren. St. Pierre liegt etwa 7 km vom Vulkan entfernt.

La Soufrière auf Guadaloupe

Der Vulkan Soufrière ist der Nachbarvulkan des Mont Pelée. Die Bezeichnung Soufrière führen mehrere Vulkane auf den Kleinen Antillen, so auf St. Lucia und auf Guadaloupe, die ebenfalls 1902 bzw. 1903 Ausbrüche zeigten. Beim Soufrière auf St. Vincent war in prähistorischer Zeit durch eine Eruption der Kegel weggesprengt worden und hatte eine große Caldera in dem aus Schichten von Tephra und Lavaströmen aufgebauten Vulkan gebildet. Im Jahre 1812 waren auf Guadaloupe bereits 75 Personen durch einen explosiven Ausbruch getötet worden und als schließlich im April und Mai 1902 starke Erdbeben stattfanden, hatte sich ein Teil der Bevölkerung in Sicherheit gebracht.

Am 5. Mai 1902 verfärbte sich das Wasser im Kratersee von grünblau nach braungelb und durch aufsteigende Gase war es in heftige Bewegung versetzt. Am folgenden Tage begannen Dampfausbrüche im See, die sich steigerten und am Morgen des 7. Mai 1902 hatte sich eine Wolke aus Dampf und Asche von 10000 m Höhe aufgebaut. Gleichzeitig war der Trockenfluß des Rabaka durch Wasser, das die Explosionen aus dem Kratersee herausgeschleudert hatten, zu einem 15 m tiefen Strom aus heißem Schlamm geworden.

Ebensolche Fluten ergossen sich durch das Bett des auf der anderen Seite liegenden Wallibou-Flusses, so daß den Bewohnern, die bisher noch nicht geflüchtet waren, der Weg abgeschnitten war. Am frühen Nachmittag kam die Glutwolke. Sie schoß zunächst senkrecht empor und breitete sich gleichmäßig über den ganzen Nordteil der Insel aus. 1500 Menschen fanden den Tod, doch überlebten viele in Kellern und festen Häusern das nur wenige Minuten dauernde Ereignis. Die Glutwolke hatte sich in kurzer Zeit über eine Fläche von 100 km² ausgebreitet. Das läßt auf eine große Mobilität schließen und wird auf expandierendes Gas zwischen den Ascheteilchen zurückgeführt. Der Unterschied dieses Glutwolkenausbruches zu demjenigen des Mont Pelée besteht darin, daß bei jenem der

Abb. 2.3-2 Typen von Glutwolken-Ausbrüchen

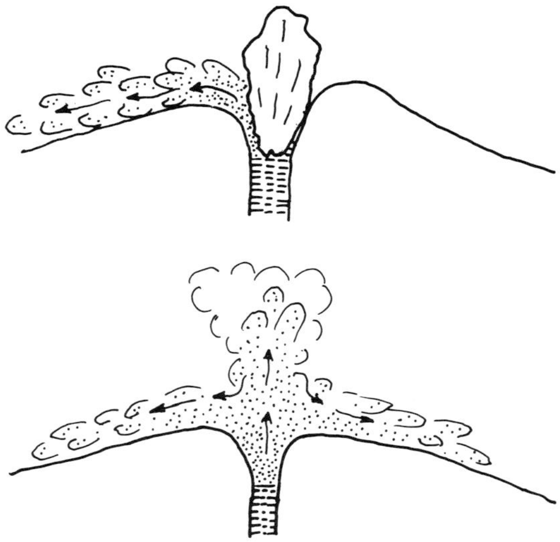

a) Typ Pelée: bei verstopftem Schlot

b) Typ Soufrière: bei offenem Schlot

Schlot durch den Lavastrom verstopft war und der Ausbruch daher seitlich konzentriert an der Flanke des Vulkans stattfand. Beim Ausbruch des Soufrière dagegen fand die Explosion zentral im Schlot statt und die Wolke wurde zunächst in die Höhe geschleudert, bevor sie sich allseits gleichmäßig ausbreiten konnte (Abb. 2.3-2).

Eine andere Art des Glutwolkenausbruches ist diejenige vom Typ des Merapi. Dieser Vulkan befindet sich auf der Insel Java in Indonesien, die auch sonst reich an vulkanischen Erscheinungen ist. Das Charakteristikum der Ausbrüche des Merapi sind Glutwolken, die nicht direkt aus dem Vulkanschlot ausgeschleudert werden. Vielmehr schiebt sich hier ähnlich wie beim Typ des Mont Pelée ein Lavadom aus dem Krater empor. Dieser Dom verbleibt jedoch in glühendem Zustand und wenn er sich an einer Stelle über den Kraterrand hinausgeschoben hat, kann eine Partie der glühenden Masse abbrechen, die dann als Glutwolke die Böschung hinabrast. Durch eine solche Glutwolke wurden 1930 mehrere Dörfer im Bereich einer Fläche von 15 km² erfaßt. Nach Aktivitäten im Jahre 1934 baute sich 1967 wiederum ein Dom auf, der schließlich im Jahre 1969 zur Bildung einer Glutwolke führte, die 2000 Menschen obdachlos machte. Der Vulkan zeigte 1972 wiederum Aktivitäten.

2.4 Die Jahrtausendkatastrophe: Krakatau

Die langgestreckte Inselkette der indonesischen Inseln beherbergt rund 100 aktive Vulkane und weist so die stärkste Konzentration von tätigen Vulkanen auf der Erde auf. Durch die gleichzeitig dichte Besiedlung kommt es bis heute immer wieder zu Katastrophen durch vulkanische Ausbrüche. So starben nach einem Ausbruch des Agungs auf der Insel Bali im Jahre 1963 rund 3000 Menschen. Der Ausbruch des Krakatau jedoch vom 26. August 1883 war so spektakulär, so gewaltig und forderte so viele Todesopfer, daß noch nach über 100 Jahren von einer «Jahrtausenkatastrophe» gesprochen wird.

Zwischen den Inseln Sumatra und Java liegt in der Sundastraße ein großer, weitgehend untermeerischer Vulkan. Dessen Kegel war schon in einer früheren Katastrophe weggesprengt oder eingebrochen, so daß eine Caldera über dem Meeresspiegel in den Inseln Verlaten, Lang und einem Teil der Insel Krakatau vor 1883 angedeutet war. Auf der Insel Krakatau hatten sich in dieser alten Caldera drei tätige Vulkane aus dem Meer emporgearbeitet. Hier ereignete sich am 26. August 1883 und den beiden folgenden Tagen eine Anzahl von Explosionen, von denen die stärkste als «größter Lärm der Erdgeschichte» fast 5000 km weit vernommen werden konnte. Vulkanische Asche wurde bis 80 km hoch emporgeschleudert. Im Umkreis von 150 km zerbrachen die Fensterscheiben. Die Mengen an ausgeworfener Tephra waren so gewaltig, daß im Umkreis von 150 km völlige Dunkelheit herrschte, die an der benachbarten Küste von Sumatra zweieinhalb Tage lang andauerte. Die Aschewolken umrundeten mehrmals den Erdball. Noch in 2500 km Entfernung fiel drei Tage nach der Eruption auf dem Deck von Schiffen massenhaft Aschestaub an. Die Sonneneinstrahlung auf der Erde wurde stark reduziert, so daß man für das Jahr, das auf die Eruption folgte, eine auf 87 Prozent des Normalbetrages reduzierte Sonneneinstrahlung schätzt. Fünf Jahre lang wurden auf der ganzen Erde spektakuläre rote Sonnenauf- und -untergänge beobachtet. Die Druckwelle, die die Explosion in der Atmosphäre erzeugte, raste um die ganze Erde. Die Geräte zur Messung des Luftdruckes registrierten innerhalb von 36 Stunden bis zu drei Umkreisungen. Sonne und Mond waren monatelang grünlich/bläulich verschleiert und trugen merkwürdige Höfe. Die Eruption förderte die unvorstellbar große Masse an Tephra von rund 16 km^3, hauptsächlich bestehend aus Asche und Bims (vgl. Abb. S. 230).

Auf den benachbarten Inseln Verlaten und Lang hat die Eruption des Krakatau über 70 m hoch Asche und Bims sowie Glutwolkenablagerungen aufgeschichtet. Die Sundastraße war durch schwimmenden Bims für Schiffe blokkiert. Eine Fläche von 750000 km^2 war von einer dicken Aschenschicht bedeckt. Auf den Inseln war die Landwirtschaftsfläche weitgehend zerstört. Die Todesopfer sind auch nur zum allerkleinsten Teil durch den primären Einfluß der Eruption entstanden. Bei rein explosiven plinianischen Ausbrüchen sind die Sekundäreffekte oft die größeren. «Plinianisch» ist die Bezeichnung für solche nur Lockermaterial fördernden Eruptionen wie diejenige des Vesuvs 79 n. Chr., als dort der römische Feldherr und Naturforscher Plinius d.Ä. den Tod gefunden hatte (2.13). Auch die Explosion der alten Insel Thera/Santorin, die 1500 v. Chr. erfolgte und die minoische Kultur auf dieser griechischen Insel Kreta jäh abschnitt, ist von plinianischem Typ (2.12).

Die Flutwelle

Als am Morgen des 27. August 1883 die Hauptexplosion erfolgte, verschwand der größte Teil der Insel Krakatau. Eine untermeerische Caldera war eingebrochen, deren Sohle bei 270 m unter dem Meeresspiegel lag. Durch das schlagartig in die Caldera einströmende Wasser wurde eine Flutwelle, ein Tsunami, ausgelöst, die sich mit einer Höhe von nahezu 30 m über Java und Sumatra ergoß. Die weit landeinwärts dringende Flut verwüstete alles. Das zurückflutende Wasser führte große Mengen von Bimsstein, zertrümmerte Häuser und entwurzelte Bäume. So war auch der Großteil der insgesamt 36000 Toten dieses Ausbruches das Opfer dieser Flutwelle, dieses Tsunamis geworden.

Der Ausbruch vom 27. August 1883 hat die Insel Krakatau bis auf einen Rest im Bereich des südlich gelegenen Rakata zum Verschwinden gebracht. Stattdessen lag nach der Explosion eine neue Caldera bis zu 270 m unter dem Meeresspiegel. Die untermeerischen Ausbrüche sind in der Folgezeit im kleineren Maße weitergegangen. Indonesische Fischer entdeckten 1927 an der Stelle des alten Krakatau eine kleine Insel im Meer. Diese verschwand durch die Meeresbrandungen jedoch noch mehrmals wieder unter dem Wasserspiegel, bis sie ab 1930 endgültig aufgetaucht war. Man nannte sie Anak Krakatoa, «Das Kind des Krakatau», die heute etwa 1,5 km Durchmesser aufweist und weiter aktiv ist.

2.5 Tambora - Vulkanische Asche und Hungersnot

400 km östlich von Java liegt die Insel Sumbava und auf ihr der Vulkan Tambora, der bis 1812 als erloschen galt. In diesem Jahr begannen leichte Explosionen im Krater. Doch im April 1815 erfolgte ein derart gewaltiger explosiver Ausbruch, daß er als der stärkste der letzten Jahrhunderte überhaupt bezeichnet wird. Hauptsächlich Bims und Asche wurden bis 20 km Höhe emporgeschleudert. Noch in 40 km Entfernung fielen Bimsbomben von 13 cm Durchmesser nieder. Auf der 150 km westlich gelegenen Insel Lombok und im 90 km östlich gelegenen Bima war die Tephraschicht auf den Häusern, Straßen und Feldern noch 50 cm stark. Das Volumen der ausgeworfenen Lockermaterialien war mit vielleicht gegen 100 km^3 noch größer als beim Ausbruch des Krakatau von 1883. Man schätzt, daß durch den Ausbruch direkt etwa 12000 Menschen umkamen und weitere 80000 durch Hungersnöte, weil auf den Inseln Lombok und Sumbava die Landwirtschaftsfläche vollständig vernichtet worden war.

Klimaveränderungen

Wie schon beim Krakatau dargelegt, können Ausbrüche dieser Größenordnung auch eine Reduktion der Sonneneinstrahlung auf einen Großteil der Erdoberfläche bewirken. So war als Folge des Ausbruches die mittlere jährliche Temperatur im folgenden Jahr deutlich reduziert. Diesen Effekt stellte man auch beim Ausbruch des Katamai 1912 (2.6) fest, wo noch in 3200 m Entfernung auf dem Mount Wilson, Kalifornien, die Sonneneinstrahlung durch die langzeitig in großen Höhen schwebenden Aschenteilchen um 20 Prozent reduziert war.

Für den Ausbruch des Tambora wurde für Paris, Genf, Mailand und teilweise auch für Nordamerika eine Reduktion von 2 bis 4° C der mittleren Jahrestemperatur gemessen und das auf eine Dauer von 3 Jahren. Man kann sich vorstellen, daß in landwirtschaftlichen Gebieten, die ohnehin in klimatisch ungünstigen Gegenden liegen, dies zu Ernteausfällen und in der damaligen Zeit zu Hungersnöten geführt haben muß.

Auf der benachbarten Insel Flores bestehen ebenfalls mehrere aktive Vulkane. So zeigte der Paloe 1928, 1964 und insbesondere 1973 bemerkenswerte Ausbrüche. Bei letzterem wurde ein großer Teil der Vegetation der Insel zerstört.

In historischer Zeit zeigten von den mindestens 60 Vulkanen Indonesiens etwa 40 deutliche Aktivität. Für alle ist charakteristisch, daß ein niedrig temperiertes und daher hochviskoses Magma reich an Gas ist und daher kräftige Explosionen zustandekommen. Diese können die Tephra in Form von Bims und Asche in große Höhen emporschleudern und so das herabfallende Material auf große Flächen zur Ablagerung bringen. Daneben sind Ausbrüche von Glutwolken häufig. Lavaströme treten eher selten auf.

2.6 Katmai – Vulkankatastrophe in der Wildnis Alaskas

Eine der gewaltigsten Eruptionen dieses Jahrhunderts war diejenige des Katmai im Jahre 1912 in Alaska. Diese ebenfalls explosive Eruption fand inmitten einer nur sehr dünn besiedelten Gegend statt. Interessant ist bei diesem Ereignis dessen kurze Dauer von nur wenigen Stunden und die dadurch entstandenen Landschaftsveränderungen.

Der aktive Vulkanismus in Alaska konzentriert sich auf die Alaska-Halbinsel im Südwesten des Landes. Diese ist Teil des zirkumpazifischen Gürtels von regelmäßigen Erdbeben und aktiven Vulkanen. Im Westen geht das seismisch und vulkanisch aktive Gebiet über in den Inselbogen der Aleuten, um dann weiter nach Nordwesten seine Fortsetzung zu finden in der heute geologisch vielleicht aktivsten Region der Erde, der Halbinsel Kamtschatka in Südostsibirien.

Vulkanismus in einem subarktischen Gebiet

Die in Siedlungen von einigen Dutzend Einwohnern lebenden Bewohner – ursprünglich das wenig erforschte Volk der Aleuten – arbeiten als Fischer, Jäger und Sammler. Etwa 10% der tätigen Vulkane der Erde finden sich hier auf der Alaska-Halbinsel und den Aleuten. Blitz und Donner sind an der Küste von

Alaska eine Seltenheit. Die Erdbeben werden jedoch regelmäßig von starken Regenfällen, auch Hagel, sowie Blitz und Donner begleitet. Wie die Forschungen der Archäologen ergaben, hat das Volk der Aleuten schon frühzeitig verstanden, mit und von den Vulkanen zu leben. Bims wurde als Schleifmittel verwendet, das selten auftretende vulkanische Glas, Obsidian, für Messer und Äxte. Die Vorherrschaft über Obsidian-Fundstellen führte sogar zu frühgeschichtlichen krie-

Abb. 2.6-1 Blick in den Krater des Katmai/Alaska, der 1912 seine gewaltige Eruption hatte. (Foto: Howell Williams)

gerischen Auseinandersetzungen. Vulkanischer Schwefel wurde als Feueranzünder verwendet. In heißen Quellen in der Nähe der Vulkane kochten sie Fische und Seesäugetiere sowie eßbare Wurzeln. Die alten Aleuten konnten auch starke Erdbeben als Vorboten von Vulkanausbrüchen deuten.

Die Bewohner von Katmai Village, welches sich 32 km vom Vulkan entfernt befindet, wurde 5 Tage vor der Eruption von 1912 durch Erdbeben derart aufgeschreckt, daß sie ihre Siedlung 32 km abwärts zur Küste verlegten. Hier in Kaflia Bay hatten sie schon vorher Lachse geräuchert und an einen Händler von der Insel Kodiak verkauft. Am 4. Juni 1912 wurden die Erdstöße so gewaltig, daß sie noch in 900 km Entfernung spürbar waren.

Der explosive Ausbruch

Am 6. Juni 1912 fanden Explosionen statt, die 1000 km weit gehört wurden. Die Eruption begann mit dem Auswurf von Bims und Asche. Sie war so gewaltig, daß im 150 km entfernten Städtchen Kodiak 2 Tage lang völlige Dunkelheit herrschte. Eine an der ausgestreckten Hand gehaltene Laterne war hier praktisch nicht mehr sichtbar. Selbst in dieser Entfernung vom Vulkan ging noch eine Tephraschicht von 25 cm Stärke nieder. Auf einem 400000 km^2 großen Gebiet lagen mindestens 3 cm. Der Ausstoß von Tephra dauerte nur bis zum 8. Juni. Später wurde festgestellt, daß am Mount Katmai ein Explosionskrater entstanden war, der durch den Einsturz einer Caldera eine Fläche von $4{,}3 \times 3$ km aufwies. Zum Gipfel des früheren Katmai fehlten 350 m, die weggesprengt worden waren.

Im 400 bzw. 575 km entfernten Seward bzw. Cordova ging schwefelsaurer Regen nieder, der zu Hautätzungen führte, Metalle angriff und die Vegetation zerstörte. Noch in 1000 km Entfernung wurde Bronze verfärbt. Noch nach einem Monat, als die Gase Vancouver erreichten, richtete der saure Regen auch dort Schäden an.

Im viel weiter westlich gelegenen Einzugsgebiet des Ukok-Flusses hatten explosive Spaltenausbrüche mit sehr heißen Glutwolken in einem Gebiet von über 100 km^2 eine Decke von Schmelztuffen (Ignimbriten) abgelagert. Jahrelang dampften dort Tausende von Fumarolen, weshalb dem Tal der Name «Valley of Ten Thousand Smokes» gegeben wurde. Im obersten Teil des Tales war eine 60 m hohe Staukuppe entstanden, die als neuer Vulkan den Namen Novarupta erhielt. Offensichtlich – so nach Rittmann – lagen zwei ursächlich zusammenhängende verschiedene vulkanische Ereignisse vor: Der Gipfelausbruch des Katmai mit nachfolgendem Calderaeinsturz und der Ignimbritausbruch des Valley of Ten Tousand Smokes. Wir haben hier einen explosiven Spaltenausbruch vor uns, der eine relative Seltenheit darstellt. Über solche Ausbrüche liegen keine Berichte von Augenzeugen vor.

Rekonstruktion der Umweltschäden

Die Auswirkungen der Eruption auf die Umwelt wurde größtenteils erst Jahrzehnte später und anhand von anderen explosiven Vulkanausbrüchen untersucht. So wurden bedeutende Umweltschädigungen schon bei Aschenablagerungen von 2,5 cm Stärke ermittelt. Kleine Vögel und kleine Säugetiere kamen um, Rentiere zeigten krankhafte Erscheinungen. Hierbei ist zu bedenken, daß niedrig wachsende Moose die Hauptnahrungsquelle für den Großteil der Tierwelt darstellen. In Gebieten, auf denen die Asche 15 cm Stärke hatte, waren 70 Prozent der Vegetation zerstört. Einzelne verholzende Pflanzen konnten überleben, nachdem die ersten Regenfälle örtlich das vulkanische Material abgeschwemmt hatten. In den Flüssen hatte die dicke Bimsschicht den Fischbestand praktisch abgetötet, aber zum Zeitpunkt des Ereignisses hatte die Lachswanderung noch nicht stattgefunden, so daß hier auch keine größeren Schäden entstanden waren.

An der Küste und an den Ufern der Seen in 30 km Entfernung vom Eruptionszentrum war nach 10 bis 20 Jahren die Vegetation und Tierwelt wieder weitgehend intakt. Eine Ausnahme bildete das Gebiet des Valley of Ten Thousand Smokes, das sich erst in Jahrhunderten wieder erholen wird. Die Katastrophe des Katmai hat gezeigt, daß in einem dünn besiedelten Ökosystem die wirtschaftlichen Auswirkungen einer geologischen Katastrophe – auch einer solchen von gewaltigem Ausmaß – relativ klein sind.

1953 hatte der nordöstlich vom Katmai liegende Mount Spurr, 130 km westlich von Anchorage eine relativ kleine Eruption. Hierbei wurde eine Aschenwolke bis 20 km Höhe ausgeschleudert. Ein Militärpilot konnte diese verfolgen und feststellen, daß sie sich innerhalb von 40 Minuten auf eine Entfernung von 50 km ausgebreitet hatte. Auch dieser Ausbruch war begleitet von heftigen Blitzerscheinungen, die am Anfang im Abstand von 30 Sekunden erschienen und mit fortschreitender Ausbreitung der Wolke alsbald in Abständen von 3 Sekunden auftraten.

Bei diesem Ereignis wurde in Anchorage eine Aschenschicht von 3 bis 7 mm abgelagert. Eine weitere Eruption in Alaska erfolgte im Jahre 1976 auf der unbewohnten Insel St. Augustine, die 300 km von Anchorage entfernt liegt. Auch von hier wurde von der 12 km hohen Aschenwolke vulkanische Asche bis nach Anchorage getragen.

2.7 Mount St. Helens und die Vulkane der USA

Bis zum Mai 1980 nahm man zur Kenntnis, daß von Vulkankatastrophen immer nur unterentwickelte oder in mühseliger Handarbeit Urproduktion betreibende Völkerschaften betroffen werden, seien es nun mittelamerikanische Indianer, indonesische Insulaner oder sizilianische Bergbauern. Wenn in Europa eigentliche Kulturzentren betroffen waren, so mit großem historischem Abstand nur im Altertum wie auf Thera/Santorin (2.12) oder Pompeji (2.13). Heimaey (1973) konnte als Ausnahme gelten (2.10). Nun war plötzlich eine hochtechnisierte Zivilisation in den USA betroffen – sieht man von Alaska und Hawaii ab. Technik und Psyche des wohlbehüteten Menschen standen plötzlich auf dem Prüfstand. Vulkanismus war bis dahin in den USA ein durchaus bekanntes Phänomen gewesen, doch mit größeren Ausbrüchen war man noch nie konfrontiert worden.

Die Vulkane der USA

In der nordwestlichen Ecke der USA liegen in den an den Pazifik grenzenden Staaten Oregon und Washington die Plateau-Basalte des Colombia-River-Plateaus. Hier sind schon vor Jahrmillionen aus Ausbruchspalten dünnflüssige Laven ausgeflossen und haben sich über weite Gebiete ausgebreitet. Der Lavastrom des Rock-Creek ist 193 km lang und 80 km breit, bei einer mittleren Mächtigkeit von 120 m. Wegen der teilweise treppenförmigen Geländeformen spricht man auch von Trappbasalten.

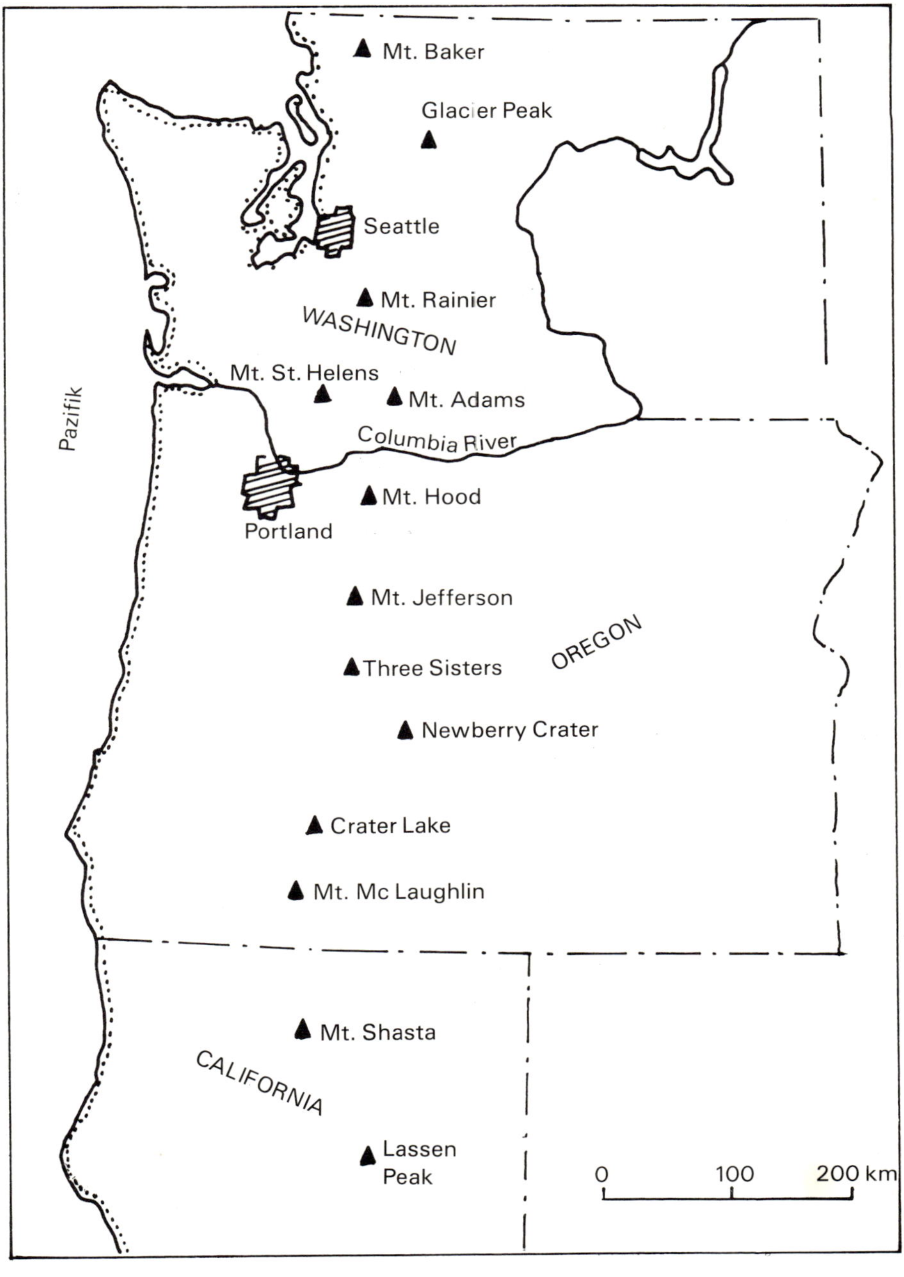

Abb. 2.7-1 Karte der Vulkane der Cascade Range im Westen der USA.

In diesem Gebiet verläuft parallel zum Pazifik die Sierre Nevada und in deren nördlicher Verlängerung die Kaskadenkette mit mehreren markanten Vulkanbergen mit Höhen von über 3000 m, ja örtlich über 4000 m. Hierzu gehört der markante Mount Rainier, der nördlich des Mount St. Helens gelegen, ebenfalls noch als aktiv gilt. Unmittelbar an der kanadischen Grenze liegt der aktive Mount Baker, während der Glacier Peak als erloschen betrachtet wird, ebenso wie der Mount Adams östlich des St. Helens. Diese Vulkane liegen im Staate Washington. Im südlich daran anschließenden Oregon gilt nur der Mount Hood als aktiv, während Mount Jefferson, Three Sisters, Newberry Crater und Mount McLonghlin und der bekannte Crater Lake (Abb. 2.7-1) als erloschen gelten.

Im Süden daran anschließend, in Kalifornien, wurden Ascheneruptionen beim Mount Shasta um das Jahr 1860 beobachtet. Der südöstlich davon gelegene Cinder Cone zeigte 1851 Eruptionen. Der dicht bei diesem liegende Lassen Peak hatte 1917 einen Lavaausfluß. Im nördlichen Kalifornien befinden sich über einer Fläche von 5000 km^2 die Ablagerungen von vulkanischen Schlammströmen mit einem Alter von 3,5 Mio. Jahren.

Ein bekanntes Vulkangebiet in den USA ist der Yellowstone Park. Hier sind heute noch über 100 Geysers (Plural auch als Geysire bezeichnet) tätig. Dies sind Springquellen, die eine Zwischenstellung zwischen heißen Quellen und Fumarolen, d.h. reinen Dampfaustritten einnehmen. Hierbei wird versickerndes Oberflächenwasser in der Tiefe vom noch heißen magmatischen Intrusivkörper erhitzt. Solche Geysers kennen wir auch von Island und von Neuseeland, vereinzelt auch von Japan, Java, Sumatra und Celebes, sogar am 4800 m hohen See Tengri Nur in Tibet und vom Krater des 6080 hohen Vulkans Socomba in Nordchile.

Der Untergrund im Yellowstone-Park wird durch ein etwa 7500 km^2 großes Plateau gebildet, in das sich bis zu 400 m tiefe Schluchten eingeschnitten haben und welches aus Ablagerungen von vulkanischen Glutwolken besteht, die sich nach dem Absetzen zu Schmelztuffen, Ingimbriten, verfestigt haben. Die seinerzeitigen Glutwolken sind bei explosiven Ausbrüchen aus großen Spalten gefördert worden.

Ignimbritausbrüche sind bisher noch nicht direkt beobachtet worden. Aus den vorhandenen Ablagerungen hat man jedoch rekonstruiert, daß diese zunächst mit dem Auswurf von relativ kühlen Aschen und Bimssteinen beginnen. Später nimmt die Temperatur des ausgeschleuderten Materials zu, so daß die glasigen Auswurfsprodukte noch glühend sind und sich nach Ablagerung zu Ignimbrit verschweißen.

Die größten Ignimbritbildungen der Erde befinden sich in den zentralen Anden, wo sie eine Fläche von etwa 150000 km^2 bedecken. Jeweils Flächen von 25000 km^2 bedecken Ignimbrite in Neuseeland (Abb. 2.7-2) im Tauro-Rotura-Gebiet und beim Toba-See in Sumatra. In den USA befinden sich im Staate Idaho Ignimbritflächen von rund 13000 km^2 im Gebiet des Snake Rivers. Die beim doch sehr gewaltigen Ausbruch des Katmai vom Jahre 1912 geförderten Glutwolkenablagerungen des Valley of Ten Thousand Smokes nehmen sich dagegen relativ bescheiden aus.

Abb. 2.7-2 Luftaufnahme vom 30. Januar 1972 des Rotorua/Neuseeland, der einer 14 km lange Spalte aufsitzt, welche ältere Vulkangesteine durchschneidet.

(Foto: Univ. of Colorado)

Mount St. Helens – der Ausbruch 1980

Der Mount St. Helens liegt zwischen den Städten Portland und Oregon im Süden und Seattle im Norden im US-Staat Washington, in einer touristisch attraktiven Gegend, die ihren Reiz durch den vorliegenden Vulkan selbst und die erloschenen Vulkane des Mount Rainier und des Mount Adams erhält. In den 30er Jahren des 19. Jahrhunderts fanden mehrere Ausbrüche statt. Seit 1857 verhielt der Berg sich

Abb. 2.7-3 Die Haupteruption des Mt. St. Helens/USA vom 18. Mai 1980. Der Westwind trieb die Aschenwolke weit über das Land. (Foto: Dept. of Natural Resources)

jedoch 123 Jahre lang ruhig. Aufgrund von Untersuchungen wußte man, daß vor 37000 Jahren explosive Bimsausbrüche stattgefunden hatten. Vor etwa 2500 Jahren hatten hauptsächlich Lavaströme die Kegelform des vor dem Ausbruch 3220 m hohen Berges gestaltet.

Schon 1978 hatten Geologen des US Geological Survey einen baldigen Ausbruch des Vulkans vorausgesagt und so wurde am 30. 4. 1980 durch die Gouverneurin des Staates Washington eine Schließung des beliebten Gifford Pinchot National Forest in einer «Roten Zone» verfügt. Dies geschah, nachdem Ende März 1980 zunächst Tausende von Erdbeben registriert worden waren und nachdem sich eine explosive Eruption ereignet hatte, die eine Aschenwolke bis 2100 m Höhe emporgeschleudert hatte. In dem Gletscher des Berges zeigten sich bereits erste Risse.

Gegen Ende März bildete sich neben dem Hauptkrater ein weiterer Krater. Beide Krater vereinigten sich innerhalb weniger Tage zu einer 600 × 450 m messenden

Vertiefung. Der ständig vibrierende Berg ließ Lawinen zu Tal donnern. Anfang April erreichte die Dampfwolke eine Höhe von 5000 m. Der obere Teil des Vulkans wölbte sich in der Zeit von Ende April bis Anfang Mai täglich um 1,2 bis 1,5 m pro Tag, auf insgesamt 90 m. Nach zwei kräftigen Erdbeben erfolgte ohne sonstige Vorwarnung am 18. Mai 1980 schließlich die Explosion (Abb. 2.7-3 und 4).

Eine Glutwolke aus abgesprengtem Altgestein, Bims und Asche, «stone wind»,

Abb. 2.7-4 Die Haupteruption des Mt. St. Helens vom 18. Mai 1980. Die Heftigkeit der Eruption läßt auf Wasserzutritt zum Magma schließen («preatischer Ausbruch»).

(Foto: Dept. of Natural Resources)

raste wie beim Mont Pelée von 1902 mit einer Temperatur von 200 bis 500° in östlicher Richtung den Berg hinab. Ihre Geschwindigkeit betrug 190 km/h. Die Explosion wurde in 425 km Entfernung noch wahrgenommen. In dem dicht bewaldeten Gebiet wurden auf 20 km Breite Bäume entwurzelt oder umgeknickt. Die Wolke erreichte eine Entfernung von ca. 29 km. Über dem Krater war die Aschenwolke inzwischen auf eine Höhe von 27 km aufgestiegen. Man schätzt, daß die

Explosion die Energie einer 10-Megatonnen-Atombombe freigesetzt hat. Das Schmelzwasser der Schneedecke und des Gletschers setzte zusammen mit Grundwasseraustritten und starken Gewitterregen und mit dem Wasser des 8 km entfernten Spirit-Lake einen Schlammstrom in Bewegung, der sich in das Tal des Toutle Rivers ergoß. Hier wurden sieben von acht Brücken weggerissen. Die Schlammströme erreichten Geschwindigkeiten von 80 km/h und erreichten, dem Lauf des Toutle Rivers folgend, den von vielen Schiffen befahrenen Columbia River, wo die vorgesehene Wassertiefe der Schiffahrtsrinne von 12 m auf 4,5 m reduziert wurde. Dadurch wurden 31 Schiffe stromaufwärts blockiert. Von den aufgefundenen ca. 65 Toten starben nur drei in der «Roten Zone».

500 Geologen gelang es, die vielbegehrte Genehmigung zum Betreten dieser Zone zu erhalten. Einer von ihnen kam während der Vulkanüberwachung in 9 km Entfernung vom Vulkan ums Leben. Unter den Todesopfern waren zahlreiche Fotographen, die sich unter Mißachtung der Absperrungen in die Gefahrenzone eingeschlichen hatten, um sensationelle Fotos zu schießen.

Noch am Vorabend des Ausbruches hatte eine Gruppe von 30 Besitzern von Ferienhäusern in der «Roten Zone» die Genehmigung ertrotzt, wenigstens unter Polizeibegleitung ihre Haustiere zu füttern. Nur wenige Stunden später, am Sonntagmorgen, 18. Mai 1980 um 8.32 Uhr, als die Waldarbeiter, die werktags zu Hunderten in den Wäldern um den Vulkan arbeiten, ihren freien Tag hatten, und bevor die Ausflügler kamen, geschah die Haupteruption.

Schwächere Ausbrüche folgten noch bis zum Oktober 1980, wobei ein nachfolgender Ausbruch am 12. Juni 1980 immerhin 200 km weit zu hören war und eine Aschenwolke bis 16 km Höhe produzierte. Dieses Ereignis, wie auch schon dasjenige der Haupteruption, fand während der größten Annäherung des Mondes an die Erde statt, so daß diesbezügliche kosmische Auswirkungen als auslösender Faktor diskutiert werden können.

Die Auswirkungen

Die gesamte Gipfelregion des Berges, ungefähr 3,7 km^3, wurde weggesprengt; von der ursprünglichen Höhe von 3220 m sind noch 2723 m verblieben. Es entstand eine Caldera, in der ein Lavadom wächst. Ein Vulkanausbruch, der von Geologen vorausgesagt worden war und der kurz vor dem Hauptereignis durch unübersehbare Anzeichen angekündigt worden war, hat dennoch in einer hochtechnisierten Zivilisation einen Schaden von rund 1 Milliarde US $ angerichtet.

Brücken waren verschwunden, Straßen blockiert, Landebahnen für Flugzeuge vorübergehend außer Betrieb gesetzt, wichtige Wasserstraßen stillgelegt. Ein Aschenvolumen von 15 km^3 hatte sich auf eine weite Fläche abgelagert. In 70 km Entfernung wurde noch eine Stärke von 6 cm gemessen bei einer Dichte von 1,52. Noch in 10 km Entfernung vom Krater wurden Bimsbomben von 20 cm Durchmesser gefunden. Glücklicherweise verdichteten unüblich starke Regenfälle alsbald die Tephraschicht und schwemmten die Asche von betroffenen Pflanzen ab.

Als nach zwei Tagen die Aschenwolke die kanadischen Provinzen Manitoba und Ontario erreichte, war trotz der Entfernung von 2000 km dort die Sicht auf 5 km verringert. Die vulkanische Asche verursachte in der bewohnten Umgebung Schäden, die keiner vorausgesehen hatte.

Innerhalb weniger Minuten wurden die Luftfilter von Autos, Flugzeugen und insbesondere auch von Rettungshubschraubern durch die feinen Aschenteilchen verstopft. Die alsbald nach dem Aschenregen niedergehenden Gewitterregen verstopften die Kanalsysteme. Der Straßenverkehr war durch Sichtbehinderung und Rutschgefahr eingeschränkt. Motoren, Klimaanlagen usw. versagten. Bei 25 der Opfer wurde Ersticken als Todesursache festgestellt.

800000 l Milch mußten vernichtet werden, weil ein Abtransport auf den unterbrochenen Straßen nicht möglich war. Die Heuernte war weitgehend vernichtet und der Viehbestand konnte nur durch Zukauf von Heu gehalten werden. Für die Landwirtschaft ergaben sich aus der Katastrophe aber auch positive Effekte. So wurden zwar die Bienen vernichtet, was voraussichtlich Auswirkungen auf die nächstjährige Obsternte haben würde, doch Schadinsekten, wie die gefürchteten Heuschrecken, kamen ebenfalls um. Insgesamt wird der Aschenfall auf der landwirtschaftlichen Fläche als positiver Düngungseffekt eingeschätzt, wenngleich auch die weißgraue Färbung eine etwas verminderte Wärmeaufnahme befürchten läßt.

Eine positive Bilanz aus der Katastrophe zieht auch der Tourismus, der einen verstärkten Zustrom an Sensationslüsternen zu verzeichnen hatte. Vulkanische Asche wurde in Säckchen zu zwei Dollar als Souvenir verkauft. Eine positive Bilanz konnten auch zahlreiche Baggerunternehmer aus der weiteren Umgebung ziehen, die mit dem Ausbaggern der betroffenen Flüsse beauftragt waren. Hier ergab sich aber bereits das Problem, für das Aushubmaterial geeignete Deponien zu finden. Mit einem Teil des Materials wurden die vorhandenen Hochwasserdämme entlang der Flüsse erhöht. Der Wasserbaubehörde war der Zeitpunkt der Katastrophe günstig gewesen, da jeweils im Frühjahr mit einem Hochwasser gerechnet werden muß. So hatte man fast ein Jahr Zeit, das Gewässernetz wieder in Ordnung zu bringen. Um das Einschwemmen weiterer Aschenmengen in die Flußsysteme zu verhindern, mußten auch rechtzeitig die gewaltigen Aschenflächen vom Hubschrauber aus mit Grassamen eingesät werden.

Zieht man Vergleiche zwischen St. Helens und dem viel gewaltigeren Ereignis des Katmai von 1912, so wird offensichtlich, daß ein Vulkanausbruch erst zur Katastrophe wird, wenn in einem immerhin noch dünn besiedelten, aber intensiv land- und forstwirtschaftlich genutzten Gebiet mit empfindlicher Infrastruktur Werte zerstört werden. Daran konnte auch die nahezu perfekte wissenschaftliche Vorwarnung vor dem Ereignis nur wenig ändern.

Auswirkungen in der Großstadt Portland

Die Empfindlichkeit der technisierten Welt einer Großstadt wird deutlich bei den Folgen des Ereignisses für die 80 km entfernte Großstadt Portland mit ihren 400000 Einwohnern. Glücklicherweise wehten an jenem 18. Mai Westwinde, so daß die Stadt, die sonst von dezimeterhohen Aschenschichten bedeckt worden wäre, zunächst verschont blieb. Doch die späteren, wesentlich kleineren Aschenauswürfe hinterließen durch gleichzeitig herrschenden Ostwind in der Stadt ihre Folgen.

Die nur wenige Millimeter starke Aschenschicht beeinträchtigte in erster Linie den Verkehr. Der internationale Flughafen Portland mußte zeitweise geschlossen werden, um Schäden an den Motoren der Flugzeuge zu verhindern. In den Straßen wurde eine Geschwindigkeitsbeschränkung auf 25 km/h eingeführt, um die Staubentwicklung gering zu halten und die Fahrzeuge zu schonen. Trotz improvisierter Luftfilter für die Motoren – wofür selbst Damenstrümpfe Verwendung fanden – blieben die meisten Wagen jedoch alsbald stehen. Die offensichtlich robuster gebauten Motoren der Busse blieben einsatzbereit. Hier trat das Problem der Sichtbehinderung auf, indem die Wischblätter durch den abrasiven Staub nach kurzer Zeit verbraucht waren. Die hohe elektrische Leitfähigkeit der Asche ließ die Stromversorgung in einem Vorort ausfallen. Auch die Geldautomaten der Banken wurden aus diesem Grunde blockiert.

Die scharfkantigen glasigen Aschenpartikel reizten die Schleimhäute der Menschen. Man war sich darüber im klaren, daß bei Teilchengrößen von kleiner als fünf Tausendstel Millimeter bei längerer Einwirkung die gefürchtete Silikose verursacht werden könnte. Es wurde alsbald ein «Spezialkomitee für Aschen-Gesundheitsfragen» konstituiert, das Verhaltensmaßregeln publizierte. Sogleich fanden sich teils improvisierte, teils perfekte Gesichtsmasken als Atemschutz im Einsatz. Fenster und Türen wurden mit Isolierstreifen abgedichtet. Mitte Juni wurde in der Stadt ein Großreinemachen organisiert, wobei die Hausbesitzer unter Androhung hoher Bußen zur Mitarbeit verpflichtet wurden. Jeweils in einzelnen Stadtteilen wurden die Hausbesitzer zur Reinigung der Dächer und der Gehwege und Parkplätze mit Schlauch und Besen verpflichtet.

2.8 Sunset Crater und der Stamm der Sinagua

Eines der Hauptvulkangebiete der USA befindet sich südlich von Kalifornien im Staate Arizona und umfaßt dort auf einer Fläche von mehr als 5000 km^2 rund 200 Tephrakegel. Es trägt den Namen San Francisco-Vulkanfeld, wobei der Name von den markanten San Francisco Peaks in der Nähe der Stadt Flagstaff herrührt. Nach einer Ruhepause hatte hier im Jahre 1064 der Sunset Crater eine neue Eruptionsphase begonnen (Abb. 2.8-1). Dieses Ausbruchsjahr konnte genau festgelegt werden durch Auszählen der Jahresringe von Bäumen.

Etwa seit dem Jahre 500 n. Chr. lebte hier eine Volksgruppe, die die Sinagua genannt wird. Bei dem Ausbruch des Jahres 1064, der etwa im September stattfand, riß zunächst eine Erdspalte von mehreren Kilometern Länge auf, aus der ein Lavastrom ausfloß und große Mengen von charakteristisch schwarzer bis schwarzroter Tephra ausgeschleudert wurden, die auf einem Gebiet von über 2000 km^2 zur Ablagerung gelangten. Es wuchs ein Tephrakegel empor, an dessen Flanke im Jahre 1150 ein Lavastrom ausfloß. Gleichzeitig entstanden andere Krater. Die

Abb. 2.8-1 Der Sunset Crater/Arizona bedeckte mit seiner Eruption von 1064 n. Chr. Siedlungen der Sinagua. (Foto: Univ. of Colorado)

vulkanischen Aktivitäten dauerten etwa bis 1250 an, als wie mit letzter Kraft der Vulkan um den Rand des Schlotes herum rote Schlacken ablagerte, so daß der Betrachter des Berges meint, dieser sei ständig in die roten Strahlen der untergehenden Sonne getaucht - daher der Name «Sunset Crater».

Archäologische Ausgrabungen

Als Überreste der Sinagua wurden unter den Tephraschichten seit 1916 Steinhütten, charakteristische Keramikgefäße und Grabstätten ausgegraben. Aufgrund der Funde wird angenommen, daß die Bewohner sich hauptsächlich als Sammler und Jäger betätigten, aber auch bereits Landwirtschaft betrieben hatten, indem zwischen den Vulkankegeln regelrechte Parks angelegt worden waren. Die Hauptauswirkung der 200 Jahre andauernden vulkanischen Aktivität lag in psychologischer und materieller Hinsicht sicherlich im Initialausbruch des Jahres 1064. Dabei war im Umkreis von 3 km sämtliche Vegetation zerstört worden, hauptsächlich durch mächtige Tephralagen, aber auch durch Waldbrände, giftige Gase und sauren Regen.

Bei größeren Bäumen, die zwar aus der Tephra herausragen, entsteht dennoch Totalschaden, indem Regen von Lapilli und Bomben Nadeln und Blätter abstreift und ganze Äste unter dem Gewicht der aufliegenden Asche abbrechen. Nadelbäume, die weniger empfindlich sind gegenüber dem Gewicht der Asche, sind dagegen empfindlich auf vulkanische Gase. Nimmt man die Erfahrungen vom Paricutin, so kann man annehmen, daß Schädigungen in der Pflanzenwelt bis zu einer Entfernung von etwa 24 km vom Krater entfernt, in verschiedener Intensität vorgelegen hatten.

Ausgrabungen haben jedoch gezeigt, daß sich der Ausbruch angekündigt hatte, vielleicht durch Erdbeben oder Austritt von Dampfwolken aus Erdspalten. So konnten die Bewohner neben ihrer wertvollen Habe sogar wesentliche Holzbestandteile aus den Häusern ausbauen, wohl, um sie für Neubauten wieder zu verwenden.

Verdichtete Besiedlung durch Tephra?

Die engere Nachbarschaft des Vulkans wurde nie wieder besiedelt. In der weiteren Umgebung entwickelte sich nach den Ausbrüchen dagegen sogar eine besonders verdichtete Besiedlung. Dies wurde hauptsächlich auf Bodenverbesserungen durch die den alten Ackerboden überlagernde Tephraschicht zurückgeführt. So ist bekannt, daß Aschenüberdeckungen durch ihr großes Porenvolumen reichlich Feuchtigkeit speichern können. Eine dünne Aschenschicht fördert auch das Keimen von Samenkörnern und steigert die Höhe der Pflanzen. Bei dunkel gefärbten Aschen, wie sie im Bereich des Sunset Craters fielen, wird aus dem Sonnenlicht mehr Wärme absorbiert, als dies bei hellen Böden der Fall ist. Dadurch wird die Vegetationszeit im Frühling und Herbst verlängert. Hinzu kommt weiterhin die düngende Wirkung, insbesondere von verwitternden Aschen. So werden relativ rasch lehmige Böden gebildet, bei denen auch die Wasserversickerung stark reduziert ist. Bei den Ausgrabungen wurden die Knochen von Gänsen, Enten und Kranichen gefunden, was den Hinweis gab, daß seinerzeit stehende Gewässer vorhanden waren.

Kann also durch den Ausfall der Tephra hier die Besiedlung gefördert worden sein? Im Prinzip ja, aber ... Da natürlich bereits vor der Besiedlung durch die Sinagua Tephraböden von früheren Eruptionen in der Landschaft vorgelegen hatten, die Feuchtigkeitsverhältnisse also bereits vor der letzten Ausbruchsserie günstiger waren als anderswo, wird dies gerade die Ursache dafür gewesen sein, daß das Volk sich zwischen den Vulkankegeln angesiedelt hatte. Die Unterschiede in den Vegetationsbedingungen dürften nur klein gewesen sein, entsprechend den graduellen Unterschieden zwischen Jahrhunderte oder Jahrzehnte alter verwitterter Tephra. Der Bevölkerungszuwachs, über den unter den Archäologen noch keine Klarheit herrscht und der teilweise mit 19, teilweise aber mit 1000% angegeben wird, kann auch aus allgemein verbesserten klimatischen Verhältnissen resultieren, die ebenfalls im nicht mit Tephra bedeckten Südwesten der USA zu einem Bevölkerungszuwachs geführt haben. Nach Untersuchungen an Pollen und Baumringen muß etwa vom Zeitpunkt des Initialausbruches an für etwa 150 Jahre feuchteres und wärmeres Klima geherrscht haben. Man sieht, daß bei näherer Erforschung immer wieder zusätzliche Gesichtspunkte hinzukommen, die das zunächst gefundene vermeintlich klare Bild über die Auswirkungen der vulkanischen Aktivität wieder zur Korrektur zwingen.

2.9 Hawaii und die Gefahr aus Lavaseen

Der größte bekannte Vulkan überhaupt ist der Olympus Rex auf dem Mars. Er hat eine ovale Grundfläche von 500 bis 600 km, erreicht eine Höhe von 23 km und besitzt eine gewaltige Gipfelcaldera. Damit ist sein Volumen etwa 15 bis 20 mal größer als dasjenige des Mauna Loa, des größten Vulkans der Erde, auf Big Island der Hawaii-Inselgruppe, früher als Sandwich-Inseln bezeichnet, inmitten des Pazifiks. Die Hauptinsel Hawaii bildet das südliche Ende einer Kette von Vulkaninseln, der Hawaiian Ridge, die sich nach Norden fortsetzt in die untermeerischen Vulkane der Emperor Seamounts und so eine Länge von insgesamt etwa 8000 km aufweist (Abb. 2.9-1).

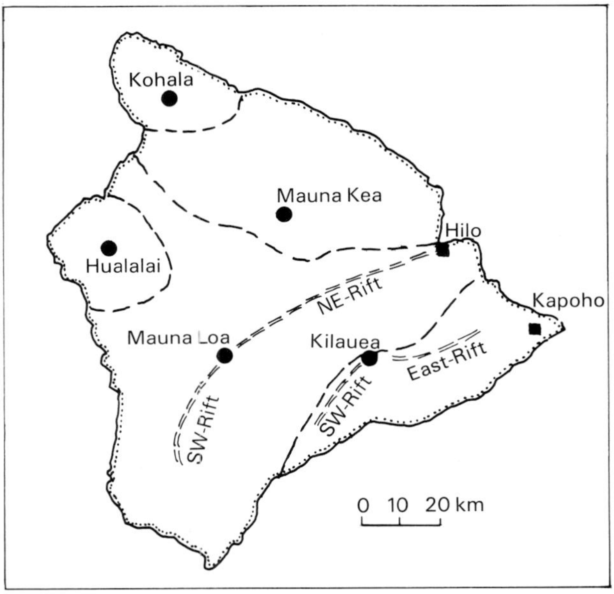

Abb. 2.9-1 Geologische Kartenskizze der Vulkane der Hauptinsel von Hawaii (n. USGS 1976).

Plattentektonik und Hot-Spots

Die meisten Vulkane liegen an Rändern von tektonischen Platten, sei es dort, wo die Platte des Pazifiks gegen die benachbarten Kontinentalplatten grenzt, sei es im Bereich des mittelatlantischen Rückens, wo die Nahtstelle zwischen den auseinanderdriftenden Kontinentalplatten liegt. Nur etwa 5% der aktiven Vulkane der Erde liegen innerhalb von Platten und dazu gehören die Vulkane von Hawaii. Bemerkenswert an ihnen ist, daß im Bereich der Big Island von Hawaii die einzigen drei noch tätigen Vulkane liegen. Bei Beginn der Besiedlung vor 1000 Jahren waren es insgesamt fünf, die Eruptionen zeigten. Entsprechend sind die Gesteine auf Hawaii von rezentem Alter oder höchstens 0,8 Mio. Jahre alt. Weiter nordwestlich nehmen die festgestellten Gesteinsalter rasch auf 5 Mio. Jahre und älter zu. Die Gesteinsalterszunahme erfolgt also in der Längserstreckung der Vulkankette. Dies ist im Gegensatz zu den Vulkanen in den Subduktionszonen und auf den mittelozeanischen Rücken wie auf Island. Dort liegen die jungen Vulkane in einer Senke auf Nahtstellen der Platten. Natürlich gibt es auch dort jüngere und ältere Vulkan. Man erhält jeweils ein höheres Alter je weiter man sich von der Nahtstelle entfernt. Das beim Auseinanderdriften der Kontinentalplatten entstehende Materialdefizit in der Erdkruste wird laufend durch empordringendes Magma ersetzt.

Die merkwürdige Tatsache, daß am südöstlichen Ende der Vulkankette, auf der Big Island Hawaii der jüngste Vulkanismus vorliegt und bis heute andauert, während nach Nordwesten die Vulkane immer älter werden, könnte einmal erklärt werden dadurch, daß eine Spalte in der Erdkruste sukzessive nach Südosten fortlaufend weiter aufreißt. Da aber in den zuerst aufgerissenen Teilen einer solchen Spalte nach den sonstwo gemachten Erfahrungen der Vulkanismus weitergehen müßte, suchte man nach einer anderen Lösung. Nach T. J. Wilson kann unter dem jetzigen vulkanisch aktiven Hawaii unterhalb der Erdkruste ein besonders aktiver «Magmaherd» im Erdmantel liegen, ein sogenannter «Hot-Spot», wie er und andere Geologen ihn auch unter Island und anderen ozeanischen und kontinentalen Vulkangebieten annehmen. Durch eine fortdauernde Plattenwanderung würde über einem solchen «Hot-Spot» die Erdkruste fortlaufend verschoben und der Magmenaufstieg findet jeweils in dem Erdkrustenbereich statt, der gerade über dem «Hot-Spot» liegt, d.h. der «Hot-Spot» wird durch die Erdkruste mittels der vulkanischen Eruptionen «durchgepaust»

Schildvulkane

Die Vulkane Hawaiis liefern bei ihren Ausbrüchen jeweils sehr große Mengen einer sehr dünnflüssigen Lava, deren Ströme sich sehr schnell fortbewegen und die auch noch sehr schwach geneigte Hänge hinablaufen können. Bei der Eruption des Mauna Loa im Jahre 1940 bewegte sich die Lava mit einer Geschwindigkeit von 30 bis 40 km/h über schwach geneigtes Gelände, das pro Kilometer nur Neigungen von 100 bis 250 m aufwies. So entstehen durch immer wieder aufeinanderfolgende Lavaströme schließlich nicht kegelförmige, sondern relativ flache schildförmige Gebilde, eben Schildvulkane. Im Bereich des Gipfels brechen Calderas ein. In diesen steigen wiederum glutflüssige Laven empor und füllen die Caldera als Lavasee aus. Die Lavaseetätigkeit des Kilauea, dessen Caldera ein Oval von 4,4 × 3,3 km umfaßt und welche ungefähr 150 m tief ist, äußert sich wie auch beim Mauna Loa durch das Aussenden von dünnflüssigen Lavaströmen entweder aus der Gipfelcaldera oder aus Spaltenausbrüchen an den Flanken. Daneben findet örtliche Lavawurftätigkeit statt, wobei die emporgeschleuderte Lava zum größten Teil noch in flüssiger Form wieder auf den Boden auffällt, was zur Bildung von Schweißkegeln führt (Abb. 2.9-2).

Gasausbrüche und Tephrawürfe kommen nur untergeordnet vor und sind im Vergleich zur Lavaproduktion auf Hawaii nur von geringer Bedeutung.

Erforschung und Prognose vulkanischer Gefahren auf Hawaii

Die vulkanischen Gefahren gehen praktisch ausschließlich von Lavaströmen aus. Diese treten hauptsächlich aus zahlreichen Spalten, die Riftzonen genannt werden, und die sich 3 bis 5 km vom Gipfel von Kilauea und Mauna Loa entfernt öffnen können. Der Kilauea ist gegenwärtig der aktivere von beiden und übrigens auch der am besten erforschte Vulkan der Erde überhaupt. Der Mauna Loa ist ge-

Abb. 2.9-2 Lavafontäne im Lavasee des Kilauea, Hawaii. (Foto: Univ. of Colorado)

waltiger und hat in historischer Zeit etwa 5 mal soviel an Lavaflächen produziert wie der Kilauea. Durchschnittlich etwa alle 3½ Jahre ist mit einem Ausbruch des Mauna Loa zu rechnen. Der Kilauea ist seit 1924 etwa 80% der Zeit aktiv und von beiden großen Schildvulkanen sind auch in näherer Zukunft immer wieder große Lavaströme zu erwarten. Obwohl seit mehr als 60 Jahren das Hawaiian Volcano Observatory besteht, können Ort und Zeit von Lavaausbrüchen noch nicht genau vorhergesagt werden. Es konnten jedoch einige Zusammenhänge ermittelt werden und die ganze Insel wurde in 6 Gefährdungszonen eingeteilt.

Einer der größten Effusivausbrüche des Kilauea fand 1959/60 statt. Er kündigte sich schon Monate vorher an durch ein Aufwölben der Calderaregion, eine Erscheinung, die sich auch später immer wieder bei Ausbrüchen auf Hawaii feststellen ließ. Diese Geländehebungen werden mit dem Tiltmeter gemessen, einer Art mehrere Meter langer Wasserwaage, die noch einen Hebungsbetrag von 1 mm auf eine Distanz von 1 km feststellen kann. Nachdem im Februar 1959 einige

Abb. 2.9-3 Bei Vulkanausbrüchen auf Hawaii reißt immer wieder der Boden längs Spalten auf. Das Bild zeigt die Zerstörung der Hilina Pali Road in Kalanokaniki Palo am 27. Dezember 1965 mit Horizontalöffnung einer Spalte von 3,5 m und vertikaler Versetzung von über 1 m. (Foto: USGS, R. S. Fiske)

leichte Erdbeben stattgefunden hatten, kam das Aufwölben zum Stillstand. Im August erfolgte dann ein Schwarm von 2500 Mikrobeben, die nur von Seismographen aufgenommen werden können, wobei man eine Herdtiefe von ungefähr 55 km unter dem Kraterrad ermittelte. Das war der Zeitpunkt, zu dem das Magma aufzusteigen begann und die Aufwölbung in der Gipfel-Region war die Folge. Im September wurden nochmals mehr als 22000 solcher Mikrobeben gemessen und die Tiltmeter zeigten verstärkte Bewegungen an.

Die Wissenschaftler waren nun auf einen Ausbruch gefaßt und tatsächlich erschien am Morgen des 14. November 1959 am frühen Morgen eine rote Wolke über dem Krater. Als die Geologen wenige Minuten nach der ersten Erscheinung am Kraterrand angelangt waren, sahen sie, daß Lavafontänen im Kratersee über 200 m hoch aufspritzten. Nun wurde die Meßtätigkeit intensiviert. Bimsproben wurden auf Gasgehalt untersucht. Dies erfolgte ebenfalls an den Ausbruchsstellen und sogar vom Flugzeug aus in den entstandenen Rauchwolken. Gleichzeitig wurden laufend Temperaturmessungen der glutflüssigen Lava an den Ausbruchsstellen durchgeführt. Die Menge der jeweiligen Effusionen wurde abgeschätzt durch die jeweilige Höhe der glühenden Lavafontäne die zeitweise 600 m hoch reichte. Gleichzeitig stieg der Lavaspiegel in der Caldera und in 37 Aktivitätstagen konnten 17 Eruptionsphasen ermittelt werden, während welcher die Temperatur der Lava zwischen 1120 und 1190° C schwankte. Die Abschätzung der Lavaförderung ergab einen Spitzenwert von 1 Mio. m^3/h und nach jeder Eruption zeigten die Tiltmeter ein Nachgeben der Aufwölbung an

Nach der Entgasung an der Oberfläche des Lavasees erfolgte jeweils ein Zurückströmen des Glutflusses in den Schlot, wobei die Tiltmeter jeweils ein erneutes Aufwölben der Gipfelregion anzeigten. Im Januar 1960 begannen verstärkte Erdbeben, die in der Ortschaft Kapoho, 45 km östlich vom Gipfel des Kilauea, deutlich wahrgenommen werden konnten. Da gleichzeitig große Spalten an der Erdoberfläche aufrissen, wurde die dortige Bevölkerung evakuiert. Gegen Abend dieses Tages traten aus der inzwischen 1 km langen Spalte Lavaströme aus, jedoch konzentrierte sich die Eruption nach 2 Tagen auf einen Hauptschlot, aus dem eine Lavafontäne zeitweise bis 500 m Höhe aufspritzte. Die Lavaströme überfluteten die Ortschaft Kapoho völlig, weiterhin eine Station der Küstenwache und eine Anzahl Ferienhäuser. Glücklicherweise war die Geschwindigkeit der Ströme so langsam, daß Menschenleben nicht zu Schaden kamen. Die Sachschäden waren jedoch erheblich, hauptsächlich indem bis zum Februar 6 km^2 der Insel mit frischer Lava überdeckt waren. Die Ströme hatten sich auch in das Meer ergossen und dort unter heftiger Dampfentwicklung die Insel um 2 km^2 vergrößert. Menschenleben kommen bei den relativ «sanften» Ausbrüchen auf Hawaii selten zu Schaden.

Bei einem Ausbruch 1950 konnte ein Farmarbeiter allerdings gerade noch entkommen. Er war zwischen zwei Lavaströme geraten, die sich beide ins Meer ergossen. Er war zur Küste gerannt und konnte dort von der Küstenwache aufgenommen werden.

Bombardierung von Lavaströmen

Die Stadt Hilo auf Hawaii ist auf alten Lavaströmen des Mauna Loa erbaut. Die Hälfte der 70000 Inselbewohner lebt hier und sie stellt das wirtschaftliche und politische Zentrum der Insel dar. Trotz der Entfernung von etwa 40 km vom Hauptkrater des Mauna Loa – die Stadt liegt in einer Bucht an der Ostküste der Insel – gelangten seit 1880 mehrmals Lavaströme bis an den Stadtrand, einer sogar in Gebiete, die heute besiedelt sind. Der Südosten der Stadt liegt im Einflußbereich von Lavaströmen des Kilauea, die 1955 und 1960 auch bedeutende Sachschäden anrichteten. In der benachbarten Ortschaft Kapoho wurden 1960 über 80 Gebäude zerstört und gleichzeitig 1000 ha hauptsächlich landwirtschaftlich genutztes Land von Lava überflutet.

Als 1935 wieder ein Lavastrom die Stadt Hilo bedrohte, beschloß man, diesen durch Bombenabwürfe auf brachliegendes Gelände umzuleiten. Über einem Lavastrom bildet sich alsbald eine Abkühlungshaut aus erstarrter Lava, die im Fall der Pahoehoe-Lava durch Mitschleppen zu Seillava aufgeschoben wird. Bereits nach kurzer Zeit verläuft ein Lavastrom so praktisch in einem geschlossenen Tunnel. Bombenabwürfe sollen nun das Dach des Tunnels an einer Stelle durchschlagen und den Strom seitlich zum Überlaufen bringen, so daß die Stirn des Lavastroms nicht mehr mit neuem Material versorgt wird und dadurch zum Stillstand kommt. Ein weiterer Effekt der Bombardierung eines flüssigen Lavastromes besteht auch darin, daß die Explosion eine schlagartige Entgasung bewirkt, die Lava zähflüssiger werden läßt und so im Tunnel stecken bleibt. 1935 waren schon ermutigende Resultate bei den Bombardierungen beobachtet worden. Der gefährliche Lavastrom konnte immerhin verlangsamt werden und kam nach 6 Tagen völlig zum Stillstand. Gleichzeitig war aber auch die Eruption beendet, so daß der Erfolg dieser ersten Bombardierung nicht eindeutig ermittelt werden konnte.

1942 wälzte sich von der nordwestlichen Flanke des Mauna Loa erneut ein Lavastrom gegen die Stadt, diesmal höher viskos und so Aa-Lava bildend, die beim Weiterfließen des Stromes an der Oberfläche zerbricht und zu Schollen oder Blöcken zusammengeschoben wird. An Stellen, an denen der Lavastrom mehrmals über den seitlich erkalteten Rand überläuft, wird dieser verstärkt, so daß sich stellenweise der Strom zwischen meterhohen Mauern aus erkalteter Blocklava weiterbewegt. So war es 1942 das Ziel von Bombenabwürfen, solche Stellen zu treffen, so daß das große Gefälle zum seitlichen Gelände einen Teil des Stromes zum Ausweichen treiben sollte. Infolge schlechter Sichtverhältnisse vom Flugzeug aus mußte damals jedoch eine weniger günstige Stelle als Ziel gewählt werden. Der künstlich geschaffene neue Lavastrom bewegte sich unmittelbar parallel zu dem ursprünglichen hangabwärts. Jedenfalls konnte die Stirn des Hauptflusses stark gebremst werden und glücklicherweise war die Eruption kurz danach von selbst zum Stillstand gekommen.

Kleinere Lavaströme lassen sich durch Dämme aufhalten, wie es sich bei einer Eruption im Jahre 1955 gezeigt hatte, als die glühende Flut durch einen nur 2 bis 3 m hohen Bahndamm kurz vor der Ortschaft aufgehalten worden war. 1973 wurde bekanntlich ein Großteil der Stadt und insbesondere der Hafen vor dem Lavastrom des Eldfell auf der isländischen Insel Heimaey gerettet, indem große Wassermengen auf die Stirn und die Flanken des Stromes gespritzt wurden. Die Idee hierzu stammt aus einer Erfahrung, die man bei einem Effusivausbruch des Kilauea des Jahres 1960 machen konnte, als wieder einmal die Ortschaft Kapoho bedroht war. Als schon die ersten Häuser von der Glut erreicht waren und eines nach dem anderen in Flammen aufging, wurde auch die Feuerwehr eingesetzt. Da die Brände jeweils rasch gelöscht waren und die Mannschaften in der Zwischenzeit nichts zu tun hatten, gleichwohl aber im Einsatz bleiben mußten, hatte Feuerwehrhauptmann Eddie Bento die Idee, die Schläuche gegen die Stirn des herannahenden Lavastromes zu richten. Selbst kleine Wassermengen bewirkten, daß der Strom stundenlang aufgehalten werden konnte, so daß Häuser noch vor der meist doch nicht ganz zu verhindernden Zerstörung wenigstens geräumt werden konnten. Auf Heimaey zeigte es sich dann später, daß sehr große Wassermengen – dort wurden 900 l/s verspritzt – nachhaltigere Erfolge erbringen.

Niragongo – ein Lavasee in Afrika

Die Lavatätigkeit des Kilauea und Mauna Loa ist immer wieder von mehrjährigen Pausen unterbrochen, während welcher sich der Lavasee wieder in den Schlot zurückzieht. 1948 entdeckte Tazieff im nahezu 400 m tiefen Krater des Niragongo-Vulkans einen Lavasee, den er für die meiste Zeit tätig hält und der so als «halb-permanenter» Lavasee bezeichnet werden kann. Dieser liegt im Osten von Zaire, etwa 50 km von dem im Ostafrikanischen Graben gelegenen Kiwu-See entfernt. Dort wurde anhand von Messungen des Gasgehaltes und der abgestrahlten Wärmemenge der glühenden Seeoberfläche auch die wichtige Rolle der Gase des Magmas klar, die jeweils neben Ausgleichsströmungen im Vulkanschlot den laufenden Wärmetransport vom Magmaherd zur Erdoberfläche übernehmen. Man muß sich vorstellen, daß ein solcher Lavasee jahrelang in glühendem Zustand verharrt, ohne daß sich mehr als eine dünne Abkühlungshaut bildet, die in dem ständigen Brodeln und Wogen immer wieder aufreißt und den Blick auf die rotglühende Lava freigibt. Bis 1924 galt der Lavasee des Kilauea als permanenter Lavasee, bis Meerwasser in eine der unterirdischen Magmakammern vordringen konnte und die Glut zur Abkühlung brachte.

Nachdem der Niragongo seit 1935 in dieser Lavasee-Tätigkeit verharrt hatte, fand 1977 an der Südflanke des Berges ein Spaltenausbruch statt. Die dünnflüssige Lava floß aus und überströmte mit großer Geschwindigkeit ein Gebiet von mehreren Quadratkilometern, wobei mehr als 300 Menschen – andere Quellen sprechen von 2000 – den Tod fanden. Die wissenschaftliche Präzision stößt dort auf Grenzen, wo auch sonst die Einwohnerkontrollen mit großen Dunkelziffern arbeiten müssen.

Erta'Ale – Lavasee im Afar-Dreieck

Die Lavasee-Tätigkeit von Vulkanen ist eine relativ seltene Erscheinung. Neben Hawaii und Niragongo wurde – auch durch Tazieff im Jahre 1967 – ein weiterer Lavasee entdeckt. Genauer handelt es sich um zwei Lavaseen, die sich im alten Krater des Erta'Ale befinden. Dieser liegt im tektonisch höchst bedeutsamen ostafrikanischen Dreieck von Afar, jener Grabenbruchzone, die als südliche Verlängerung des Roten Meeres betrachtet werden muß. Hier haben wir wiederum eine Nahtstelle von tektonischen Platten vor uns – Arabien einerseits und Ostafrika andererseits, die durch diese Grabenzone von einander getrennt sind und die sich bis zum Betrage von 1,80 m/Jahr voneinander wegbewegen. Wie auf Island Europa und Amerika auseinanderdriften, so driften hier Platten auseinander und der zwischen den Kontinenten sonst gewöhnlich vorhandene Ozean wird hier anscheinend erst gebildet, ein Ozean befindet sich im Stadium der Geburt. Wie kommt es, daß ein geologisch so eminent wichtiges Gebiet nicht früher erkannt wurde?

Der Erta'Ale befindet sich in einer mehr als 200 km^2 großen Salzwüste, im heißesten Gebiet der Erde überhaupt. Temperaturen von 57° C im Schatten sind dort keine Seltenheit und Wasserstellen sind völlig unbekannt. Das chaotische Felsenmeer von erstarrten Lavaströmen vermag kein Esel und kein Kamel zu durchdringen. Der Vulkan selbst liegt in einer Senke, die 120 m unter dem Meeresspiegel liegt und er erhebt sich auf eine Höhe von etwa 500 m. Vor solchen Hindernissen muß auch der zäheste und ausdauerndste Geologe kapitulieren und erst durch den Einsatz von Hubschraubern konnte diese Nahtstelle in der Erdkruste wissenschaftlich untersucht werden.

Ebenfalls einen Lavasee in seinem Gipfelkrater hat der Erebus, der mit seiner Lage in der Antarktis damit der südlichste aktive Vulkan der Erde ist. Als er 1841 entdeckt wurde, befand er sich gerade im Zustand der Eruption und seither wurden mehrere explosive Ausbrüche beobachtet. Der aktive Lavasee entstand etwa um 1960 und hat einen Durchmesser von rund 100 m.

2.10 Heimaey und der Vulkanismus des Mittelatlantischen Rückens

Heimaey, die größte der südlich von Island gelegenen Westmänner Inseln, 12 km von der Hauptinsel entfernt, erlebte in der Nacht zum 23. Januar 1973 den Ausbruch des seit 5000 Jahren in Ruhe verharrten Vulkankegels Helgafell, des «Heiligen Berges». Die vollständig vulkanische Insel mit ihrer 6000 Einwohner zählenden Fischerstadt Vestmannaeyjar hat eine Ausdehnung von nur etwa 6 × 3 km. Island lebt zu 90% vom Fischfang und wiederum etwa 20% hiervon gehen über den Hafen von Heimaey, der also für das 210000 Einwohner zählende Land eine ganz besondere Bedeutung hat (Abb. 2.10-1).

Eine Insel wird evakuiert

Am Vorabend hatte ein leichtes Erdbeben stattgefunden, das die an eine rauhe Natur gewohnten Einwohner jedoch nicht geschreckt hatte. In den frühen Morgenstunden ertönten jedoch die Feuersirenen und rissen die Einwohner aus dem Schlaf. Gegen 2 Uhr nachts erleuchtete ein Feuerschein den Himmel. Begleitet von Erdbeben begann aus einer Spalte ein Lavastrom aus dem nur 2 km von der Stadt entfernten Vulkan zunächst ins Meer zu fließen. Schon während der ersten Erdstöße hatten die Einwohner fluchtartig ihre Häuser verlassen. Obwohl auf der Insel 800 Autos zugelassen waren, verfügt sie aber nur über ein Straßennetz von 10 km. Wohin konnte man fliehen?

Abb. 2.10-1 Die explosive Phase der Eruption auf Heimaey, Island, die die Fischerstadt mit Aschenregen zudeckte. (Foto: G+J, Fred Ihrt)

Es verblieb nur die Hauptinsel und insbesondere die 50 km entfernte Hauptstadt Reykjavik. Ein Großteil der Bevölkerung wurde auf die wegen vorangegangenen schlechten Wetters gerade im Hafen liegende Flotte von 70 Fischkuttern eingeschifft. Zusätzliche Hilfe brachte eine Luftbrücke der US-Luftwaffe, die im benachbarten Keflavik eine Basis hatte. Zunächst war durch günstige Winde die Stadt von Aschenregen verschont worden. Doch etwa 3 Stunden nach dem Vulkanausbruch begann ein Regen von Bims und Asche. Tephra wurde Tausende von Metern hoch in die Luft geschleudert und prasselte auf die Dächer wie Hagel. Nun entschlossen sich auch jene Familien zur Flucht, die eigentlich hatten ausharren wollen. Auf der Insel verblieben nur rund 500 Personen für Rettungs- und Sicherungsmaßnahmen, die durch 60 von der Hauptinsel eingeflogene Polizisten und Helfer unterstützt worden waren.

Was war geschehen? Auf der Insel war eine von Nord nach Süd verlaufende Spalte aufgerissen, die eine Länge von ca. 1½ km hatte und aus welcher aus 20 bis 30 Stellen Lava «wie aus einem Wasserfall» hervorquoll und Tephra unter heftigen Explosionen ausgeschleudert wurde. Dort wo vorher grünes Weideland war, wuchs ein neuer Kegel aus schwarzem basaltischem Tephramaterial empor, ein neuer Berg, der später über 200 m hoch werden sollte und der den Namen Eldfell erhielt. Während Lavaströme sich gegen die Stadt wälzten und der Aschenregen weiterging und die ganze Landschaft alsbald mit einem schwarzen Tuch zudeckte, ging die Evakuierungsaktion weiter. Schließlich waren im Hafen lagernde Güter, die Einrichtungsgegenstände der Einwohner und sogar die Autos in Sicherheit gebracht worden. 5300 Personen waren evakuiert worden. Die Fischverwertungsfabrik wurde aber weiter betrieben – mehr aus psychologischen Gründen. Und so hat auch kaum jemals bei einem der Evakuierten Zweifel daran bestanden, daß die Heimat, Heimaey heißt ja «Heimat», später wieder in Besitz genommen würde.

Die vordringenden Lavaströme begannen aber nun den Hafen zu bedrohen. Zunächst hatte ein Lavastrom den vorher schon günstigen natürlichen Hafen gegen das offene Meer noch mehr abgeschirmt. Es war aber abzusehen, daß die Hafeneinfahrt bald unpassierbar würde. So entstand zunächst der Plan, die amerikanische Marine zu bitten, den Hauptkrater zu bombardieren, um so vielleicht den Lavastrom, der die Hafeneinfahrt gefährdete, abzulenken. Dann wurde die Idee geboren, den Lavastrom durch Bespritzen mit Wasser abzukühlen und somit zu stoppen. Eilends wurden amerikanische Spezialpumpen eingeflogen. Tatsächlich gelang es, mit zahlreichen Pumpen und Plastikschläuchen 900 l/s Meerwasser aus dem Hafenbecken auf den Lavastrom zu pumpen und so ein Ableiten der Lavaausbreitung vom Hafen und von der Stadt weg zu bewirken.

Gefahren und Schäden

Der Hafen war gerettet, ja er war durch den Wall, den der junge Lavastrom bildete, noch besser gegen die Stürme geschützt. Bis Ende März wurden jedoch 100 Häuser der Stadt unter der Lava begraben. Gegen die ständig fallende Tephra war kein Mittel gegeben. So wuchs die Schicht von Asche, Bims und Schlacke in den Straßen, drückte Dächer ein und legte sich schließlich drei bis acht Meter über weitere 200 Häuser (Abb. 2.10-2). Bomben von glühender Lava, die durch die Fenster geschleudert wurden, setzten diese in Brand. Dadurch, daß die Rettungsmannschaften während der ganzen Zeit der Eruption ständig im Gefahrenbereich des Vulkans waren, ergab sich die Notwendigkeit, auch deren Sicherheit im Auge zu behalten. So wurden in den Quartieren der während des Ausbruches verbliebenen Bewohner laufend Messungen des CO-Gehaltes durchgeführt und teilweise tödliche Konzentrationen von Kohlenmonoxid festgestellt. Ein 27 Jahre alter Seemann, der bei den Rettungsarbeiten eingesetzt war, hatte in einer Apotheke einen Einbruch verübt, wahrscheinlich um an Narkotika oder Alkohol zu kommen und kam dabei durch Gase um. Ein Arbeiter, der einen Keller betrat, konnte in letzter Minute gerettet werden. Autos waren infolge Mangel an Sauerstoff durch den hohen CO_2-Gehalt der Luft stehen geblieben.

Nach 5 Monaten, am 25. Juni 1973, waren die Eruptionen beendet. Ein Drittel der 1300 Häuser war zerstört, ein weiteres Drittel beschädigt und konnte aus der Asche wieder ausgegraben werden. Von den beiden Wasserleitungen zur Hauptinsel war eine von der Lava im März 1973 zerstört worden. Mit Strom wurde die Insel vorher von drei Leitungen ebenfalls von der Hauptinsel versorgt. Die glühende Lava schnitt diese ab. Das Elektrizitätswerk auf der Insel brannte ab. Lediglich eine unversehrte Fischmehlfabrik mit eigener Kraftanlage konnte einen Teil der In-

Abb. 2.10-2 Luftaufnahme der größtenteils von Tephra verschütteten Stadt Vestmannaeyjar/Island, 1973. Links sind bereits die Spuren der Laderaupen ersichtlich, die die Aufräumungsarbeiten begonnen haben. (Foto: G+J, Fred Ihrt)

sel mit Strom versorgen. Für die zurückkehrenden Bewohner wurden Leichtunterkünfte erstellt, wobei Norwegen und Schweden Fertighäuser schickten.

Obwohl beträchtliche internationale Spendengelder eingingen, wurde von der isländischen Regierung ein Zuschlag von 2% auf die Umsatzsteuer erhoben und damit ein weiterer Teil der Katastrophenhilfe finanziert. Insgesamt wird der Schaden auf rund 600 Mio. US $ beziffert.

Der Vulkanausbruch hat aber auch positive Aspekte gehabt. So bildet der neue Berg einen willkommenen Windschutz für die Fischkutter und den Flugplatz. Bei starkem Südwestwind konnten die Schiffe früher häufig nicht auslaufen. Das ist nun bei fast jedem Wetter möglich. Die vulkanische Asche wurde als geeignetes Material zum Straßenbau befunden. Wie bei den Bimsvorkommen der Eifel und des Laacher Sees in Deutschland fand man alsbald eine Verwendungsmöglichkeit für die Asche zur Herstellung von Mauersteinen aus «Leichtbeton». Norwegen erwies sich als dankbarer Abnehmer. Eine bestimmte harte Grasart, die wiederum von den Schafen gern angenommen wird, ging schon nach 1½ Jahren auf den Aschenflächen auf und ergab gute Weideflächen. Die in wenigen Metern Tiefe noch glühende Lava wurde weiterhin herangezogen zum Aufbau eines Heizsysteme, indem Meerwasser durch Röhren aufgeheizt und in die Häuser geleitet wird.

Man rechnet, daß dies während 30 bis 40 Jahren ausreichen wird. Die Lava hat wohl eine Fläche von etwa 0,3 km² der Insel mit Lava bedeckt, gleichzeitig wurde aber auch die Insel nach Osten um fast 2 km² vergrößert.

Island – auf der Nahtstelle von zwei Kontinenten

Der Untergrund von Island und der umliegenden Inseln ist nicht nur vollständig

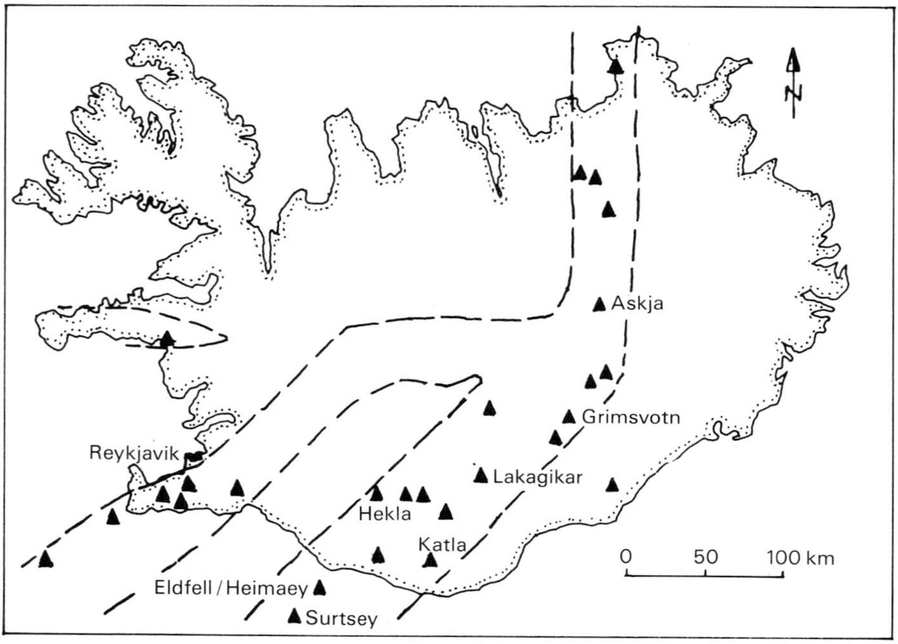

Abb. 2.10-3 Island und seine seit der Besiedlung der Insel (um 900) aktiven Vulkane (Kartenskizze). Zwischen den gestrichelten Linien verlaufen die Vulkanzonen (n. Thorarinsson).

vulkanisch und besitzt neben rund 130 erloschenen Vulkanen heute etwa 30 in historischer Zeit tätig gewesene Ausbruchsstellen. Etwa ¼ der auf dem Festland der ganzen Erde geförderten Lavamengen wurden von den isländischen Vulkanen geliefert. In Island können wir auf dem Lande geologische Erscheinungen verfolgen, die sich sonst unter dem Meeresspiegel abspielen (Abb. 2.10-3). Durch Island hindurch zieht die Riftzone, d.h. die Spaltenzone zwischen Europa und Amerika, an welcher die beiden Kontinente auseinanderdriften. An 250 Stellen tritt Thermalwasser aus, das zusammen mit Geysers einen Beitrag zur Energieversorgung der Insel liefert. Europas größte Vulkane befinden sich auf der Insel und gestatten das Studium der Wechselwirkung zwischen Vulkanismus und Gletschereis, da wir in Island ja auch die größten Gletscher Europas haben.

Die geologische Einmaligkeit Islands besteht aber insbesondere darin, daß wir hier an der einzigen Stelle sind, an der die Nahtstelle zwischen Amerika einerseits und Europa/Afrika andererseits an der Landoberfläche aufgeschlossen ist, während sie sonst am Meeresboden verläuft. Seit den 50er Jahren weiß man aus der Erforschung des Paläomagnetismus, daß die Kontinente auseinanderdriften. In der Gesteinsschmelze kristallisiert beim Abkühlen als eines der ersten Mineralien der Magnetit aus. Dieses magnetische Mineral richtet sich wie eine Magnetnadel nach dem magnetischen Nordpol aus. Beim Erstarren des Gesteins bleibt diese Richtung fixiert, man spricht von remanentem Magnetismus. In den Gesteinen aus den verschiedenen geologischen Perioden an verschiedenen Stellen der Erde wurde nun jeweils eine mehr oder weniger große Abweichung vom heutigen Nordpol festgestellt. Daraus wurde ganz richtig gefolgert, daß sich die Gesteine bewegt haben.

Wir wissen heute, daß sich nicht nur kleinere Gesteinspakete verschoben haben, nicht einmal die Landmassen der Kontinente allein, sondern mit ihnen der angrenzende Meeresboden. Die jeweilige Einheit aus Kontinent und dazugehörigem Meeresboden wird als tektonische Platte bezeichnet. Das Phänomen wird allgemein als Plattentektonik bezeichnet (vgl. hierzu 3.11).

Durch die Mitte der Ozeane verlaufen Rücken (engl. Ridges), die echte untermeerische Gebirgszüge darstellen und in diesen öffnen sich mit einer gewissen Regelmäßigkeit unter heftigen Erdbeben Spalten in der Erdkruste. Hier kann Magma aus dem Erdmantel aufsteigen und es füllt das entstandene Materialdefizit auf. Wenn die Spalten bis zur Erdoberfläche aufreißen, kommt es zu vulkanischen Erscheinungen. So ist es ein Charakteristikum des isländischen Vulkanismus, daß immer wieder Spalten mit einer Länge von Hunderten von Metern aufreißen, aus denen alsdann mächtige Ströme von dünnflüssiger Lava austreten.

2.11 Laki und Hekla – Gletscher, Vulkane, Giftgase

Der Spaltenausbruch des Laki von 1783

Der Laki-Vulkan liegt auf der Mitte einer 25 km langen Spalte in Südisland. Im Juni 1783 fand hier ein Spaltenausbruch statt, der als größte Lavaeruption der Geschichte gilt. Das Ereignis begann, indem nach einwöchigen starken Erdbeben die Spalte aufriß und unter gewaltigen Explosionen Lavafontänen aufschossen und so eine riesige Aschenwolke produzierten. Danach trat geradezu eine Flut von Lavaströmen aus der Spalte aus. Der Lavastrom erreichte das Bett des Gletscherflusses Skafta, füllte dieses auf und bewegte sich weiter talabwärts.

Nach einem Tag hatte die Lavafront bereits 14,5 km zurückgelegt. Die dünnflüssige Lava floß weiter zur Küste, verteilte sich auf über 20 km Breite und erreichte schließlich eine Länge von 80 km. In den folgenden Wochen und Monaten riß die Spalte jeweils ein weiteres Stück auf und der Vorgang wiederholte sich jeweils: Zuerst explosive Ausbrüche mit starkem Aschenauswurf, nach einigen Tagen effusive Tätigkeit mit großen Massen an dünnflüssiger Lava, die sich über große Flächen verteilt. Die Eruption dauerte bis zum November. Danach war eine Fläche von 565 km^2 mit erstarrter Lava bedeckt, deren Volumen auf 12,5 km^3 geschätzt wird. Zeitweise erreichte der Lavaausfluß mit 5000 m^3/s das Doppelte der Abflußmenge des Rheins bei seiner Mündung.

Zu den primären Schäden, die in erster Linie die Lavaströme durch die Vernichtung des Weidelandes und der Höfe anrichtete, kamen sekundäre Schäden, die wesentlich größer waren. So wurden Gletscher zum Schmelzen gebracht und gleichzeitig die Abflußrinnen gestaut, so daß sich Wasserfluten weit über das Land ergossen. Am schlimmsten war die monatelang über ganz Island verharrende Aschenwolke, die vermutlich reich an Schwefel war.

Selbst das Gras wuchs nicht mehr. Wegen Sichtbehinderung mußten auch die Fischer ihre Arbeit einstellen. Aufgrund der Eruption starben in der folgenden Hungersnot und aufgrund von Seuchen 10000 Menschen, also ein Fünftel der isländischen Bevölkerung. ¾ der Pferde, Schafe und Wildtiere und 250000 Rinder, entsprechend der Hälfte des Bestandes, überlebten nicht.

Hekla – Vulkan unter dem Gletschereis

Der Vulkan Hekla, ebenfalls in Südisland in einem dünn besiedelten Gebiet gelegen, das stark vergletschert ist, verursacht bei seinen Ausbrüchen regelmäßig Überschwemmungen durch abschmelzendes Gletschereis. Solche Erscheinungen kennen wir auch von der stark vergletscherten sowjetischen Halbinsel Kamtschatka. Seit Beginn der Besiedlung Islands vor 1100 Jahren sind 13 große Ausbrüche des Hekla bekannt. Nach Thorarinsson liegt bereits für einen Ausbruch im Jahre 1104 eine kurze schriftliche Überlieferung vor.

Zu dieser Zeit muß eine besonders starke, rein explosive Eruption stattgefunden haben, die sich aus der Ausgrabung von seinerzeit von vulkanischer Asche verschütteten Bauernhöfen und aus systematischer Kartierung der Aschenschichten ergeben hat. Damals muß über die Hälfte von Island oder 55000 km^2 von Asche bedeckt worden sein. In Torfablagerungen in Norwegen und Schweden konnte das Ereignis noch nachgewiesen werden.

Genaue Beschreibungen sind über den Ausbruch des Hekla vom 13. Februar 1693 vorhanden, ein Ereignis, das mindestens 7 Monate dauerte. Hierbei handelte es sich um eine gemischte Eruption, wobei neben Tephraauswürfen auch beträchtliche Lavamengen ausgeflossen sind. Insbesondere zu Beginn, ja in der ersten Stunde des Ereignisses sind möglicherweise 60000 m^3/s ausgeworfen worden. Durch den gerade herrschenden Südwind wurde ein Aschenfächer in nordwestlicher Richtung über eine Fläche von 22000 km^2 ausgebreitet. Die feinsten Teilchen gelangten bis Norwegen. Der Ausbruch vom 29. März 1947 verursachte ebenfalls in Norwegen Aschenfälle.

Bei diesem Ausbruch konnte auch die Stärke der Schmelzwasserströme, die durch die Lava und die heiße vulkanische Asche durch Abschmelzen der Gletscher verursacht wurde, abgeschätzt werden. So nimmt man an, daß zeitweise eine Flut von 900 m^3/s die Täler hinabraste. Die gesamte Wassermenge wurde auf

3 Mio. m^3 geschätzt. Solche Wasserfluten werden mit dem isländischen Ausdruck Jökulhlaup bezeichnet. Sie können auch bei Vulkanausbrüchen unter dem Eis oder auch durch bloße Solfatarentätigkeit entstehen. Eine besondere Art von Jökulhlaups sind Ausbrüche von Gletscherseen, die talabwärts durch Gletschereis gestaut sind und die beim Abschmelzen desselben schlagartig riesige Wassermassen freigeben.

Außerhalb von Island sind diese Erscheinungen relativ selten. Aber bei einigen unter dem Eis liegenden, subglazialen Vulkanen, wie beim Katla und Grimsvötn, treten solche Fluten im Abstand von mehreren Jahren mehr oder weniger regelmäßig auf. Der Katla, der etwa zweimal pro Jahrhundert eine solche Flut hervorruft, produziert dann Wassermengen von 100000 m^3/s, was annähernd dem Abfluß des gewaltigen Amazonas entspricht. Die Wassermassen reißen auch Eisberge mit sich und führen vulkanische Gase.

2.12 Thera/Santorin und der Untergang der minoischen Kultur

Die Vulkaninsel zur Zeit der minoischen Kultur

Etwa um das Jahr 1500 v. Chr. fand auf der griechischen Insel Thera, auch Santorin oder Santorini genannt, ein Ereignis statt, das als die größte Vulkankatastrophe der letzten Jahrtausende bezeichnet wird. Da um diese Zeit auch die spätbroncezeitliche minoische Hochkonjunktur zu Ende geht, die ihren Mittelpunkt auf der 110 km südlich gelegenen Insel Kreta hatte, ist die Diskussion über die kulturellen und politischen Auswirkungen dieser Katastrophe unter den Archäologen auch heute noch in vollem Gange.

Vom griechischen Festland zieht sich südlich von Athen zuerst in südöstlicher, dann in östlicher Richtung im Agäischen Meer der Inselbogen der vulkanischen Kykladen. Als südlichstes Element findet sich hier die Inselgruppe von Thera/Santorin (Abb. 2.12-1). Drei Inseln mit Höhen bis über 500 m bilden einen Ring, in dessen Zentrum sich zwei Vulkaninseln befinden. Vor 3500 Jahren war dies eine einheitliche Insel mit einem Durchmesser von etwa 15 km. Die dramatischen Ereignisse, die sich in der Zwischenzeit zugetragen haben, wurden auf zwei internationalen Kongressen 1969 und 1978 von der Fachwelt diskutiert. Die geologischen Aspekte wurden u.a. hauptsächlich von H. Pichler, die archäologischen von S. Marinatos untersucht.

Die ursprüngliche Insel Thera war keine reine Vulkaninsel. Der auch heute noch höchste Berg, der Profitis Ilias, der sich 565 m über das Meer erhebt, ist aus Kalksteinen der Trias, also aus dem Erdmittelalter aufgebaut (Abb. 2.12-2). Daneben finden sich Kalksteine aus dem Tertiär, aus der Erdneuzeit. Beide sind von ausgeprägten Brüchen durchzogen. Wir können hier einen Überrest einer möglichen Landbrücke zwischen der südlichen Balkan-Halbinsel und dem türkischen Anatolien vor uns haben. Schon zur Tertiär-Zeit, hauptsächlich aber in der Quartär-Zeit, entwickelte sich ein Vulkanismus, der nach und nach den größten Teil der Insel aufbaute. Die größte der den Ring bildenden Inseln, Theira, zeigt, daß zunächst ein Stratovulkan entstand, d.h. es wurden abwechselnd Tephralagen und Lavaschichten übereinandergelegt. Aufgrund von Rekonstruktionen kann angenommen werden, daß die frühere Gesamtinsel etwa kegelförmige Gestalt hatte bei einer Höhe von annähernd 2000 m über dem Meeresspiegel.

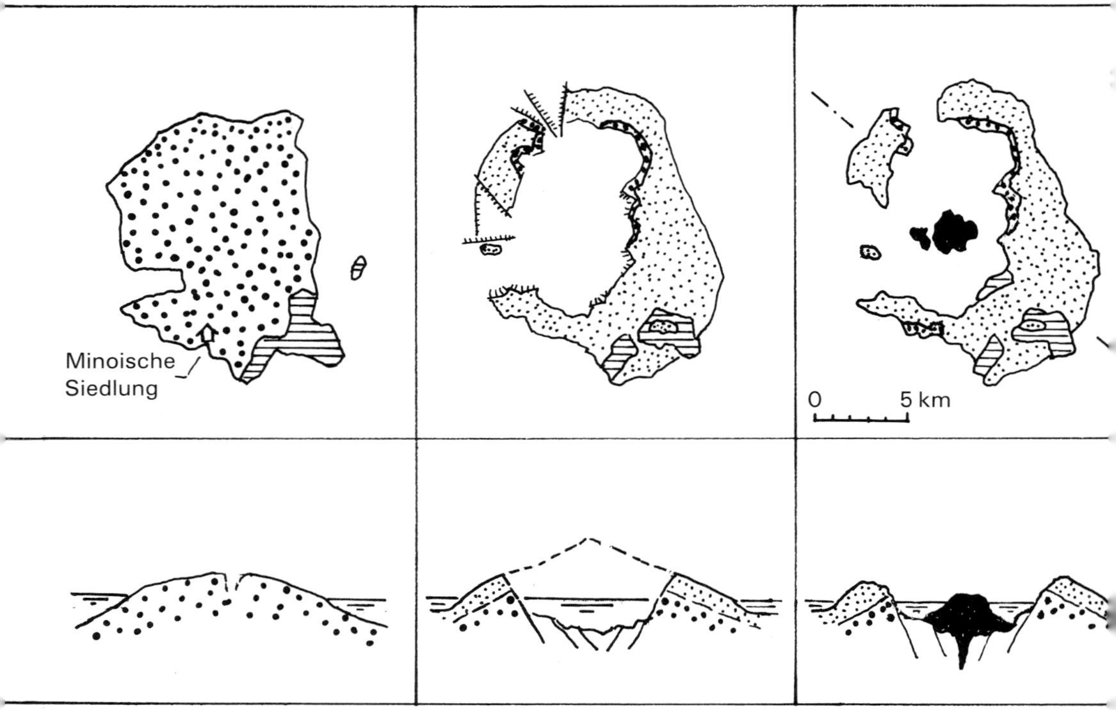

① Die Vulkaninsel um 1700 v. Chr.:
≡ = Trias und Tertiär
⁚ = Vulkangestein (Laven und Tuffe)

② Nach der Eruption von 1500 v. Chr.: Als Folge der gewaltigen Tephraauswürfe (kleine Punkte) ist eine Caldera eingebrochen, Zerfall in 3 Inseln

③ Heute noch im Gange: Auffüllen der Caldera durch Lava-Effusionen (schwarz) Bildung von 2 neuen Vulkaninseln

Abb. 2.12-1 Geologische Geschichte von Thera/Santorin. Oben: geologische Kartenskizze, unten: schematische geologische Profile.

Vor etwa 100000 Jahren kam es zu einem explosiven Ausbruch, der eine mächtige Bimssteinablagerung lieferte; hier als untere Bimssteinserie bezeichnet. Über diese gelangten stellenweise wiederum Lavaströme. Kulturgeschichtlich wichtig

Tab. 2.12-1 Erdgeschichtliche Zeittafel

Relatives Alter der Erde aufgrund von Versteinerungen (Fossilien)		Absolutes Alter aufgrund isotopengeologischer Messungen an radioaktiven Zerfallsreihen
Ära (Zeitalter)	Periode (Formation)	
Känozoikum	Quartär (Eiszeit und Jetztzeit) Tertiär	80 Mill.
Mesozoikum	Kreide Jura Trias	200 Mill.
Paläozoikum	Perm Karbon Devon Silur Kambrium	700 Mill.
Präkambrium	Algonkium Archaikum	4,5 Mrd.
Sternzeitalter (Gasphase)		ca. 8 Mrd.

ist dann eine Schicht von Ignimbrit, die aufgrund der radioaktiven Zerfallsreihe von ^{14}C auf ein Alter von 18000 Jahren datiert wurde. Auf dieser Schicht wurden nämlich die ausgedehnten Siedlungen der minoischen Kultur gebaut. Die in den 60er Jahren begonnenen Ausgrabungen von Gebäuden aus jener Zeit waren auch z.T. aus Blöcken aus diesem Ingnimbrit erstellt.

Da die Katastrophe, die schließlich zur Vernichtung dieser Kultur auf Thera führte, vor etwa 3500 Jahren stattfand, ergibt sich die überraschende Tatsache, daß während 15000 Jahren eine vulkanische Ruhepause geherrscht hat. Nach unseren heutigen Definitionen betrachten wir einen Vulkan, der Jahrtausende lang keine Aktivität gezeigt hat, als erloschen. So wie heute die Restinsel von mehreren kleinen Städten und Dörfern besiedelt ist, müssen wir uns die Besiedlung zur Zeit der minoischen Kultur vorstellen. Die Zerstörung der Insel und damit der Kultur wurde um 1500 v. Chr. eingeleitet durch ein verheerendes lokales vulkanisches Erdbeben. In der Regel künden bei Vulkanen solche Erdbeben den kurz bevorstehenden Ausbruch eines Vulkanes an. Im Vulkanschlot wird dadurch die erstarrte Lava gelockert, Spalten werden aufgerissen. Das nach oben drängende Magma baut mit seinem Gasgehalt einen enormen Druck auf. Normalerweise finden solche vulkanischen Erdbeben wenige Tage oder gar nur Stunden vor dem Ausbruch statt. Beim Ausbruch des Vesuvs, dem Pompeji zum Opfer fiel, war das Erdbeben 16 Jahre vor dem Vulkanausbruch erfolgt (2.13). Das ist eine ungewöhnlich lange Zeit. Hier in Thera nimmt man an, daß das kräftige Erdbeben deutlich kürzer vor dem Vulkanausbruch die Siedlungen der Insel völlig zerstört hat.

Auf Thera wird die Zeitspanne zwischen dem ankündigenden Beben und dem Vulkanausbruch auf max. zwei Jahre angesetzt. Diese Frist wird rekonstruiert

Abb. 2.12-2 Im Hintergrund die ringförmige Insel Thira als Rest des alten Thera-Vulkans. Im Vordergrund der junge Vulkan, der in diesem Jahrhundert in der Caldera zu wachsen begann. (Foto: M. A. Koenig)

aufgrund der Feststellung der Spuren von gewissen Aufräumungsarbeiten, die die Ausgrabungen zeigen und die von zurückgekehrten Arbeitstrupps begonnen worden waren. Eine besondere Diskussion lösten hierbei Humusfunde aus, die zunächst darauf hindeuteten, daß mehrere Jahre seit dem Erdbeben hätten vergangen sein können, in denen sich eine solche neue Humusschicht gebildet hätte bis der große Ausbruch alles unter einer Bimsschicht begrub. Es erwies sich bei näherem Zusehen jedoch, daß die Humusreste nur örtlich das Ergebnis von Aufräumungsarbeiten waren, die nach den Erdbebenzerstörungen stattgefunden hatten. Eine durchgehende Humusschicht, die eine langjährige Periode zwischen dem zerstörenden Erdbeben bewiesen hätte, fehlt jedoch.

Die ab 1964 auf der größten der drei Thera-Inseln Thira ausgeführten Ausgrabungen fanden südöstlich der heutigen Ortschaft Akrotiri statt. Man konnte eine ganze Stadt freilegen mit Häusern und Straßen (Abb. 2.12-3). An den Wänden waren prachtvolle Fresken tadellos erhalten, die detailliert Szenen aus dem damaligen Leben, insbesondere der Seefahrt und dem Fischfang darstellen. Aufgrund von Keramikgefäßen, hauptsächlich Vasen, die von der Insel Kreta stammten, konnte erkannt werden, daß hier eine Kolonie des spätbronzezeitlichen minoischen Reiches, das in Knossos auf Kreta sein Zentrum hatte, vorliegt. Nach den Funden von kretischer Keramik bei Akrotiri wird aufgrund von stilistischen Merkmalen und nach den dargestellten Motiven eine spätbronzezeitliche archäologische Periode der Bezeichnung SM I A vorgenommen. Auf dem Vulkan lebte offensichtlich eine hochentwickelte und kunstsinnige Gesellschaft, trotz der gelegentlichen Erdbeben, die sicher auch damals immer wieder vorkamen, nachdem wir uns in der Ägäis in der seismisch aktivsten Zone Europas befinden. An einen Ausbruch des Vulkans dachte niemand – wahrscheinlich war man sich der Tatsache auch gar nicht bewußt, auf einem solchen zu leben, nachdem seit Menschengedenken auch keine Ausbrüche erlebt worden waren.

Die Katastrophe von 1500 v. Chr.

Als die Katastrophe eintrat, die auf die 4fache Stärke derjenigen des Krakatau (2.4) geschätzt wird, waren hier auf Thera die Vasen aus der folgenden archäologischen Periode SM I B von Kreta noch nicht im Gebrauch. Dieser weiter verfeinerte Spätstil wird auf 1450 v. Chr. datiert, so daß hier unabhängig von den modernen, absoluten Altersbestimmungen nach der ^{14}C-Methode eine genaue zeitliche Einordnung gegeben ist.

Die Ausmaße, die die also um 1500 v. Chr. geschehene Vulkankatastrophe gehabt hat, lassen sich leicht verdeutlichen, wenn man die heutigen Reste des einstigen Vulkans betrachtet. Die extrem heftige Explosion muß einen Großteil des vorher bis gegen 2000 m hohen Kraterkegels weggesprengt haben. Bei dem rein explosiven Ausbruch gelangten riesige Mengen von Bims und Asche kilometerhoch in die Luft. Der Wind trug die Aschenwolke in südöstliche Richtung. Der Ausfall an Asche erfolgte über die benachbarten Inseln bis nach Rhodos und den östlichen und zentralen Teil von Kreta. Auf Thera selbst gingen drei voneinander unterscheidbare Tephraschichten, zusammen als «oberer» Bimsstein bezeichnet, nieder.

Diese als BO 1 bezeichnete untere Schicht des oberen Bimssteins beginnt mit einer basalen Lage von Bims, der mit reichlich Bruchstücken des zertrümmerten Schlotpfropfens durchmischt ist. Darüber folgt die Hauptmasse aus Bimsstein und Aschen, die durch kondensierten Wasserdampf naß geworden sein müssen und daher, zusammen mit einer auf etwa 200 Grad geschätzten Restwärme, miteinander zu Tuff verkitten konnten. Die zweite Schicht, BO 2, die bis zu sieben Metern mächtig ist, besteht hauptsächlich aus Bimssteinaschen mit relativ wenig größeren Bimssteinen und Bomben. Nach Pichler handelt es sich hierbei um die Ablagerung von «Grundwellen» (Base surges), die entstehen, wenn Spalten aufreißen und das Meerwasser in den Vulkanschlot und seinen Lavasee eindringen kann. Die Explosion wird dann stark gesteigert und mit einer Geschwindigkeit bis zu 50 m/s fließt die Eruptionswolke als Gemisch aus Wasserdampf, Gas und vulkanischer Asche ringförmig vom Eruptionszentrum weg. Dabei wurden auch metergroße Lavablöcke mitgerissen, wie ein entsprechender Fund, der ein Haus teilweise zerstört hatte, bei der Ausgrabung deutlich machte.

Die oberste Tephraschicht, BO 3, muß ebenfalls seitlich als Eruptionswolke (Ashflow) aus dem Krater herausgeschossen sein, ohne in einer hochaufsteigenden Wolke über große Flächen verteilt zu werden. So kam es auf der Insel zu Tephraablagerungen, die allein in dem oberen Horizont 50 m Mächtigkeit erreichen. Die «obere Bimssteinschicht» hat somit insgesamt eine Mächtigkeit von gegen 60 m.

Durch das Entleeren der Magmenkammer war im Untergrund ein Hohlraum entstanden. In diesen brach die Caldera ein, die heute noch an den steilen Küstenrändern des Inselringes ersichtlich ist. In das entstandene Loch von etwa 11×6 km hinabreichend bis über 300 m unter den Meeresspiegel stürzte das Meer ein. Die Folge war eine ungeheure vulkanische Flutwelle, ein Tsunami, die mit großer Geschwindigkeit auf die umliegenden Inseln, insbesondere auf Kreta und auf das Festland, zuschoß.

Schäden auf der Insel Kreta durch Tephra, Flutwelle, Erdbeben

Die Frage nach dem Ausmaß der Schäden durch den Ausbruch von Thera/Santorin sind deshalb von besonderer Tragweite, weil solche das Ende der minoischen Kultur und ihren Ersatz durch die mykenische bewirkt haben sollen.

Die Archäologen datieren jedoch die großen Zerstörungen auf rund 50 Jahre später, also etwa auf das Jahr 1450 v. Chr. Hauptsächlich aus Tephrastärken in Bohrkernen, die vom Meeresboden heraufgeholt worden waren, wurde geschlossen, daß durch das Ereignis weite Teile Kretas von einer Tephraschicht von mehreren Dezimetern Stärke überdeckt worden waren. Eine solche Schichtstärke hätte ohne weiteres das Ende der Tier- und Pflanzenwelt auf Jahre bis Jahrzehnte hinaus bedeutet. Auch intensive Nachsuche nach Überresten dieser Aschenbedeckung auf Kreta haben jedoch nur immer Spuren von Glas- und Mineralpartikeln in den Bodenproben erbracht. So kamen Pichler und Schiering zu dem Schluß, daß selbst im am stärksten betroffenen Ostteil von Kreta weniger als 1 cm Tephra gefallen sein muß.

Immerhin kann auch eine solche geringe Schichtstärke – besonders wenn es sich um feinkörniges Material handelt, was bei der Entfernung von über 100 km ja unterstellt werden muß – eine allerdings auf einige Monate begrenzte Schädigung beim Viehbestand und auch in den Pflanzenkulturen bewirken. Selbst solche dünnen, sehr feinkörnige Tephrafälle haben ja in Island bei den Eruptionen des Hekla in 180 km Entfernung vom Vulkan die Viehweiden mit Fluor vergiftet. Dazu können Lungenschäden bei Mensch und Tier kommen und Schädigungen der Gebisse von Weidetieren durch die abrasive Wirkung der Asche.

Das Ereignis Thera/Santorin wird in seiner Stärke um ein Mehrfaches desjenigen des Krakatau von 1883 eingeschätzt. Dort herrschte im Umkreis von 150 km tagelang völlige Dunkelheit. Der in der Atmosphäre die Erde umkreisende

Abb. 2.12-3 Ausgrabungen der minoischen Siedlung von Akrotiri auf Thera/Santorin. Im «oberen Bims» stieß man auf ein Lager von Amphoren zwischen Mauerresten.

(Foto: H. Pichler, 1976)

Aschenstaub reduzierte die Sonneneinstrahlung so stark, daß es zu Klimaveränderungen mit reduzierten Ernten in sehr weit entfernten Gebieten gekommen war. Beim Thera/Santorin-Ausbruch war diese Beeinträchtigung sicher noch viel stärker. Nicht zu unterschätzen sind auch die psychologischen Auswirkungen eines explosiven Vulkanausbruches auf ein Volk, das seit Menschengedenken nicht mit einem solchen gerechnet hatte, einen solchen gar nicht kannte. Die vermeintliche Strafe der Götter dürfte in Unkenntnis der naturwissenschaftlichen Zusammenhänge eine allgemeine Weltuntergangsstimmung und verbreitete Depressionen hervorgerufen haben.

Die nach der Explosion in die entstandene riesige Vertiefung im Meeresboden einstürzenden Wassermassen bewirkten eine seismische Flutwelle (Tsunami), die an der Nordküste von Kreta aufbrandete. Die einen Forscher meinen, daß ihre Höhe 25 m betragen hätte, die anderen sprechen von 10 m oder sogar darunter. Letzteres wird damit begründet, daß mit einiger Wahrscheinlichkeit der vulkanotektonische Einsturz des Thera-Vulkans nicht auf einmal, sondern im Abstand von Wochen bis Jahren schrittweise erfolgte und in diesen Zeitabständen jeweils mehrere kleinere Flutwellen in der Höhe von 7 bis 8 m auf die Küste Kretas auflaufen ließ.

Bei der Beurteilung der Wirkungen der Tsunamis auf Kreta muß man berücksichtigen, daß in nachminoischer Zeit noch eine Senkung der Küste gegenüber dem Meeresspiegel von 3 bis 4 m stattgefunden hat. Ausgrabungen haben gezeigt, daß seinerzeit 9 m über dem Meeresspiegel liegende Häuser keine Schäden aufweisen, die man beim Auftreffen von Tsunamis hätte erwarten müssen. Als gesichert kann auf jeden Fall gelten, daß die Flotte, die den Lebensnerv des Inselstaates darstellte, selbst bei mehreren Tsunamis von knapp 10 m Höhe weitgehend zerstört worden war.

Der rechnerisch auf etwa 50 Jahre nach dem Thera/Santorin-Ereignis datierte Untergang der minoischen Kultur kann auch durch tektonische Erdbeben erklärt werden, die hier regelmäßig auftreten und die regelmäßig mit Bränden durch tangierte Feuerstellen und Öllampen verbunden waren. Auch für den Untergang von Troja nimmt man neuerdings nicht kriegerische Auseinandersetzungen, sondern ein kräftiges Erdbeben als Ursache an. Die zeitliche Diskrepanz auf Kreta kann aber auch eine ganz andere Ursache haben.

Die absoluten Altersbestimmungen werden an organischen Überresten, meist an Holz oder Holzkohle durchgeführt. Dabei wird das Isotopenverhältnis des Elementes Kohlenstoff untersucht, was allgemein als ^{14}C-Methode bezeichnet wird. Das bisher nach den Keramikfunden auf 1500 v. Chr. datierte Ereignis wurde danach an Holzkohlenproben, Samen, Körnern usw. fast regelmäßig auf mehr als 100 Jahre früher datiert. Im Bereich von Vulkanausbrüchen tritt jedoch CO_2 und CO z.T. in großen Mengen aus, vulkanischer Kohlenstoff wird von den Überresten aufgenommen und ergibt dann bei den Analysen ein zu hohes Alter. Dieses Beispiel soll zeigen, daß die Genauigkeit, mit der heute abolute Altersbestimmungen vorgenommen werden, oft nur eine scheinbare Genauigkeit darstellen. Möglicherweise sind gegenteilige Effekte bisher noch nicht berücksichtigt worden, die eine Korrektur der Analysen nach der anderen Seite, d.h. auf ein Späterlegen des Ereignisses führen müssen. Der Feldgeologe betrachtet die im Labor gewonnenen Altersbestimmungen ganz allgemein mit großem Mißtrauen. Insoweit kann die Frage des unmittelbaren Zusammenhangs des Unterganges der minoischen Kultur mit dem vulkanischen Ereignis als noch nicht vollständig ausdiskutiert angesehen werden.

2.13 Der Untergang Pompejis und der Vesuv

Der Augenzeugenbericht des Plinius

Als ältestes schriftliches Dokument über einen Vulkanausbruch liegen uns zwei Briefe von Plinius dem Jüngeren an den Geschichtsschreiber Tacitus vor. Er war Neffe von Plinius dem Älteren und war als 18jähriger Augenzeuge des Ausbruches des alten Vesuvs, des Somma-Vesuvs, der damals eine Höhe von etwa 2000 m, vielleicht sogar 3000 m, gehabt hatte. Heute ist von diesem alten Somma-Vesuv nur der Rand, die «Somma» erhalten. In der Zwischenzeit ist im Ringkrater der heutige Vesuv gewachsen. Dazwischen liegt das «Höllental», Valle dell' Inferno. Heute wie damals ist es ein imposanter Berg, der sich dort südöstlich von Neapel über dem Golf von Neapel erhebt.

Wie Plinius schreibt, war er am 28. Oktober 79 n. Chr. bei seinem Onkel, der als Admiral einer der römischen Flotten fungierte, in Misenum an der Küste in etwa 30 km Entfernung vom Krater, als sich gegen 1 Uhr mittags eine Riesenwolke über dem Berg aufbaute, die die Form einer Pinie hatte. Nach diesem Brief wird übrigens heute noch eine solche schirmförmige Wolke als Pinienwolke bezeichnet. Der auch als Naturforscher aktive Onkel wollte das Phänomen aus der Nähe beobachten und ließ ein schnelles Boot klarmachen. Schon während der Überfahrt fielen Aschen und Bimssteine auf das Boot und je näher man kam, um so heißer wurden diese. Die Bootsfahrt wurde alsbald unterbrochen, da sich zeigte, daß in der Bucht überraschend eine Untiefe aufgetreten war. Heute wissen wir, daß es sich hierbei um eine Hebung des Bodens im Bereich der Küste handelt, die sich auch später bei allen großen Ausbrüchen des Vesuvs wiederholt hat. Plinius ließ das Boot auf das Haus seines Freundes, Pompianus, in Stabiae, dem heutigen Castellammare, zusteuern. Dieser hatte trotz der noch recht großen Entfernung von der Ausbruchstelle bereits seine Habe auf Schiffe verladen lassen und wartete nur noch das Ende des ungünstigen Windes ab, um die Flucht ergreifen zu können. Inzwischen schossen aus dem Vulkan an mehreren Stellen breite und hohe Flammensäulen empor, was in der beginnenden Dunkelheit ein großartiges Schauspiel war. Im Laufe der Nacht fiel soviel Asche und Bims, daß ein Betreten oder Verlassen des Hauses nicht mehr möglich war, weshalb man ins Freie ging. Häufige und starke Erdstöße brachten auch immer wieder das Gebäude ins Wanken. Am nächsten Tag, so schreibt Plinius schließlich noch, loderten ganz in der Nähe Flammen auf und ein stechender Geruch trieb die meisten in die Flucht. Seinem 56jährigen Onkel gelang die Flucht nicht mehr und er glaubt, daß dieser durch den dichten schwefligen Dampf erstickt sei.

Der alte Vesuv: die Somma

So wie sich uns heute der Vesuv präsentiert, ragt ein heute noch aktiver Vulkankegel – der eigentliche Vesuv – aus der alten Caldera, die allerdings nicht mehr ganz symmetrisch ist, heraus (Abb. 2.13-1). Der alte Vulkan wird auch als Somma-Vesuv, einfach Somma oder vesbischer Vulkan bezeichnet. Es ist ein riesiger Stratovulkan, d.h. aufgebaut aus Wechsellagerung von Laven und Tephra-

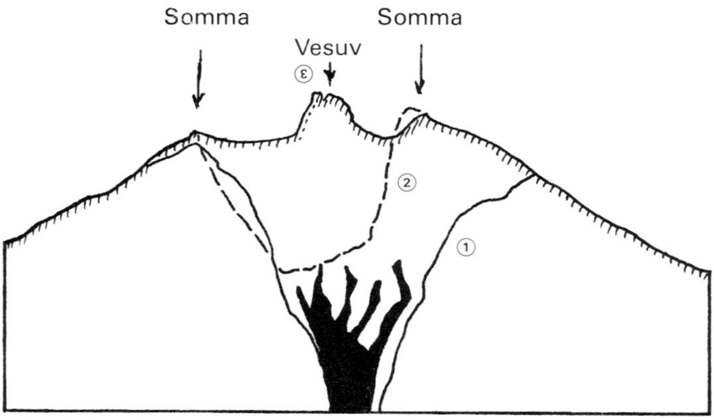

Abb. 2.13-1 Entwicklung des Kraters des Somma-Vesuvs seit 1906; schematischer Querschnitt.
① Krater von 1906 ② Krater von 1944 ③ Krater nach 1944

schichten. Er reicht bis an die Küste des Golfs von Neapel und hat einen Durchmesser von etwa 15 km. Vor etwa 12000 Jahren, in der Würm-Kaltzeit, brachen wahrscheinlich entlang einer Bruchlinie aus einer ca. 6 km tief liegenden Magmenkammer durch Dolomite der Triaszeit, Kalksteine der Kreide und des Juras sowie Sandsteine, Mergel und Tone des Tertiärs Magmen bis zur Erdoberfläche durch und schütteten einen Tephrakegel, die Ursomma auf. Nach einer Ruhepause von mehreren tausend Jahren konnte sich das Magma weiter nach oben vorarbeiten unter Assimilation, d.h. Aufschmelzung des dolomitischen Nebengesteins. Schließlich stieg der Gasdruck so stark an, daß es vor etwa 8000 Jahren zu einer neuen Ausbruchs-Serie kam. Es entstand die Altsomma (ital. paleosomma).

Diese dürfte etwa 2500 Jahre lang mit Ausfluß von Laven und Auswurf von Tephra tätig gewesen sein, so daß schließlich ein Kegel von über 1000 m aufgebaut wurde. Wiederum nach einer längeren Ruhepause begann vor etwa 5000 Jahren eine Serie von Ausbrüchen, die schließlich den Kegel auf über 2000 m wachsen ließen.

Erst der Ausbruch des Jahres 79 n. Chr. sollte den nach alten, uns heute noch vorliegenden Darstellungen nahezu perfekten Kegelberg weitgehend zerstören. Zunächst aber stellte sich dieser dem Bacchus geweihte heilige Berg als bis fast zum Gipfel bewaldet oder bewachsen dar. Seit dem letzten Ausbruch des Jungsomma, etwa im 12. Jahrhundert v. Chr., stellte sich die Landschaft als eine Idylle dar. Reiche Römer hatten an seinen Flanken ihre Villen errichtet. Die Bewohner wußten nicht, daß sie auf einem Vulkan siedelten. Der Gelehrte Strabo (63 v. Chr. bis 21 n. Chr.) schwelgte über die Landschaft in Superlativen. Doch im Gipfelbereich, von dem er eine Partie als «flach» beschrieb, bemerkte er, daß große Flächen unfruchtbar wären und aschfarbig aussähen und er vermutete, daß früher dort eine Feuersglut geherrscht hätte, mit feurigen Kratern, und daß das Feuer schließlich nun erloschen sei, weil das Brennmaterial ausgegangen wäre. Ein anderes historisches Dokument überliefert uns Plutarch. Er berichtet allerdings aus einer Zeit, die etwas weiter zurückliegt - aus dem Jahre 73 v. Chr. - daß der aufständische Gladiator und Sklave Spartacus den Krater im Bereich der Gipfelregion als Zuflucht für sich und seine Gefährten verwendet hatte. Es heißt dort, daß das flache Plateau von hohen Felsen umgeben gewesen wäre, von welchen herab wilder Wein gewachsen wäre. Diesen hätten die Aufständischen zu Leitern verarbeitet und somit zur Flucht verwendet, als der Praetor C. Claudius Glaber den Sklavenaufstand niederschlagen wollte.

Der römische Poet Martial, der etwa zur Zeit der Eruption gelebt hatte, beschrieb den Vesuvius als grünen Berg, auf dem edle Trauben wuchsen, und der deshalb vom Gott Bacchus besonders geliebt wurde. Später schrieb der Dichter betrübt, daß alles in Feuer ertrunken sei und sich melancholische Asche über die Landschaft gebreitet hätte.

Der Untergang Pompejis

Am 28. Oktober 79 n. Chr. - andere Quellen meinen - es sei der 24. August gewesen, doch später aufgefundene menschliche Überreste in Winterkleidern, vorbereitete Feuerstellen und eingebrachtes Erntegut sprechen für den herbstlichen Termin - kam es zu einem explosiven Ausbruch der Somma. Dieser war - jetzt rückblickend betrachtet - angekündigt worden durch das campanische Erdbeben von 63 n. Chr., also mit rund 16 Jahren deutlich abweichend früher als dies bei Erdbeben, die Vulkanausbrüchen vorausgehen, sonst die Regel ist. Hierbei war besonders stark betroffen die Stadt Pompeji. Fast sämtliche Häuser der Stadt waren mehr oder weniger stark beschädigt worden. Auf dem Forum waren die Tempel von Jupiter, Apollo und der Isis eingestürzt. Das gleiche Schicksal traf die drei Stadttore. Die Magnitude des Bebens, von dem auch die Stadt Herculaneum stark betroffen wurde, wird auf über 8 geschätzt (Abb. 2.13-2). Die Erdbeben dauerten mit Unterbrechungen an und steigerten sich schließlich in der Nacht vor dem Ausbruch, einem Ausbruch dessen Gewalt uns heute noch erstaunt.

Die Eruption war rein explosiv. Nachdem Plinius d. J. der erste Beschreiber eines solchen Tephraausbruches war, wurde hierfür der Ausdruck «plinianischer Ausbruch» allgemein auch für andere pyroklastische Ausbrüche beibehalten. Zwei volle Tage lang prasselten Bimssteine und Aschenteilchen auf die Flanken des Berges nieder. Die Details können wir rekonstruieren aus den seit über 200 Jahren vorgenommenen Ausgrabungen in Pompeji und Herculaneum (Abb. 2.13-2).

Im etwa 10 km vom Vulkanschlot entfernten Pompeji wurde eine schön geschichtete Tephraablagerung von Bimsstein und Asche ausgegraben, die eine Stärke von mehreren Metern aufweist. Daraus ist zu schließen, daß ein nicht mehr glühendheißes Material durch vertikalen Ausfall zur Ablagerung gelangt ist. Wegen sehr großer Blöcke, die sich in den Schichten fanden, waren verschiedene Forscher der Auffassung, daß hier zumindest stellenweise auch Aschenströme, wenn

Abb. 2.13-2 Über den Ausgrabungen von Herculaneum der Vulkan: links die Reste der alten Somma, rechts und höher der Vesuv von 1944. (Foto: M. A. Koenig)

nicht sogar Glutwolken, zur Ablagerung gelangt sein müssen. Nach der Eruption lagen in Pompeji meist 4 bis 6 m Tephra (Abb. 2.13-3). In Herculaneum, ebenfalls am Fuß des Vesuvs, in etwa 8 km Entfernung, erwiesen sich bei den Ausgrabungen später die Tephraschichten als besonders fest verkittet, schon fast betonähnlich. Hier war ein Schlammstrom zur Ablagerung gelangt, der entstanden war, indem das auf den Flanken des Vulkankegels lagernde Lockermaterial durch Auswurf von Wasser sowie von Kondenswasser verflüssigt worden war.

Man spricht immer nur vom Untergang der Stadt Pompeji (Abb. 2.13-4). Gleichzeitig wurde jedoch neben der Stadt Herculaneum noch Stabiae und etwa acht kleinere Ortschaften oder Siedlungen in dem damals dicht besiedelten Gebiet völlig ausgelöscht. Die Zahl der Todesopfer ist nicht bekannt. Man nimmt an, daß die meisten Einwohner von Pompeji entkommen konnten. Doch wurden etwa 2000 menschliche Überreste bei den Ausgrabungen gefunden. Manche la-

Abb. 2.13-3 Bei den Ausgrabungen von Pompeji dokumentiert sich die mehrere Meter mächtige Tephraschicht dadurch, daß auf dem Bild oben ein ca. 200 Jahre altes Haus über den vorher verschütteten Ruinen erstellt wurde und heute noch steht. (Foto: M. A. Koenig)

gen nur noch als Skelett vor, einige ließen den Umfang der Körper noch deutlich erkennen und auch Kleidungsstücke waren noch zu identifizieren. Sie waren wohl umgekommen, als die Dächer unter der Last der Tephramassen einstürzten. Andere wurden in ihren Gebäuden und in den Kellerräumen gefangen, vor denen sie sich vor dem heißen Regen geflüchtet hatten, als die Asche meterhoch wurde. Einige Personen sind offensichtlich erstickt. Sie hielten mit der Hand noch Tücher vor das Gesicht (Abb. 2.13-5).

Die innerhalb kurzer Zeit zur Ablagerung gelangten meterhohen Bimsmassen konnten auch nach einem Flug von mehreren Kilometern noch reich an vulkanischen Gasen sein. Plinius d. Ä., der korpulent gewesen sein soll, konnte sich nach einer Ruhepause trotz der Hilfe von zwei Sklaven nicht mehr lebend vom Boden erheben, als der Schwefelgeruch so kräftig wurde, daß die Begleiter die Flucht ergriffen. Es besteht die Möglichkeit, daß er an Asthma gelitten hatte und so eine

Abb. 2.13-4 Die zur Zeit des Unterganges von Pompeji hochstehende Kultur wird durch die freigelegten Fresken belegt. (Foto: M. A. Koenig)

besondere Empfindlichkeit gegenüber Schwefelgasen besaß. Sein Körper wurde übrigens erst drei Tage später wiedergefunden, als die Ausbrüche aufgehört hatten und als es wieder soweit hell geworden war, daß man etwas sehen konnte.

Der damals herrschende Imperator Titus hatte sogleich eine Kommission geschickt, die den Wiederaufbau der zerstörten Ortschaften planen sollte und die sogar die Vollmacht hatte, die Ländereien von denjenigen, die ohne Erben umgekommen waren, zugunsten der Allgemeinheit einzusetzen. Von Wiederaufbaumaßnahmen ist jedoch in der Geschichte keine Rede. Die Tephramassen, die wir heute wahrscheinlich mit Erdbaugeräten innerhalb weniger Tage würden beseitigen können, waren vor 2000 Jahren ein unüberwindliches Hindernis. In den Ausgrabungen konnte man aber immerhin feststellen, daß einige der Überlebenden

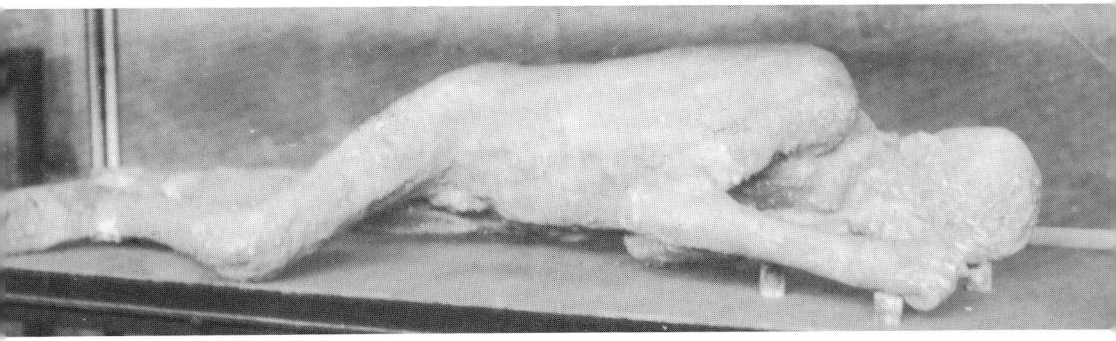

Abb. 2.13-5 Die Hohlräume, die die während der Katastrophe von Pompeji erstickten Menschen in der vulkanischen Asche hinterlassen hatten, mußten nach der Ausgrabung nur mit Gips ausgegossen werden. (Foto: M.A. Koenig)

nach Pompeji kurz zurückgekommen waren und ihre Wertgegenstände in Sicherheit gebracht hatten. So fanden sich diesbezügliche Spuren im oberen Bereich von Häusern und an Dächern, die nicht eingestürzt waren. In dem frischen pyroklastischen Material war das Graben relativ leicht und auch innerhalb der Häuser wurden regelrechte Tunnels von Zimmer zu Zimmer gegraben. Kaum ein Haus war unberührt geblieben. Es fällt auf, daß insbesondere die wertvollen Möbel fehlen. Die schwerer zu bewältigenden Schlammstrom-Ablagerungen von Herculaneum waren dagegen ein ernsthaftes Hindernis und daher finden wir dort die Häuser häufig vollständig so, wie sie die Flüchtenden seinerzeit verlassen hatten.

Die Vesuvausbrüche nach 79 n. Chr.
Nach dem Ausbruch von 79 n. Chr. war der Vesuv in mehr oder weniger großen Abständen immer wieder tätig. Fast in jedem Jahrhundert sind eine oder mehrere Eruptionen aufgetreten. Hiervon ist insbesondere ein Ausbruch von 472 n. Chr. bemerkenswert, der so starke Aschenwürfe produzierte, daß diese bis nach Konstantinopel getrieben worden sein sollen. Lavaaustritte, die für den Ausbruch vom Jahre 79 n. Chr. nicht sicher überliefert sind, wurden erstmals sicher im Jahre 1036 bekannt. Ab 1500 hat sich der Vulkan wieder in einem Ruhezustand befunden. Um 1600 wurde über eine schwache Fumarolentätigkeit aus dem Gipfelbereich des Vesuvs berichtet, die als Schwitzbäder zur Heilbehandlung verwendet worden waren.

Nach einer Ruhezeit von 130 Jahren war die Vegetation am Vesuv wieder bis zum Gipfel hinauf gelangt. Wieder kündigte sich der Ausbruch des Jahres 1631 durch starke Erdbeben an, die schon Jahrzehnte vorher verspürt worden waren und die zum Schluß immer heftiger wurden. In der Nacht vom 15. zum 16. Dezember 1631 war zunächst ein Wassermangel in den Brunnen festgestellt worden, auch die Tiere sollen sehr unruhig gewesen sein, als gegen Morgen wieder eine gewaltige Wolke über dem Gipfel des Vulkans beobachtet wurde. Als Blitze aus der

Wolke zuckten und glühende wie auch schwarze Brocken in die Luft geschleudert worden waren, wußte man, daß eine neue Eruption im Gang war. Über 40000 Anwohner begaben sich als Flüchtlinge teils auf dem Landweg, teils über Schiffe nach Neapel. Nach dem explosiven Initialausbruch, bei dem der Gipfel des Vulkans in die Luft gesprengt und mächtige Blöcke Hunderte von Metern emporgeschleudert worden waren, gingen Schlammströme nieder und verwüsteten meh-

Abb. 2.13-6 Bei Torre del Greco gelangten Lavaströme des Vesuvs bis in den Golf von Neapel. Der gute Baugrund der Lava gab Anlaß, einen Wohnblock darauf direkt am Meer zu erstellen. (Foto: M. A. Koenig)

rere Ortschaften, ergossen sich schließlich bis ins Meer. Aus zwei Radialspalten brachen Lavaströme aus, die mit einer Geschwindigkeit von 3 km/h den Hang hinabflossen und mehrere Dörfer unter sich begruben.

Auch die Lavaströme gelangten bis ins Meer. So bei Torre Annunciata auf 200 m Länge, bei Torre del Greco auf fast 400 m (Abb. 2.13-6). Am 17. Dezember 1631 gingen auch in Neapel nasse Aschenregen nieder. Bei diesem Ausbruch wurden 4000 Menschen und 6000 Stück Vieh getötet. Etwa sechs Ortschaften wurden von Lavaströmen überflutet und acht weitere unter Tephramassen begraben.

Es folgten Ausbrüche in den Jahren 1760, 1794, 1858, 1861 sowie 1872. Besonders aktiv war der Vulkan zwischen 1874 und 1906.

Vesuvausbrüche im 19. und 20. Jahrhundert

Die kulturhistorische Bedeutung des alten Somma-Vesuvs ist ein für allemal manifestiert in seinem, insbesondere die Städte Pompeji und Herculaneum vernichtenden, explosiven Ausbruch des Jahres 79 n. Chr. Der eigentliche Vesuv, d.h. der sich danach in der alten Einbruchscaldera neu gebildete Vulkankegel, der schließlich über die Reste des alten Vulkans hinauswuchs, wurde zum beliebtesten vulkanologischen Studienobjekt überhaupt, so daß heute mehrere tausend Veröffentlichungen über seine Ausbrüche vorliegen. Die Ausbruchsperioden, oft auch als Paroxysmen bezeichnet, haben jeweils eine Dauer von 7 bis 32 Jahren und werden jeweils von Ruhezeiten von 3 bis 7 Jahren unterbrochen. Diese gewissen Gesetzmäßigkeiten wurden nur im 20. Jahrhundert unterbrochen, indem die Ruhezeit nach Ende der Ausbruchsperiode von 1913 bis 1944 offensichtlich länger dauerte.

Die Vielfältigkeit der vulkanischen Aktivitäten machte in der Vergangenheit eine Zuordnung zu einem bestimmten Vulkantyp schwierig. So finden wir eine Fumarolenaktivität, d.h. eine relativ ruhige Dampfförderung aus Klüften im Kraterboden, in den Kraterwänden oder auf dessen Flanken. Daneben findet eine Dampftätigkeit aus dem Schlot statt, oft in stoßweiser, d.h. in rhythmischer Folge. Zeitweise fördern die Dampfballen Lavafetzen, die im Flug zu aufgeblähten Schlacken erstarren und als Bomben zu Boden fallen. Bei hohem Stand der Lava im Schlot können die vom Dampf mitgerissenen Lavafetzen noch mehr oder weniger flüssig zu Boden fallen. Sie verschweißen dann und bilden Schweißschlacken. Ausfluß von flüssiger Lava, d.h. effusive Tätigkeit findet nicht nur aus dem zentralen Schlot, sondern auch an den Flanken des Kegels statt, wobei man dann von Lateraleffusionen spricht. Führen solche zu einem raschen Absinken der Magmasäule im Schlot und damit zu einer Verminderung des hydrostatischen Druckes, so ist ein Aufschäumen des Magmas die Folge. Es kommt zu Lavafontänen und – bei starken Explosionen – zur Zerstäubung der Lava- und Bimsteilchen zu Asche – zu Ascheneruptionen.

Eine Ausbruchsperiode ist häufig durch folgenden Ablauf gekennzeichnet: Die Temperatur und Azidität der Fumarolen, meist bedingt durch Schwefelsäure und Salzsäure, nimmt zu. Es kommt zunächst zu explosiven und im Anschluß daran zu effusiven Phasen, auch zum Wechsel von solchen Tätigkeiten im Schlot. Es folgen Flankenausbrüche mit Effusionen und Aschenförderung, woran sich dann ein mehr oder weniger langer Ruhezustand anschließt.

Die Gefahr droht nach dem Jahre 79 n. Chr. nicht nur vom Schlot, sondern sie kann irgendwo an der Flanke des Berges sitzen. So riß im April 1872 eine Spalte auf, aus der ein Lavastrom mit einem geschätzten Volumen von 20 Mio. m^3 ausströmte, 20 Touristen den Weg abschnitt und die Dörfer Massa und S. Sebastiano zerstörte. Auf dem seinerzeit schon eingerichteten Vulkanobservatorium war der damalige Direktor und sein Helfer vier Tage lang von der Außenwelt abgeschnitten. Die Periode zwischen 1874 und 1906 war die bisher längste. Sie führte dazu, daß der neue Vesuv schließlich seine bisher größte Höhe von 1335 m erreichte. Er sollte seine Höhe aber nicht lange behalten. Vulkanologen sind überhaupt sehr zurückhaltend in der Angabe der absoluten Höhe von Vulkankegeln, da diese bei nachfolgenden Ausbrüchen entweder kräftig an Höhe gewinnen können oder aber durch Einbrüche oder auch durch heftige Explosionen bis zu mehrere hundert Meter «geköpft» werden können.

So war es auch im Jahre 1906 beim Vesuv. Unterhalb des Gipfels waren Spalten aufgerissen, aus denen sich große Lavaströme die Flanken des Berges hinabwälzten und einen Teil der Ortschaft Boscotrecase zerstörten. Kurz danach kam es aus dem Hauptkrater zur Eruption von riesigen Mengen an Schlacken und Blöcken bis zu 2 t Gewicht, die nicht wie bisher vertikal nach oben, sondern schräg nach Nordosten über den Sommawall auf die Ortschaften Ottaviano und S. Giuseppe geschleudert wurden. Die dort bis 1 m mächtige Tephraschicht brachte zahlreiche Dächer zum Einstürzen und in S. Giuseppe fanden allein 105 Menschen den Tod, als sie sich gerade in der Kirche aufgehalten hatten. Dieser Ausbruch war mit einer extrem großen Gasförderung verbunden, wobei ein Gasstrahl mit einer Geschwindigkeit von 200 bis 500 m/s unter Blitz und Donner etwa 18 Stunden lang aus dem Krater hervorschoß. Die Kraterwände stürzten dabei ein und wurden von dem Gasstrom mitgerissen und zerrieben. Es blieb ein etwa 600 m tiefer Krater zurück, der Gipfel war 107 m tiefer als vor dem Ausbruch.

In der Zeit vom 3. bis 6. Juni 1929 erfolgte ein gemischter Ausbruch des Vesuvgipfels, der Lava und Tephra von je ca. 12 Mio. m^3 förderte und während der genau 100 Stunden, die das Ereignis dauerte, mindestens 1,5 Mia. m^3 an Gasen ausblies. In mehreren Phasen begannen hier zunächst Lavaeffusionen, die in stark explosiven Lavafontänen-Tätigkeiten endeten, ohne daß Aschen ausgeworfen wurden. Es verblieb beim Auswerfen von Schlacken und Lavafetzen. An der hellglühenden Oberfläche des Lavasees im Krater war die Temperatur durch abbrennende Gase – meist Wasserstroff – auf 1400° C gestiegen. Die kleinen Ortschaften Pagano und Campitelli wurden von der Lava überflutet, obwohl der Vulkanologe Rittmann empfohlen hatte, eine bereits vorhandene Absperrung im Bereich des Tales zu verstärken, welche den Lavastrom auf unbewohnte Lavafelder von 1834 und 1906 hätte ableiten können.

Die lang anhaltenden Aktivitäten des Vesuvs haben nicht nur eine große Anzahl von Forschern angezogen, sondern naturgemäß auch große Touristenscharen, so daß bereits im Jahre 1878 eine Dampfdrahtseilbahn erstellt wurde, die bis dicht zum Krater führte. Sie wurde beim Ausbruch von 1906 mitsamt den dazugehörigen Stationsgebäuden vollständig verschüttet. Danach wurde vom seinerzeit besonders aktiven britischen Reisebüro Thomas Cook & Sons eine Zahnradbahn erbaut, an deren Talstation ein Hotel betrieben wurde. Große Teile dieser Anlage wurden auch beim Ausbruch des Jahres 1944 zerstört (Abb. 2.13-7). Vom 1. März an hatten die Seismographen des Vesuv-Observatoriums heftiger werdende Erschütterungen gemessen. Es begann ein starker gemischter Gipfelausbruch, bei dem Lava in mehreren Strömen den Kraterrand überfloß. Dies, nachdem Teile des Kegels zuvor in den Schlot gestürzt waren. Später hörte die effusive Tätigkeit auf und die Explosionen steigerten sich und schleuderten flüssige Lavafetzen auf die Hänge des Berges, wo sie – noch heiß – ins Rutschen kamen und als indirekte Glutlawine zu Tal gingen. Bei dem Ausbruch, bei dem zwei Ortschaften teilweise zerstört wurden, waren etwa 21 Mio. m^3 an Lava ausgeflossen,

Abb. 2.13-7 Der Lavastrom von 1944, der zwischen dem neuen Krater und der alten Somma (links) kilometerweit talabwärts floß, ist nach über 40 Jahren noch völlig frei von Vegetation. (Foto: M. A. Koenig)

18 Mio. m^3 Lavafetzen ausgeschleudert und 30 Mio. m^3 Bims und Asche gefördert worden.

Der Vesuv als Lebensraum

Im Bereich der vulkanischen Ablagerungen des Vesuvs leben heute 2 Mio. Menschen. Die Städte um den Golf von Neapel herum haben sich nach und nach industrialisiert, während die Siedlungen am Nordabhang der Landwirtschaft verhaftet geblieben sind. Die Fruchtbarkeit der Böden ist – insbesondere durch die Aschenwürfe – enorm. Wie schon in der Antike sind mindestens 3 Ernten pro

Jahr möglich. Das Hauptprodukt sind Wein, Oliven, Obst, Gemüse und Blumen. Die besonderen Klimabedingungen gestatten die Ernte von Blumenkohl bereits Ende Januar und lassen Kartoffeln in 2½ Monaten reifen. Schon in der Antike wurden reichlich Blumen angebaut, seinerzeit zur Herstellung von Girlanden und zur Parfümproduktion. Heute ist die Blumenzucht weitgehend auf die Samengewinnung ausgerichtet und der Versand findet in die ganze Welt statt. Während im Jahre 79 n. Chr. die Tephraschichten für Jahre oder Jahrzehnte der Region die landwirtschaftliche Grundlage entzogen hatten, wissen wir heute, daß bereits geringe Zugaben von Stickstoffdünger alsbald wieder Ernten gestattet hätten.

2.14 Die italienischen Vulkangebiete

Italien wird in fünf junge Vulkanprovinzen eingeteilt. Der Vesuv gehört zur Campanischen Provinz, wie der ebenfalls in der Umgebung von Neapel gelegene Roccamonfina, die Phlegräischen Felder, die Insel Ischia und die Ponza-Inseln. Es sind noch zwei weitere vulkanische Provinzen, nämlich die Romanische Provinz um Rom sowie die Toskanische Provinz in der Gegend von Siena, die im Westen der italienischen Halbinsel verlaufen. Wir befinden uns hier im sogenannten Rückland des Apennin-Gebirges, das wie die Alpen ein junges Faltengebirge darstellt. Vorwiegend in der Kreidezeit und im Tertiär wurden hier hauptsächlich früher auf dem Meeresboden gelegene Gesteinsschichten übereinander geschoben. Der Vulkanismus begann schon zur Zeit der Gebirgsbildung, indem Magma auf Bruchzonen im Gestein aufsteigen konnte. Die ältesten Vulkane weisen ein Alter gegen 10 Mio. Jahre auf, ein ähnliches Altersverhältnis, wie es die Hegau-Vulkane im Bodenseegebiet aufweisen, die im Zusammenhang mit der Auffaltung der Alpen entstanden sind. Allerdings sind diese im Vergleich zu den italienischen Vulkanen im Vorland des alpinen Gebirges gelegen, d.h. in der Faltungsrichtung, während die Vulkane der genannten drei italienischen Vulkanprovinzen hinter den Auffaltungen des alpinen Apennin liegen. Als einziger italienischer Vulkan liegt der Mte. Vulture – ebenfalls erloschen wie die Hegau-Vulkane – im Vorland des Apennin.

Geht man vom Vesuv entlang der italienischen Halbinsel weiter nach Süden, so fällt auf, daß auf über 200 km Länge keine Vulkane vorhanden sind. Wir treffen auf eine weitere Vulkanprovinz in den Äolischen oder Liparischen Inseln mit den so bekannten Namen wie Stromboli, Lipari und Vulcano. Zur italienischen Vulkanprovinz Sizilien gehört schließlich der Ätna.

In diesem Gebiet reichen die Ursprünge des Vulkanismus bis in die Triaszeit des Erdmittelalters zurück. Vulkanismus also seit Hunderten von Jahrmillionen, andauernde Aktivitäten der vorhandenen Vulkane bis heute – so leuchtet es ein, daß jederzeit in den meist dicht besiedelten Gebieten ein neuer Vulkan entstehen kann.

Abb. 2.14-1 Vulcano, die «Typuslokalität» für einen Vulkan überhaupt. Blick in den Hauptkrater. (Foto: M. A. Koenig)

Vulcano

Die Insel Vulcano ist die Typuslokalität für einen Vulkan überhaupt. Der älteste Vulkan auf der Insel, der Altvulcano stellt in der Tat geradezu ein ideales Beispiel für einen Stratovulkan dar. In einem älteren Vulkankegel ist zunächst eine Caldera eingebrochen, die später durch jüngere Ausbrüche teilweise wieder aufgefüllt wurde (Abb. 2.14-1). Auf der Insel befindet sich als weiterer Vulkan der Vulcanello, der «kleine Vulcano», der aus drei Kegeln besteht und im Jahre 183 v. Chr. erstmals ausgebrochen war. Während der zweite Kegel nicht genau datiert werden kann, ist der dritte, der westliche Kegel, etwa 600 n. Chr. entstanden und hatte um 1600 n. Chr. nochmals einen Ausbruch. Dies wurde rekonstruiert anhand von ^{14}C-Analysen mit Holzkohleresten in Tuffen, für die ein Alter von etwa 325 Jahren ermittelt wurde.

Während im Bereich der Krater von Vulcano und Vulcanello heute nur noch intensive Fumarolen- und Solfatarentätigkeit zu beobachten ist, kann der dritte auf der Insel Vulcano befindliche Vulkan, die Fossa, neben dem Stromboli als zweiter Vulkan der Liparischen Inseln als eigentlich tätig gelten. Am 17. Feb. 1771 erfolgte ein Ausbruch bis in den Mai dieses Jahres, wobei unter Blitz und Donner hauptsächlich Asche ausgeschleudert wurde, so daß sich der Himmel verfinsterte. Auf der benachbarten Insel Lipari verursachte die «zolldicke» Aschenschicht großen Schaden an der Vegetation, wodurch es zu einer Viehseuche und großen Verlusten am Tierbestand kam und eine Hungersnot die Folge war. Nach zwischenzeitlich schwächeren Ausbrüchen kam es im Jahre 1888 zu einer größeren Eruption der Fossa, nachdem schon Wochen vorher eine gesteigerte Fumarolentätigkeit beobachtet worden war. Im Krater der Fossa waren Sträflinge mit dem Abbau von Schwefel beschäftigt gewesen. Diese verweigerten schließlich die Arbeit, als der Schwefel bei 119° C begann, sich zu verflüssigen. Am 3. August 1888 erfolgte eine starke Eruption, bei der große glühende Blöcke bis zu 3 km vom Krater entfernt niederfielen. Die Sträflinge konnten sich in Alaunhöhlen flüchten. Die glühenden Bomben durchschlugen jedoch die Dächer von Häusern und setzten auch die Schwefelvorräte sowie einige der im Hafen liegenden Schiffe in Brand.

Die Ausbruchsphase dauerte bis 1890. Es kam in diesem Jahr zum Auswurf von Bomben bis 5 m Durchmesser. Gleichzeitig fanden vulkano-tektonische Bewegungen am Meeresboden statt, wodurch mehrmals das Telephonkabel Milazzo–Lipari abgequetscht und verschmort wurde. Diese rein explosiven Tätigkeiten, wobei hier nicht vulkanische Bomben aus frischer Lava ausgeworfen wurden, sondern nur älteres Material, das sich im Krater befand, bezeichnet man als «vulcanianische» Ausbrüche. Immerhin war bei dem Ausbruch der Fossa dieses Altmaterial durch die Hitze des Magmenkörpers stark erhitzt worden.

Stromboli

Als «strombolianische» Tätigkeit wird dagegen die Aktivität des Stromboli bezeichnet, der als aktivster Vulkan der Liparischen Inseln, ja Europas überhaupt, gilt. Nach schriftlichen Überlieferungen mindestens seit dem Jahr 300 v. Chr. wirft dieser über 900 m hohe Vulkan im Abstand von nur einigen Minuten glühende Lavafetzen, Schlacken und Aschen aus. Zeitweise herrscht verstärkte Dampftätigkeit und im Abstand von einigen Jahren kommt es auch zu heftigen Ausbrüchen von Lavaergüssen. Nachts bietet diese Aktivität ein faszinierendes Schauspiel, und so war der Vulkan schon den griechischen und römischen Seefahrern ein natürlicher Leuchtturm im Tyrrhenischen Meer (Abb. 2.14-2). Größere Ausbrüche, so 1930, hatten einen großen Teil der Einwohner auf das Festland auswandern lassen, so daß die heutige Bevölkerung nur aus wenigen hundert Einwohnern besteht, zu denen in der Feriensaison allerdings zahlreiche Touristen kommen. Die Vulkaninsel setzt sich unter dem Meeresspiegel bis zu einer Tiefe von 2300 m fort. Während der letzten 70 Jahre wurden durchschnittlich täglich 700 m^3 an Lava gefördert.

Die kontinuierliche Ausbruchstätigkeit, verbunden mit den knallartigen Geräuschen, die durch einen hohen Anteil an Wasserstoff am vulkanischen Gas bedingt sind und zu Knallgasexplosionen führen, und schließlich die imposante nächtliche Wirkung der Lavawurftätigkeit haben den Stromboli mythologisch verklärt. Im Altertum galt die Insel als der Sitz des windbeherrschenden Gottes Äolus, wenn auch manche Quellen dessen Sitz auf Lipari oder Ustica verlegen wollen. Jedenfalls wissen wir von Homer, daß auch Odysseus auf seiner Irrfahrt zur Insel des Äolus gelangt wäre und von diesem mit einem Sack voller Winde beschenkt worden sei. Nach Auffassung der alten Griechen sollen die Winde ja aus der Erde kommen. Der stets offene Vulkanschlund des Stromboli mit seinen Gasausbrüchen macht diese Vorstellung verständlich, so daß Aristoteles den Wind als die Ursache der vulkanischen Vorgänge überhaupt ansieht und Theophrast das Feuer sogar nur als eine Abart des Windes betrachtet. Die stets über

Abb. 2.14-2 Rhythmische explosive Ausbrüche im Abstand von mehreren Minuten beim Stromboli. (Foto: H. Pichler)

der Insel stehende Rauchfahne zeigte die jeweils herrschende Windrichtung an, woraus auch eine Prognose über das in den nächsten Tagen zu erwartende Wetter gezogen werden konnte. Für die Seefahrer jener Zeit war die sonst nicht erhältliche Wetterprognose aber von besonderer Bedeutung. So berichtet Plinius der Ältere, daß die Bewohner von Stromboli aus der Rauchwolke Schlußfolgerungen auf die innerhalb von drei Tagen zu erwartenden Winde ziehen konnten. So war es verständlich, daß man annahm, daß die Winde dem Äolus gehorsam waren.

Untermeerischer Vulkanismus im Tyrrhenischen Meer
Neben dem in den Vulkaninseln dokumentierten Vulkanismus existieren im Tyrrhenischen Meer auch untermeerische Vulkane. Der größte dieser submarinen Vulkane liegt etwa in der Mitte zwischen Neapel und Palermo und reicht bis 3100 m über den Meeresboden.

2.15 Pozzuoli und der Monte Nuovo

Knapp 15 km westlich von Neapel und im Blickfeld des Vesuv liegt die Stadt Pozzuoli. Hier werden die Einwohner in kürzer werdenden Abständen immer wieder in Angst und Schrecken versetzt. Seit Jahrtausenden finden hier Hebungen und Senkungen des Küstenbodens statt, die in der Regel von mikro-seismischen, d.h. von der Bevölkerung nicht wahrnehmbaren Erdbeben begleitet sind (Abb. 2.15-2). Seit 1968 jedoch werden häufiger nun deutlich verspürbare Erdbeben verzeichnet und bis zum Frühjahr 1970 hatte sich die Küste im Bereich der Altstadt um rund 1 m gehoben, davon allein an einem Tag 8 cm. Gleichzeitig erhitzte sich das Meer und die Fischer von Pozzuoli zogen mit ihren Netzen gekochte Fische aus dem Wasser. Dies war Veranlassung genug, daß die Bewohner der Altstadt und des Hafenviertels der im Jahre 529 v. Chr. von den Griechen gegründeten Stadt evakuiert werden mußten. 1983 verstärkten sich die Beben und beschädigten den Großteil der Häuser. Wie schon früher wurden die Bewohner außerhalb der Stadt in Hotels und Ferienwohnungen sowie in Zeltstädten untergebracht (Abb. 2.15-1).

Die Bevölkerung rechnet mit dem Ausbruch eines neuen Vulkans, nachdem am 29. September 1538 in unmittelbarer Nähe der Stadt die Geburt eines neuen Vulkans, des Monte Nuovo als des jüngsten Vulkans der Phlegräischen Felder stattgefunden hatte. In der von Pinienhainen bestandenen idyllischen Hügellandschaft dienten heiße Quellen seit dem Altertum als Bäder und Cicero hatte hier sein Landhaus. Dem Vulkanausbruch gingen mehrere Jahre lang sich häufende und immer stärker werdende Erdbeben voraus. Nach einem zeitgenössischen Bericht hob sich am Tag vor dem Ausbruch das Küstengebiet in der Nähe um mehrere Meter, so daß ein über 300 m breiter Küstenstreifen dem Meer entstiegen war. Dort rissen Spalten im Boden auf, aus denen heißes Wasser austrat, und bald war der Strand von toten Fischen bedeckt. Beim Initialdurchbruch wurden dann unter lautem Donnern, das bis Neapel vernommen werden konnte, schlammiges Erdreich und Blöcke in einem feurigen Gasstrom ausgeschleudert. Eine Pinienwolke aus Dampf und vulkanischer Asche schoß mehrere Kilometer hoch auf. Der Wind trieb die Wolke nach Pozzuoli, dessen Bewohner flüchteten, und nach Neapel, wo auch ein Aschenregen niederging.

Die besondere Gewalt dieses Ausbruches hängt wahrscheinlich damit zusam-

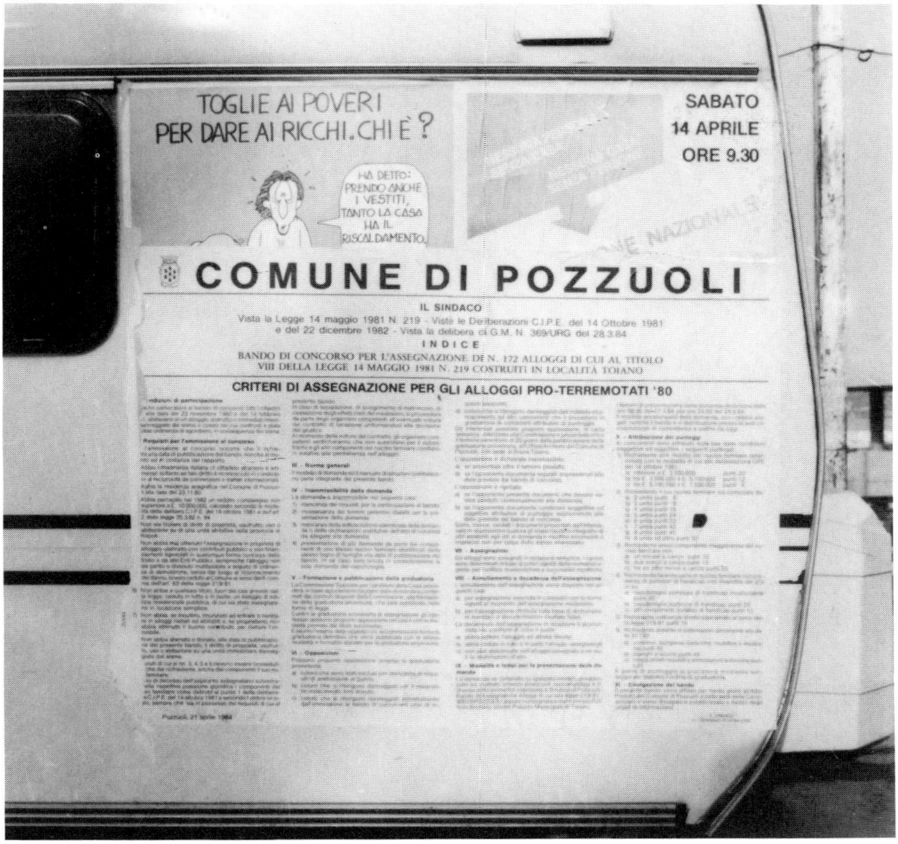

Abb. 2.15-1 Anschlag an einem Wohnwagenbüro zur Verteilung von Sozialwohnungen für Opfer eines Erdbebens im Jahre 1980 in Pozzuoli. (Foto: M. A. Koenig)

men, daß phreatische Explosionen stattgefunden hatten, d.h. durch die aufgerissenen Spalten konnte Wasser an die Gesteinsschmelze gelangen. Dieses wurde in Dampf verwandelt und steigerte zusammen mit den vulkanischen Gasen den Ausbruch enorm.

Bei phreatischen Ausbrüchen wird neben pyroklastischem Material insbesondere auch reichlich zertrümmertes Altgestein in Form von Blöcken ausgeworfen, wie es beim Ausbruch des Kilauea im Jahre 1924 (2.9) und bei der Geburt der Insel Surtsey der Fall war (2.1). So gingen Bimssteinbomben in einer Entfernung von mehreren Kilometern nieder und bedrohten vor der Insel Nisida liegende Schiffe. Als man den Ausbruch für beendet hielt, bestiegen am 6. Oktober zahlreiche Neugierige den Vulkan. Eine plötzlich einsetzende neue Eruption tötete hierbei 24 Personen, womit der Ausbruch dann aber beendet war. Der neu erstandene Monte Nuovo ist ausschließlich aus Lockermaterial aufgebaut. Zurück blieb ein 133 m hoher Vulkankegel, dessen Krater 120 m tief ist (Abb. 2.15-3).

Pozzuoli verfügt über eine weitere vulkanologische Besonderheit. Es befindet sich hier im alten Krater der «Solfatara» die «Typus-Lokalität» für Schwefelwasserstoff führende Fumarolen, d.h. Dampfquellen, die allgemein als Solfataren bezeichnet werden. Auf dem Boden eines knapp 500 m weiten Kraters aus eingeschwemmter Asche treten mit einer Temperatur um 150° C zischend Gase aus überhitztem Wasserstoff mit geringen Mengen von Kohlendioxid, Schwefelwasserstoff und Spuren von Arsenwasserstoff aus. Hierbei wird Schwefel und das Arsenmineral Realgar abgesetzt. Da in den Quellen ein schlammiger Boden zu brodeln scheint, werden die Erscheinungen nicht ganz korrekt als Schlammvulkane bezeichnet. In der trockenen und heißen Luft der Landschaft ist der austretende Dampf meist mit bloßem Auge nicht erkennbar. Hält man jedoch eine brennende Zeitung über den brodelnden Sumpf, so werden plötzlich dichte Dampfwolken sichtbar, da sich an den feinen Staubpartikeln des Feuers nun der Wasserdampf kondensieren kann.

2.16 Der Ätna und die Umleitung von Lavaströmen

Mit rund 3300 m Höhe ist der Ätna auf Sizilien der imposanteste und höchste europäische Vulkan und in Bezug auf seine Produktion von Lavaströmen ist er gleichzeitig der aktivste (Abb. 2.16-1). Bei klarem Wetter kann man von seinem Gipfel aus bis nach Afrika blicken, auf der anderen Seite zum Stromboli und zu den Äolischen Inseln. Eine Gondelbahn erschließt den Berg im Sommer für Touristen, im Winter für Skifahrer, denen zusätzlich noch zwei Schlepplifte zur Verfügung stehen. Bei den Einheimischen hat der Ätna den Ruf eines «guten Berges». Sie behaupten, daß auf ihm der beste Wein, die saftigsten Orangen und die schmackhaftesten Mandeln von Sizilien gedeihen und dies durch die Fruchtbarkeit des vulkanischen Bodens. Dadurch, daß die Lava auch deutlich weniger gas-

Abb. 2.15-2 Die Säulen des Seraphis-Tempels in Pozzuoli sind Zeugen der Bewegungen ▷ des Küstenbodens. Während heute noch der Sockel der Säulen im Meerwasser steht, sind in mehreren Metern Höhe die Spuren von Bohrmuscheln zu sehen, die unter Wasser leben.
(Foto: M. A. Koenig)

haltig ist als diejenige des Vesuvs, sind die Explosivausbrüche weniger heftig – dafür haben die Effusionen von Lavaströmen eine größere Bedeutung. Typisch für den Ätna sind Ausbrüche, bei denen im zentralen Schlot relativ schwache Explosionen mit Aschenwürfen erfolgen und gleichzeitig an der Flanke des Berges Lateralspalten aufreißen, aus denen sich aus sogenannten Bocchen (Singular Bocca) Lavaströme in Richtung auf besiedelte Gebiete ergießen.

Abb. 2.15-3 Links die mit Pinien bestandene Flanke des Monte Nuovo, im Hintergrund Cap Misenum. (Foto: M. A. Koenig)

1971 erfolgte ein Ausbruch, nachdem im Zentralkrater seit 1964 nur Fumarolentätigkeit stattgefunden hatte. Es kam zu schwachen Explosionen, der zentrale Schlot wurde dadurch jedoch nicht geöffnet. Am 5. April 1971 rissen südlich des Gipfels etwa in 3000 m Höhe 3 Spalten auf, aus denen Lava ausfloß, die sich auch über das Vulkan-Observatorium in 2950 m Höhe ergoß, von dem danach nur noch ein Mauerrest aus der Lava herausragte. Eilig wurden Erdbewegungsmaschinen eingesetzt, um die mittlere Station der Schwebebahn in 2800 m Höhe durch einen Schutzwall zu sichern und den Lavastrom in eine künstliche Abflußrinne zu leiten. Diese Maßnahme hatte Erfolg. Doch Anfang Mai traten an mehreren Stellen im Bereich des Osthanges des Zentralkegels neue Lavaströme aus, die sich über Wälder, Obstgärten und Weinberge bei der Ortschaft Fornazzo ergossen. Insgesamt wurden bei diesem Ausbruch 75 Mio. m^3 Lava und 3 Mio. m^3 Tephra gefördert. Der Zentralkrater hatte durch diesen Ausbruch seine Höhe kräftig aufgestockt und eine Marke von 3340 m über Meer erreicht.

Anzeichen für drohenden Calderaeinbruch
1976 ergab die genaue Vermessung von Höhenfixpunkten, daß sich der Boden nördlich des Hauptkraters innerhalb eines Jahres um mehr als 1 m gesenkt hatte, was zu der Befürchtung Anlaß gab, daß ein Calderaeinbruch kurz bevorstünde. Dazu kam es jedoch nicht, doch nach kleineren Ausbrüchen 1977 und 1979 trat an der nord-nordöstlichen Flanke des Berges ein Lavastrom aus, der innerhalb von 4 Stunden eine Entfernung von 5 km zurücklegte. Gleichzeitig kam es im Hauptkrater zu Explosionsausbrüchen, die die Siedlungen am Fuße des Berges mit Tephraregen überschütteten. Ein Lavastrom trennte sich in zwei Arme, von denen der eine das Städtchen Randazzo bedrohte, aber etwa 2 km vor den ersten Häusern zum Stillstand kam. Der andere Arm bewegte sich auf den Ort Montelaguardia zu, wälzte sich über Eisenbahngeleise und zerstörte Telephonleitungen. Bei diesem Ausbruch wurden ⅔ der fruchtbaren Weinberge, Olivenhaine und Gemüsegärten der Gemeinde Randazzo von der Lava begraben und einzelne alleinstehende Häuser in Flammen gesetzt.

Die Ausbrüche des Ätna fordern in der Regel nur unter besonderen Umständen Menschenleben. Insbesondere sind es Touristen, die von plötzlichen Explosivausbrüchen überrascht werden. So wurden schon 1842 und 1892 Touristengruppen von Explosionen überrascht, als sie sich im Bereich des Kraterrandes befunden hatten. 1979 fand eine Explosion statt, als sich etwa 200 Schaulustige im Gipfelbereich befanden. Neun von ihnen fanden den Tod, 25 wurden schwer verletzt. Nach den Berichten war die plötzliche Dunkelheit durch den Tephraregen und das Herabstürzen von Blöcken bis zu mehreren 100 kg Gewicht bei der Flucht besonders hinderlich. Prominentestes Opfer war im Altertum der Naturforscher Empedokles aus Agrigent, von dem die Legende erzählt, daß er zum Ätna emporgestiegen wäre, um den Ursprung des Feuers zu ergründen. Als er plötzlich verschwunden war, war jedermann der Überzeugung, daß er, der sich selbst zu Lebzeiten für göttlich gehalten hatte, in den Olymp aufgenommen worden war. Selbst Goethe entging im Jahre 1787 nur mit knapper Not einer «furchtbaren Ladung», die an ihm vorbeiflog, wozu der Dichter bemerkte, daß eine gegenwärtige Gefahr nun einmal etwas «Reizendes» hat, was den «Widerspruchsgeist im Menschen auffordert, ihr zu trotzen».

Als im April und Mai 1983 wiederum ein Lavastrom aus einem Flankenausbruch Siedlungen zu überfluten drohte, entsann man sich der Möglichkeit, Lavaströme umzuleiten. Schon im Jahre 1669, als ein Strom die Stadt Catania bedrohte, hatten sich deren Bürger mit Schaufel und Pickel aufgemacht, um einen sich gegen die Stadt wälzenden Lavastrom in einen künstlich gegrabenen Kanal abzuleiten. Der Versuch scheiterte seinerzeit allerdings am Widerstand von empörten Dorfbewohnern am Fuße des Ätnas, in deren Richtung die Lavamassen hätte geleitet werden sollen. Schon 1935 wurde auf Hawaii erfolgreich der Versuch unternommen, mit Bombenabwürfen einen Lavastrom umzuleiten (2.9).

1983 wurden am Ätna zunächst über 90 Bagger, Lastwagen und Maschinen eingesetzt, um einen künstlichen Seitenkanal zur Umleitung der Lava zu bauen. Dieser Kanal sollte etwa 200 m lang und 7 m tief sein und den glühenden Strom mit tels Sprengungen in einen erloschenen Krater umleiten. Das schwierigste Unterfangen war das Einbringen der Sprengladungen in die vorbereiteten Bohrungen. Die wegzusprengende Flanke des Lavastromes hatte eine Temperatur von 700° während der von dem schwedischen Sprengstoffexperten empfohlene Sprengstoff bei wesentlich niedrigerer Temperatur zur Explosion kommt. So wurden die Sprengladungen in Stahlrohre eingebracht und diese in die vorbereiteten Bohrlö-

Abb. 2.16-1 Der Ätna. Im Vordergrund ein zur Steingewinnung ausgebeuteter Lavastrom. (Foto: M. A. Koenig)

cher geschoben. Gleichzeitig kühlte die Feuerwehr über Tankwagen die Rohre mit ihrer gefährlichen Ladung. Von 57 Sprengsätzen ging fast ⅓ vorzeitig los. So konnte nach der schließlich durchgeführten planmäßigen Sprengung nur etwas mehr als $\frac{1}{10}$ des Lavastromes, der ein Volumen von 25 m^3/s lieferte, in die vorbereitete Bahn abgeleitet werden (2.18).

2.17 Der Bezymianny und die geologische Aktivität von Kamtschatka

Die geologische Geschichte

Die südwestsibirische Halbinsel Kamtschatka ist eines der geologisch aktivsten Gebiete der Erde. Hier haben wir nicht nur den Bezymianny und andere Riesenvulkane und deren Großausbrüche im Abstand von mehreren Jahren vor uns, sondern auch häufige Erdbeben, ausgedehnte Vergletscherungen und schließlich einen beispielhaften geologischen Aufbau. Wir befinden uns hier am Nordrand des Pazifiks. Östlich von Kamtschatka stoßen der von Alaska herüberziehende Aleuten-Graben und der von Japan nach Norden ziehende Kurilen-Graben aufeinander. Hier stößt die den Boden des Pazifiks bildende pazifische Platte gegen die Platte des eurasischen Kontinentes. Entlang der Gräben wird Gesteinsmaterial verschluckt, in die Tiefe gedrückt und gleichzeitig das Festland gehoben. Unter Kamtschatka ist die Erdkruste (Moho-Zone) 35 bis 40 km stark, ein Wert, der typisch ist für die jungen, d.h. alpinen Deckengebirge wie die Alpen, die man sich Eisbergen gleich auf dem Erdmantel schwimmend vorstellt. Kamtschatka weist somit typisch kontinentalen Aufbau auf. Unmittelbar südöstlich verläuft die Nahtstelle zum Pazifik-Tiefseeboden. Die Stärke der Erdkruste fällt dort auf Werte um 15 km.

Die Basis für die vulkanischen Ablagerungen bilden ausgedehnte Sedimente aus dem späten Mesozoikum, hauptsächlich aus der Kreidezeit, und aus dem früheren Tertiär, dem Neozoikum. Nach Anlage von Faltenbildungen überwog jedoch eine Bruchtektonik, indem der zentrale Teil von Kamtschatka ähnlich wie der Oberrhein-Graben in die Tiefe sank, während sich die Randgebiete als Horste, entsprechend beim Oberrhein-Graben Schwarzwald einerseits und Vogesen andererseits emporhoben. In der abgesunkenen Grabenzone gelangten Lockergesteine aus der Quartärzeit zur Ablagerung, die im zentralen Bereich eine Stärke von 5000 m erreichen. Beim Oberrhein-Graben beträgt die Grabenfüllung aus Tertiär und Quartär zusammen etwa 3000 m, und wie dort im Zentrum des Grabens der Kaiserstuhl-Vulkan aufdrang, so drangen hier auf der von einer Vielzahl von Grabenbrüchen zerhackten Erdkruste Magmen nach oben.

Der quartäre Vulkanismus auf Kamtschatka begann mit der Effusion von Plateau-Basalten aus großen Schildvulkanen. Durch die abschleifende Wirkung der Gletscher sind die Schildvulkane heute stark erodiert. In der zweiten Hälfte der Eiszeit, des Pleistozäns, setzte ein regional stark unterschiedlicher Vulkanismus ein. In Ost- und Südkamtschatka kamen ausgedehnte Ignimbrite aus Glutwolken und Bimsteppiche zur Ablagerung. Gleichzeitig kam es nach großen Ausbrüchen zu Einstürzen und Bildung von Calderen. Daneben existieren verschiedene kleinere Lavavulkane aus dieser Zeit. Die Effusion von Basalten ging im verkleinerten Rahmen weiter. Der Vulkanismus brachte in der zweiten Phase zunehmend saure Laven zur Eruption. Nach einer Altersbestimmung an Ignimbrit-Decken der Krasheninnikov-Caldera ergab sich für diese zweite Eruptionsphase des Quartärs ein Alter von ca. 40000 Jahren.

Vor meist weniger als 8000 Jahren begann die dritte Phase des quartären Vulkanismus auf Kamtschatka. So nahm wiederum die Effusion von basaltischen Laven zu wie schon in der ersten Phase. Offensichtlich waren große Massen von ozeanischem Material aufgedrungen, das durch die zahlreichen aufgerissenen Spalten großräumig ausfließen konnte. Typisch für diese Phase war aber auch die Reaktivierung alter Vulkane, die sich im Calderastadium befanden und die nun hauptsächlich saure Laven in Form von Andesiten und Daziten förderte. Im zentralen Teil von Kamtschatka entstanden solche jungen Vulkane hauptsächlich im Bereich der Kluchevskaya-Vulkangruppe, wobei es sich hauptsächlich um Stratovulkane handelt. Hierzu gehört auch der Bezymianny.

Ein schlafender Vulkan erwacht

Unter den 216 Vulkanen und 21 Calderen sowie vulkanotektonischen Senken galt der Bezymianny als erloschen bis am 29. 9. 1955 Erdbeben begannen. Deren Zahl steigerte sich bis zum 22. Oktober auf 1285, die in der 24 km nördlich gelegenen Stadt Klyuchi registriert werden konnten. Dann begannen zunächst schwache bis mittlere explosive Ausbrüche, so daß bis zum 9. November in der Stadt Klyuchi eine Aschenschicht von 6 mm Stärke niedergegangen war. Die Ausbrüche wurden stärker, so daß am 17. November in der Stadt eine derartige Dunkelheit herrschte, daß die Autos in den Straßen mit Scheinwerfern fahren mußten und in den Häusern die Beleuchtung eingeschaltet wurde.

Nach Andauern von kleineren Aktivitäten erfolgte am 30. März 1956 eine derart starke Explosion, daß die obersten 200 m des Vulkans schräg nach Osten weggesprengt wurden und ein Krater von 2 km Durchmesser entstand. Eine dichte schwarze Wolke stieg in kürzester Zeit auf über 30 km Höhe auf. Bereits nach 15 Minuten erfolgte eine weitere Explosion, die die Wolke auf über 40 km Höhe emportrieb. In Klyuchi herrschte völlige Dunkelheit und innerhalb von 3½ Stunden fielen 20 mm Asche nieder. Eine in 10 km vom Vulkan erstellte vulkanologische Beobachtungsstation, die glücklicherweise gerade nicht besetzt war, wurde weggerissen. Noch in 25 km Entfernung wurden Bäume von 25 cm Durchmesser glatt gefällt. Kurz nach der Explosion brach eine Glutlawine aus, die ein Tal hinabschoß, wo sie sich in 16 km Entfernung vom Vulkan in ein Flußbett ergoß und mit dem Wasser einen Lahar erzeugte. Dieser heiße Schlammstrom gelangte 80 km weit talabwärts und ergoß sich über eine Fläche von 60 km^2 mit Stärken bis zu 50 m. Andere Schlammströme entstanden an den Hängen des Kegels durch Auftauen der Schnee- und Eisdecke des Berges. Noch in einer Entfernung von 30 km östlich des Vulkans fiel eine Schicht von 25 cm Bims und Asche. Das Gesamtvolumen des bei diesem explosiven Ausbruch geförderten Materials wird auf 2 km^3 geschätzt. Kurz nach dem Ausbruch begann im Explosionskrater ein Lavadom in die Höhe zu wachsen, der im August 1956 bereits eine Höhe von 300 m erreicht hatte, eine ähnliche Erscheinung wie beim Mont Pelée auf Martinique (2.3). Bemerkenswert ist die Tatsache, daß nach den vorliegenden Berichten bei diesem extrem starken Ausbruch keine Menschenleben zu beklagen waren, was auf die praktisch unbewohnte Gegend zurückzuführen ist.

Gesteigerte vulkanische Aktivität und Vorhersage
Die vulkanische Aktivität auf Kamtschatka wie auch allgemein im Bereich des zirkumpazifischen Vulkangürtels befindet sich zurzeit auf einem Höhepunkt, wie uns die Ausbrüche des Krakatau, des Katmai, des Bezymianny und des St. Helens zeigen. 1975 fand auf Kamtschatka beim alten, als erloschen geltenden Plosky Tolbachik die Entstehung eines neuen Vulkankraters, nämlich diejenige des Ostry Tolbachik statt. Das Bemerkenswerte bei dieser Eruption, die ebenfalls in der Vulkangruppe des Klyuchevskoy stattfand, ist die Tatsache, daß er von russischen Geologen aufgrund von Beobachtungen und Messungen im Vulkanobservatorium Klyuchi ziemlich präzise vorausgesagt werden konnte. Die Voraussage wurde auf etwa eine Woche genau gemacht, so daß sogar russische Fernsehteams anreisen konnten, die die Eruption von Anfang an aufnehmen konnten. Die Prognose stützte sich hauptsächlich auf zunehmende lokale Erdbeben. Am 6. Juli 1975 riß dann auch richtig eine Spalte auf, aus der große Tephramengen bis 14 km Höhe emporgeschleudert wurden. Nach 6 Wochen hatte sich ein Kegel von fast 350 m Höhe aufgeschüttet. Als dann im Schlot ein Lavasee anstieg und über den Kraterrand Lavaströme hinabflossen, wurde der zunächst gebildete Kegel stark erodiert. Der Ausbruch erinnerte sehr an denjenigen des Paricutin von 1943 (2.2). Das insgesamt geförderte Volumen an Tephra und Laven in der geschätzten Größenordnung von 2 km^3 stellt schon einen großen Ausbruch dar. Auch hier mußten einerseits wegen der Vorwarnung, andererseits wegen der dünnen Besiedelung keine Menschenleben beklagt werden.

2.18 Schäden durch Vulkanausbrüche und Schutzmaßnahmen - Überblick

Nach zuverlässigen Schätzungen fanden von 1750 bis 1960 ca. 210000 Menschen den Tod durch Vulkanausbrüche. Die Ausbrüche des Katmai von 1912 (2.6) des Bezymianny von 1956 (2.17), die beide weitgehend explosiv waren und somit von besonderer Gefährlichkeit, haben nur geringe wirtschaftliche Schäden verursacht und keine Menschenleben gefordert. Sie liegen in nur dünn oder kaum besiedelten Gebieten. Der Mount St. Helens (2.7), der in der Nähe von hochtechnisierten Siedlungen seinen Explosivausbruch im Jahre 1980 hatte, forderte nicht nur 65 Menschenleben, sondern verursachte Schäden in Höhe von 1 Milliarde US $ - und dies, trotz nahezu perfekter Vorwarnung. Vulkanausbrüche betreffen immer häufiger und immer dichter besiedelte Gebiete. Der Bevölkerungsdruck führt dazu, daß nach Ruhepausen von mehreren Jahrzehnten wieder Siedlungen oder zumindest landwirtschaftliche Anlagen in gefährdeten Gebieten errichtet werden. Neue Opfer und hohe Sachschäden sind vorprogrammiert. Ein zwar nicht neues, aber auch immer größer werdendes Problem sind Touristen und Neugierige, die als Zuschauer bei Ausbrüchen oder am Kraterrand von aktiven Vulkanen den Tod finden.

Vulkanausbrüche verursachen direkte Schäden durch die vulkanischen Produkte. Es sind dies die Lavaströme, die Glutwolken bzw. Glutlawinen, der Ausfall von Tephra, die vulkanischen Schlammströme (Lahars) und die vulkanischen Gase und Gifte. Indirekte Schäden entstehen durch Waldbrände und durch Entflammen von Gebäuden, durch Rutschungen hauptsächlich der Tephra und durch Blitze.

Lavaströme

Was im Erdinneren, im Magmaherd bzw. in einer höherliegenden Magmakammer, noch als Magma bezeichnet wird, ist eine besonders gasreiche Gesteinsschmelze. An der Erdoberfläche, nach Entweichen eines Großteils der Gase, wird dieselbe Gesteinsschmelze als Lava bezeichnet. Je nach verbleibendem Gasgehalt, hauptsächlich aber je nach dem Chemismus der Gesteinsschmelze, ist die Lava von hoher oder niedriger Viskosität. Saure Laven, d.h. solche reich an Kieselsäure, sind relativ zähflüssig, d.h. hochviskosische basische Laven, d.h. solche, die aus tiefliegenden Magmaherden stammen und daher kein Nebengestein assimilieren konnten, sind in der Regel basisch und dünnflüssig. Lavaströme können aus einem zentralen Krater oder aus einem Lavasee in demselben austreten oder aber aus Spalten an der Flanke eines Vulkans, aus Lateralspalten, sogenannte Bocchas. Sie treten aber oft direkt aus Spalten in der Erdkruste aus, die die Länge von mehreren hundert Metern haben können, wie dies insbesondere auf Island häufig der Fall ist. Als bei der Geburt der Vulkaninsel Surtsey (2.1) die anfänglich explosive Tätigkeit in eine effusive überging und Lavafluten aus dem rotglühenden Lavasee gegen das Meer strömten, wurden Geschwindigkeiten von 20 m/s gemessen. Glücklicherweise sind die Geschwindigkeiten in der Regel kleiner und gestatten meist die Flucht von Menschen. Sie wälzen sich jedoch über land- und forstwirtschaftliche Flächen, Straßen, Eisenbahnen und, wenn sie die Ortschaften erreichen, ist meist das untere Geschoß der Häuser nicht mehr sichtbar. Bevor die Glut erlischt, setzen sie die brennbaren Bestandteile der Häuser in Flammen.

Langsame Lavaströme können in vielen Fällen in Gebiete abgeleitet werden, in denen sie geringere Schäden anrichten, als wenn man sie ihren natürlichen Lauf nehmen ließe. Die ersten Erfahrungen mit diesem Verfahren scheinen die Bewohner von Catania gehabt zu haben, die bereits 1669 allein mit Handwerkszeugen die Umleitung eines Lavastromes bewerkstelligten (2.16).

Wie die Beispiele auf Hawaii (2.9) und von den Flanken des Ätna zeigen, läßt sich der Mensch durch die Gefahr von Lavaströmen nicht davon abschrecken, in gefährdeten Gebieten seine Äcker zu kultivieren oder sogar Siedlungen zu errichten. Nachdem man bereits 1669 in Catania beobachtet hatte, daß der Lavastrom durch die Stadtmauer abgeleitet worden war und nur stellenweise über diese hinübergelangt ist, und nachdem auf Hawaii ein Lavastrom an einem Bahndamm abgeleitet wurde, machten sich hauptsächlich McDonald, Rittmann und Tazieff Gedanken über die Ablenkung von Lavaströmen. Der Ingenieur W.R. Lawrence des seinerzeitigen Königreiches Hawaii kam bereits 1881 auf die Idee, einen Damm zu bauen, als sich ein Lavastrom der Ortschaft Hilo näherte. Damals kam

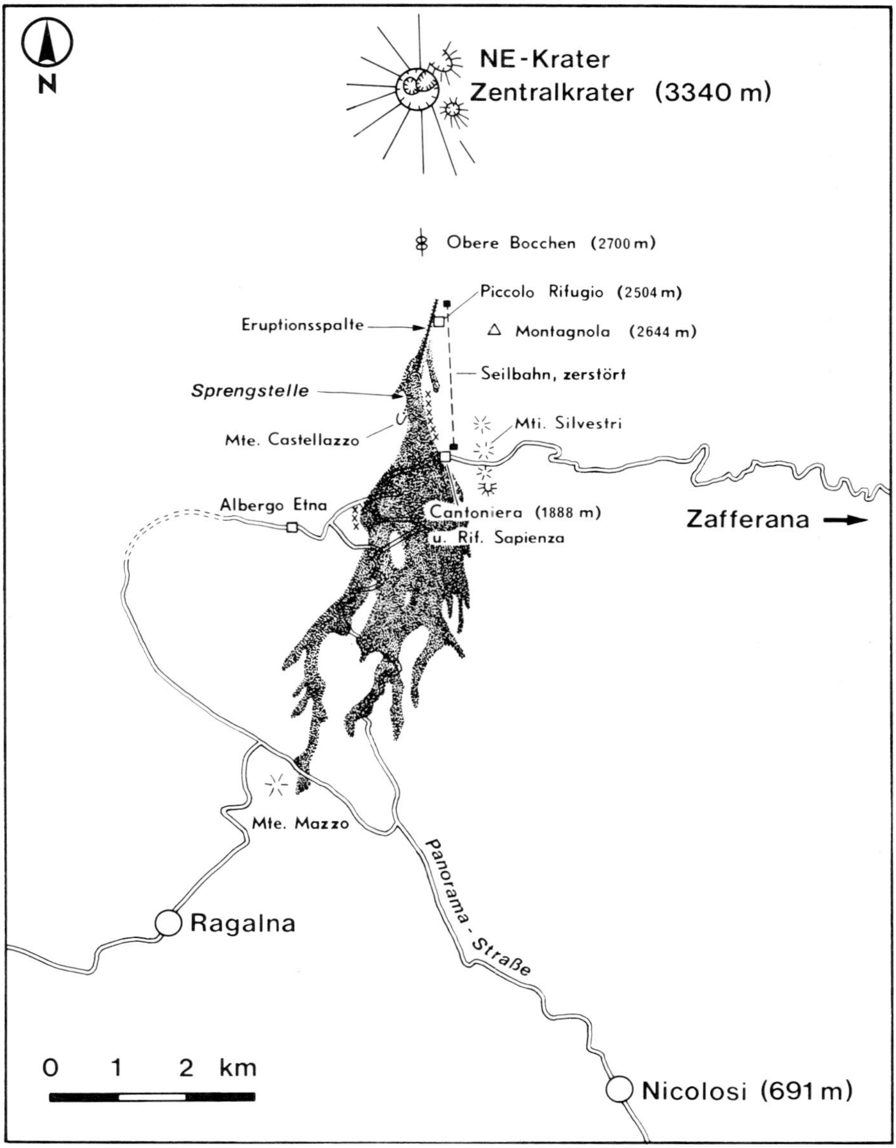

Abb. 2.18-1 Gebiet des Ätna-Ausbruchs im Frühjahr 1983 mit Sprengstelle (nach H. Pichler, 1983).

jedoch der Lavastrom von selbst zum Stillstand. Es ist jedoch falsch, wenn man annimmt, durch einen relativ kleinen Damm einen Lavastrom aufhalten zu können. Vielmehr muß angestrebt werden, daß die Ströme in eine andere Richtung gelenkt werden. Bekannt ist die Erscheinung, daß Lavaströme, die sich inSiedlungen hinein ergossen und die Straßen bis zu 5 oder 6 m hoch aufgefüllt hatten, am Mauerwerk der Häuser jedoch eine Schranke fanden. So war der Lavastrom des Vesuv von 1906 durch die Straßen der Stadt Bosco Trecase geflossen und war durch die Fenster in die Gebäude eingedrungen, ohne das jeweils nur schwächliche Mauerwerk einzudrücken. Auch der Basaltstrom des Mantavanu auf Samoa des Jahres 1905 ließ die steinernen Wände der Häuser unbeschädigt.

Klassisch ist das Bild der Kirche von San Juan, die nach Ausbruch des Paricutin (2.2) mit ihrem Turm unversehrt aus dem Lavastrom herausragt. Hierbei ist allerdings jeweils zu berücksichtigen, daß die Wände von Häusern in der Decke über dem Erdgeschoß jeweils eine Versteifung besitzen, durch welche sie Horizontalkräfte, wie sie durch den flüssigen Lavastrom zu erwarten sind, aufnehmen können. Freistehende Mauern wurden in der Gegend des Ätna dagegen häufig von Lavaströmen umgestoßen. Daraus ist ersichtlich, daß die Wälle, die einen Lavastrom umleiten sollen, auf die auftretenden Horizontalkräfte bemessen werden müssen. Sie sollen eine Höhe von rund 10 m aufweisen und je nach dem Material, das die Erdbewegungsmaschinen in der Eile aufhäufen können, Böschungswinkel von 25 bis 35° nicht überschreiten. Die Wahrscheinlichkeit, daß die anvisierten Lavaströme tatsächlich die Stelle erreichen, an denen der Wall errichtet wird, kann – falls die topographischen Verhältnisse nicht eindeutig sind – dadurch vergrößert werden, daß beispielsweise unterhalb der jeweiligen Stirn des vorwärtsfließenden Lavastroms größere Wassermengen auf das Gelände gelassen werden. Der Lavastrom wird voraussichtlich etwa deren Abflußrichtung wählen.

Der Einsatz von Sprengungen zum Ableiten von Lavaströmen wurde erstmals von Thurston auf Hawaii angeregt. Er hatte die Idee, die Sprengladungen durch lange Stangen an den Einsatzort zu bringen. Als aber 1935 ein Lavastrom des Mauna Loa die Stadt Hilo bedrohte, kam man nach Jaggar auf die Idee von Bombenabwürfen. Solche sollen bewirken, daß einmal das Dach aus erstarrter Lava über dem Strom durchschlagen und so seitlich ein Überlaufen stattfindet. Die Bomben bewirken auch, daß durch die Explosion eine schlagartige Entgasung der Lava stattfindet, diese Lava zähflüssiger wird und so möglicherweise in dem Tunnel, der sich um den Strom gebildet hat, steckenbleibt.

Als 1983 ein Lavastrom des Ätna in einen vorbereiteten 200 m langen, künstlichen Kanal durch Sprengungen umgeleitet werden sollte, zeigte sich als größte Schwierigkeit das Einbringen der Sprengladungen in die vorbereiteten Bohrungen in der Flanke des Glutflusses, da dort eine Temperatur herrschte, die den Sprengstoff frühzeitig zur Detonation bringt. Anzustreben ist aber, daß die angebrachten Ladungen gleichzeitig gezündet werden. Dort ging man so vor, daß die Sprengpatronen nicht direkt in die Bohrlöcher eingebracht wurden, sondern zunächst in Stahlrohre gesteckt wurden, die fortlaufend mit Wasser gekühlt wurden. Trotzdem ging ein großer Teil der vorbereiteten Sprengladungen vorzeitig los, so daß nur ein kleiner Teil des Lavastroms abgeleitet werden konnte (Abb. 2.18-1).

Nachdem beim Effusivausbruch des Kilauea von 1960 der Feuerwehr-Hauptmann Eddie Bento die Idee hatte, in der Zeit, in der keine vom Lavastrom in Brand gesetzten Häuser zu löschen waren, die Rohre auf die Stirn des Lava-

Abb. 2.18-2 Umleitung von Lavaströmen durch Bespritzen mit großen Wassermengen auf Heimaey/Island 1973. (Foto: G + J, Fred Ihrt)

stroms zu richten und diesen dadurch zu bremsen, scheint die Methode der Wahl gegen Lavaströme im Einsatz von Wasser zu bestehen. Aus der glutflüssigen Gesteinsschmelze entsteht ja nach Abkühlen und Erstarren ein hartes Gestein, das seinerseits einen Widerstand gegen den flüssigen Glutstrom bildet. 1973 wurde so ein Großteil der auf der isländischen Insel Heimaey und der wichtige Fischerhafen gerettet, indem große Wassermengen auf die Stirn und die Flanken des Lavastroms gespritzt wurden (Abb. 2.18-2).

Zusammenfassend kann gesagt werden, daß die Versuche, einen Lavastrom durch Ableiten durch Dämme, Sprengungen oder Bombenabwürfe oder durch Bespritzen mit Wasser nicht von vornherein einen Erfolg versprechen. Aber einerseits sind diese Verfahren unschädlich und sie bieten immerhin die Chance, daß eine günstige Beeinflussung erfolgt. Fast durchwegs kann ein Verlangsamen der Lavaströme bewirkt werden, so daß zumindest eine planmäßige Räumung von bedrohten Siedlungen möglich ist.

Glutwolken und Glutlawinen

Von Glutwolken spricht man, wenn pyroklastisches Material, d.h. heiße Asche, Lapilli und Bomben direkt vom Vulkanschlot als glühende Wolke die Flanken des Vulkankegels hinabstürzt. Von Glutlawinen spricht man, wenn diese Materialien vorübergehend zur Ablagerung gelangt sind und erst dann ihren zerstörenden Weg talabwärts gefunden haben. Im Einzelfall ist eine Differenzierung oft nicht möglich. Eine Glutwolke des Mont Pelée hat im Jahre 1902 innerhalb von Minuten 30000 Einwohner der Stadt St. Pierre auf der Antilleninsel Martinique ausgelöscht, ohne großen Sachschaden zu verursachen (2.3). Hier war die Glutwolke seitlich von einem vordringenden Lavadom in einer bestimmten Richtung ausgebrochen und hatte den Weg eines Flußlaufes genommen.

Auf Guadaloupe hat sich im gleichen Jahr ein Glutwolkenausbruch ereignet, der sich vom Vulkankegel des Soufrière – und in der Form des danach benannten Types von Glutwolkenausbrüchen – gleichmäßig über den Nordteil dieser Antilleninsel ausgebreitet hatte, wobei 1500 Menschen den Tod fanden. Bei den Ausbrüchen des Merapi auf der Insel Java in Indonesien wurden 1930 und 1967 Glutwolken, die eigentlich als Glutlawinen bezeichnet werden können, über mehrere Dörfer verströmt und richteten große Schäden an. Beim Ausbruch des St. Helens, USA, vom Mai 1980, war der hauptsächliche Schaden dadurch verursacht worden, daß auf eine Breite von 20 km eine Glutwolke, «stone wind», mit einer Geschwindigkeit von 190 km/h den Berg hinabgerast war und eine Entfernung von 29 km vom Vulkanschlot erreicht hatte (2.7).

Beim Ausbruch des Katmai in Alaska im Jahre 1902 war ebenfalls eine riesige Glutwolke zu Tal gegangen, die so heiß war, daß sie schließlich zu Ignimbrit-Decken im «Valley of the Ten Thousand Smokes» verschweißte (2.6). 1951 tötete eine Glutwolke des Hibok-Hibok auf den Philippinen 500 Personen.

Der klassische Stratovulkan Mayon auf den Philippinen fördert neben Lavaströmen immer wieder Glutwolken, so daß bis 1978 8mal Ausbrüche beobachtet wurden, welche Menschenleben forderten. Auf Papua im östlichen Neu Guinea explodierte 1951 plötzlich der schlafende Stratovulkan Lamington, wobei eine Glutwolke über eine Fläche von 200 km^2 abgeladen wurde und 3000 Menschen den Tod fanden.

Bei Glutwolkenausbrüchen schweben die bereits erstarrten pyroklastischen Teilchen durch den Gasausstoß aus dem porösen Material wie ein Tragflügelboot über den Boden. Der Tod tritt innerhalb weniger Minuten ein durch die hohe Temperatur, die über 500° liegen kann und zusätzlich durch das Freiwerden von Gasen. Vorbeugende Maßnahmen müssen sich beschränken auf ein sorgfältiges Beobachten des Vulkans und bei akuter Gefahr verbleibt nur die Evakuierung der Bevölkerung. Dies ist nicht unproblematisch, wie das Beispiel der Insel Guadaloupe zeigt, wo 1976 70000 Einwohner sechs Monate lang evakuiert worden waren, als für den Soufrière ein Ausbruch vorhergesagt worden war. Das Ereignis trat dann aber nicht ein.

Tephra

Die Initialausbrüche der meisten Vulkane beginnen mit dem Ausstoß von Tephra in Form von Bomben, Lapilli, Bimsstein und Asche. Diese unter der Bezeichnung Tephra zusammengefaßten Materialien wirken zunächst rein mechanisch, indem sie Gebäude oder auch Kulturflächen überdecken. Zum anderen sind sie mit Gasen und anderen chemisch wirkenden Schadstoffen beladen, die als Aerosol schä-

Abb. 2.18-3 Bimsablagerungen auf Lipari, die als Baumaterial abgebaut werden.

(Foto: M. A. Koenig)

digende Auswirkungen auf Mensch, Tier und Pflanzenwelt ausüben (Abb. 2.18-3).

Wie der Ausbruch des Eldfell auf der isländischen Insel Heimaey des Jahres 1973 zeigte, besteht zunächst die Gefahr, daß die Dächer von Häusern unter der Last einer Tephraschicht einbrechen (2.10). Legt man eine mittlere Dichte von 0,6 t/m^3 zugrunde, was bei 1 m Stärke 600 kg/m^2 im trockenen Zustand des Materials entspricht, das sich nach Durchfeuchtung durch Regenfälle auf 1000 kg/m^2 steigern kann, so kann man davon ausgehen, daß die meisten Dächer nicht auf solche Lasten bemessen sind. Auf Heimaey zeigte es sich, daß die meisten Dächer eine trockene Schicht von 30 bis 40 cm gerade noch tragen können. Daraus ergibt sich als Schlußfolgerung, daß umgehend dafür gesorgt werden muß, daß die Tephra von den Dächern heruntergeschaufelt wird, bevor sie einstürzen.

Glühende Bomben haben im Jahre 1300 beim Ausbruch des Hekla auf Island noch in 10 km Entfernung vom Vulkan die Dächer von Bauernhäusern in Brand gesetzt (2.11). Beim Ausbruch des Eldfell auf Heimaey mußten bis zu 1200 m Entfernung vom Vulkan die Fensteröffnungen mit Blech verkleidet werden, weil glühende Bomben sonst in die Häuser gelangt wären und diese in Brand gesetzt hätten.

Große Tephramassen konnten früher innerhalb weniger Stunden ganze Städte auslöschen, wobei die Bewohner jedoch zum großen Teil entkommen konnten. Beim Ausbruch des Vesuv des Jahres 79 n. Chr. ging unter Bimsstein- und Aschenregen das in 7 km vom Schlot gelegene Pompeji unter und mit ihm zehn weitere Siedlungen (2.13). Mit modernen Erdbewegungsmaschinen, welche zum Einsatz gelangen sollten, solange das Material noch nicht durchfeuchtet ist, wäre heute ein Beseitigen der Tephra relativ unproblematisch. Beim Ausbruch des St. Helens 1980 zeigte sich die Empfindlichkeit unserer modernen Technik gegenüber vulkanischen Aschen, die noch in der 70 km entfernten Stadt Portland bei dort relativ geringen Aschenstärken große Störungen bewirkten (2.7). So brach der Autoverkehr weitgehend zusammen. Autos benötigen in den meisten Fällen einen speziellen Staubfilter. Flugverkehr war dort ebenso wegen der Gefahr des Ansaugens von Ascheteilchen in die Motoren tagelang nicht möglich.

Die Zerstörungen durch Tephra in Land- und Forstwirtschaft bestehen häufig zunächst in Waldbränden, die durch heiße Bomben entstehen können. Nach den Erfahrungen mit der Geburt des Paricutin 1943 leiden auch größere Bäume, die an und für sich aus niedergegangener kalter Tephra herausragen, durch Abschlagen der Nadeln und Blätter bei dem Regen von Lapilli und Bomben und durch das Niederbrechen ganzer Äste unter dem Gewicht der Asche (2.2). Beim Ausbruch des St. Helens kamen der Landwirtschaft außerordentlich starke Regenfälle zugute, die in der Zeit nach dem Aschenfall niedergingen und so die Pflanzen zum großen Teil freispülten.

Die Überdeckung von Kulturland mit zunächst sterilen Tephraschichten war die Hauptursache für Hungersnöte, solange man die künstliche Düngung noch nicht kannte oder die dafür erforderlichen Mittel nicht besaß. Beim Explosivausbruch des Askaja auf Island 1875 bedeckten die ausgeschleuderten Massen von 2 km^3 den Großteil von Ostisland und die sich daran anschließende Hungersnot zwang viele zur Auswanderung nach den USA und Kanada. Beim Ausbruch des Tambora auf der Insel Sumbawa im Indischen Ozean kamen nur 12000 Menschen durch den Ausbruch direkt um, während anschließend weitere 80000 verhungerten (2.5). Die im heutigen El Salvador, dem alten Hochland der Maya unter meterhoher vulkanischer Asche des Ilgopango freigelegten Ruinen zeigen uns den Zusammenhang zwischen dem Auf und Ab der großen präkolumbianischen Indianerkulturen und vulkanischen Explosivausbrüchen (2.2).

Die Schäden am Viehbestand konnten am Paricutin und auf Island studiert werden, wo sich als häufiste Todesursache einmal das Einatmen der vulkanischen Asche und die häufig erst Monate später auftretende Schädigung der Lungen zum Tod der Tiere führte. Auch bei sehr dünnen Aschenschichten auf den Weideflächen findet eine Schädigung des Gebisses der Tiere statt.

Die feinsten Tephrateilchen gelangen bei starken Explosivausbrüchen in Höhen von über 20 km, befinden sich dann in der Stratosphäre, wo sie durch Regenfälle nicht mehr ausgeschwemmt werden können. Durch Reduktion der Sonneneinstrahlung können sich erdweit Klimaverschlechterungen ergeben. Dies war der Fall beim Ausbruch des Katmai 1912 (2.6) und bei demjenigen des Tambora 1815 (2.5), bei welchem auf eine Dauer von 3 Jahren in Paris, Genf, Mailand und auch in Nordamerika die mittlere Jahrestemperatur um 2 bis 4° C herabgesetzt wurde. Bei der Explosion des Krakatau 1883 herrschte nicht nur im Umkreis von 150 km völlige Dunkelheit während 2½ Tagen, sondern die Aschenwolke umkreiste mehrmals die Erde und reduzierte die Sonneneinstrahlung auf 87% des Normalbetrages im Jahr, das auf die Eruption folgte (2.4).

Die direkte Einwirkung von dichten Bims- und Aschenregen auf den Menschen beginnt zunächst mit der häufig beobachteten völligen Dunkelheit, die eine Flucht behindert. Dazu kommt die Wirkung der Staubteilchen auf Augen und Atmung. Dagegen schützen die üblichen Schutzmasken bestens. Auch gegen die weiter unten behandelten Gase und Gifte. Notfalls leisten schon vor Mund und Nase gehaltene Tücher gute Dienste, die zweckmäßigerweise mit einem sauren Medium getränkt werden, insbesondere mit Essig oder notfalls mit Urin.

Die feinsten Tephrateilchen können auch eine empfindliche Störung der örtlichen Wasserversorgung bewirken, indem sie in Brunnen eingeschwemmt werden und diese mechanisch verunreinigen und mit den anhaftenden Sulfaten übersäuern. Beim Ausbruch des St. Helens zeigte sich, daß die vom Regen in die Kanalisation eingeschwemmten Tephrateilchen große Betriebsunterbrüche verursachen können.

Gase und Giftstoffe

Bei Vulkanen tritt Gesteinsschmelze an der Eroberfläche aus, wobei der Magmaaufstieg vom Herd, der in Tiefen von meist um 30 bis selten bei 300 km liegen kann, entlang von Bruchzonen und Spalten über eine Magmakammer in wenigen Kilometern Tiefe stattfindet. Das Tiefenmagma, mit einer Dichte um 3, wäre jedoch nicht imstande, sich durch das umgebende Nebengestein mit einer mittleren Dichte von 2,7 emporzuarbeiten, wenn nicht die im Magma vorhandenen Gase enthalten wären. Man spricht häufig allgemein nur von Gasen, meint hierbei aber die leichtflüchtigen Bestandteile zusammengenommen, auf der einen Seite die Stoffe, die bei Normaltemperatur an der Erdoberfläche gasförmigen Zustand haben und das Wasser, das unter den Temperaturen um 1000° C im Magma in der gasförmigen Phase vorliegt. Wie Goranson nachgewiesen hat, reichern sich Gase und Wasser im Bereich des Daches des Magmenherdes dadurch an, daß hier schon durch die Abkühlung am Kontakt mit dem kälteren Nebengestein die ersten Mineralien aus der Schmelze auszukristallisieren beginnen und dadurch z. B. weniger Wasser in Lösung gehalten werden kann. Beim Abkühlen kann sich so die scheinbar paradoxe Erscheinung ergeben, daß der Druck im Bereich des Daches des Magmenherdes ansteigt.

Ist einmal ein Spalt oder ein Schlot zur Erdoberfläche aufgerissen, so erfolgt eine Druckentlastung. Es erfolgt ein regelrechtes Aufschäumen, indem Gasblasen wachsen und rasch an Zahl zunehmen. Dies wird immer wieder sehr zutreffend mit der Mineralwasserflasche als Beispiel demonstriert, welche nach dem Öffnen ein Aufschäumen der zunächst gelösten Kohlensäure bewirkt.

Dieselben Verhältnisse haben wir, wenn ein Taucher, in dessen Blut sich unter dem Druck der Tiefe Atemluft gelöst hat, rasch aufsteigt. Das Blut beginnt zu kochen, aufzuschäumen, es kommt zur gefürchteten Taucherkrankheit. Durch das Entgasen wird definitionsgemäß aus dem Magma die Lava.

Abb. 2.18-4 Im alten Krater der «Solfatara» bei Pozzuoli/Neapel austretende 150° C heiße Dampfquellen mit Gehalt an Schwefelwasserstoff, Kohlendioxid und Spuren von Arsenwasserstoff. Im Gebäude (Observatorium) werden die Dämpfe analysiert.

(Foto: M. A. Koenig)

Nach Entgasung können die meist relativ niedrigviskosen, d.h. dünnflüssigen Basaltmagmen, die sich auch auszeichnen durch einen relativ kleinen Gehalt an leichtflüchtigen Bestandteilen, «still» ausfließen, wie dies immer wieder auf Hawaii sowie bei den Spaltenausbrüchen Islands beobachtet werden kann. Ein gasreiches und zähflüssiges, d.h. hochviskoses Magma neigt zu Explosionen, zum Zerplatzen von Lavafetzen im Schlot oder in der Luft, zur Bildung von schwammartigen Bimssteinen, die sich beim Aneinanderreiben im Flug zu Asche zerkleinern und so das vulkanische Lockermaterial – unter dem Sammelbegriff Tephra zusammengefaßt – entstehen lassen. Zwischen einem erstarrten Lavastrom und einer Tephraschicht bestehen somit in chemischer Hinsicht keinerlei Unterschiede. In beiden Fällen handelt es sich um erstarrte Lava.

Was die Menge und die Zusammensetzung der Gase anbelangt, so sind nicht nur von Vulkan zu Vulkan gewaltige Unterschiede festzustellen, sondern es kann auch innerhalb eines Vulkans selbst eine sehr starke zeitliche Variation in der Zusammensetzung der Gase gemessen werden.

Die Vielzahl der aus der Lava ausströmenden Gase scheidet bei der Abkühlung und bei der Reaktion in der Atmosphäre örtlich eine Fülle von Mineralien aus, die zu eigentlichen Mineral-Lagerstätten führen können. So finden wir Lagerstätten der Sulfide der Metalle Blei, Kupfer, Quecksilber, Zinn, Eisen, Nickel, Oxide von Mangan, Blei und Kupfer und Bor, Chloride der Alkalien und Erdalkalien sowie von Blei, Mangan, Eisen und weiterhin Fluoride von Natrium und Magnesium.

Die Hauptbestandteile sind jedoch Wasser, Kohlensäure und Schwefeldioxid, dazu stark variierende Mengen von Salzsäure, Wasserstoff, Kohlenmonoxid, Schwefel, Methan und Argon. Die giftige Komponente der vulkanischen Gase liegt bei den Elementen Fluor, Schwefel und Kohlenstoff (Abb. 2.18-4).

Fluor

Die Gefahr von direkt ausströmenden vulkanischen Gasen ist normalerweise nur auf einen kleinen Radius begrenzt. Schäden, welche weiter entfernt stattfinden, sind hauptsächlich Aerosolen zuzuschreiben, die von Tephra transportiert werden. Als typisches Element, welches Tephrateilchen als Träger benützt, ist Fluor anzusehen. Es bedeckt als feine Schicht aus wasserlöslichem Calzium-Fluor-Silikat in Form einer glasigen Oberfläche das Tephrapartikelchen. Da feinkörnige Tephra eine größere Oberfläche besitzt, kann es größere Fluormengen transportieren als grobes Material. Da andererseits der besonders feine Staub sehr weit vom Wind verfrachtet wird, finden sich die Fluorschädigungen ebenfalls verstärkt in entsprechend großen Entfernungen.

Nach der Hekla-Eruption vom 5. Mai 1970 wurden große Tephramassen ausgestoßen. Weideflächen, welche mit 1 mm und mehr Tephra bedeckt waren, führten beim Vieh zur akuten Fluorvergiftung. Insgesamt wurden auf diese Weise 7000 bis 8000 Tiere getötet.

Im Gegensatz zu den gut sichtbaren dickeren Schichten, welche akute Vergiftungen hervorrufen, werden Gebiete, welche nur von einer hauchdünnen Tephraschicht bedeckt sind, von den betroffenen Tierhaltern kaum wahrgenommen. Gerade diese dünne Schicht ist es aber, die zu chronischen Vergiftungen beim Weidevieh führt.

Diese chronische Krankheitsform wird als Fluorose bezeichnet. Die augenfälligsten Symptome hierbei sind die sogenannte Osteosklerose, d.h. eine Verdickung der Knochenwand und die Veränderung des Zahnschmelzes.

Schon im Jahre 1694, ein Jahr nach dem Hekla-Ausbruch, beschrieb ein Farmer, der 120 km westlich des Vulkanes wohnte, Schafe, welche plötzlich gelbe und schwarze Flecken auf den Zähnen aufwiesen. In einigen Fällen fielen diese Zähne aus. Dort, wo Flecken aufgetreten waren, konnten die Zähne wie Holz geschnitzt werden. Bereits damals vermuteten die Bewohner, daß dies vom Aschenfall des Hekla herrührte.

Die Auswirkungen der Fluorose konnten auch archäologisch nachgewiesen werden. So ergaben Ausgrabungen, daß auch die Hekla-Eruption von 1845 zur Fluorose beim Weidevieh geführt hatte. In einigen Fällen waren die Knochen doppelt so dick wie normal. Ebenfalls konnten leicht die Zahndefekte festgestellt werden.

Schwefel

Schädliche Auswirkungen durch subglaziale Vulkanausbrüche haben sich insbesondere durch Schwefel, meist in der Form von H_2S, immer wieder in den betroffenen Gebieten von Island gezeigt. Unter dem Gletschereis kann dieses fast regelmäßig auftretende vulkanische Gas nicht wie an der unbedeckten Erdoberfläche in die Atmosphäre entweichen, sondern es wird durch das Schmelzwasser mitgeführt und entwickelt in den Uferbereichen der talabwärts flutenden Wassermassen seine Schadwirkung.

In geringer Konzentration riecht H_2S intensiv nach faulen Eiern. Gelegentlich wird der Schwefelwasserstoff-Geruch eines Jökulhlaups auf Island auf der gesamten Insel wahrgenommen. Bei größeren und gefährlicheren Konzentrationen ist der Geruch teilweise süßlich und führt schon nach kurzer Zeit zur Lähmung des Geruchssinnes, so daß die Gefahr von den Vergifteten oft gar nicht wahrgenommen wird. Schwefelwasserstoff-Vergiftungen äußern sich in Reizung der Augen, der Nase und des Rachens. Höhere Konzentrationen führen zu Kopfschmerzen und Schwindelgefühl, wobei bei Konzentrationen von über 1400 ppm sofort der Tod durch Atemlähmung eintritt. Das Charakteristikum für H_2S-Intoxikationen sind die sogenannten Reihenvergiftungen: Ein Bewußtloser soll aus der Gefahrenzone geholt werden, der zur Rettung Nachsteigende erliegt ebenfalls, wodurch ein Dritter den Versuch der Rettung übernimmt. Traurige Bilder von in Massen verendeten Vögeln zeigen sich oftmals in von Schmelzwasser überfluteten Gebieten. Auch eine tagelang anhaltende Blindheit von Schafen, die im Uferbereich grasten, wurde schon beobachtet.

Schäden an der Vegetation zeigen sich durch das Vergilben von Gras und Entlauben von Pflanzen. Zum Erschrecken einiger Hausfrauen wird durch die H_2S-Dämpfe Silber oxidiert.

Kohlenstoff

Kohlenstoff tritt in toxischer Form bei Vulkanausbrüchen hauptsächlich als Kohlendioxid und Kohlenmonoxid zutage. CO_2-Gas, das ein relativ hohes spezifisches Gewicht besitzt, ist rund 1,5 mal schwerer als Luft und kann sich in sehr dünnen Schichtstärken über dem Gelände ausbreiten. So kam es zu der Erscheinung, daß in den Straßen von Vestmannaeyjer (Island) kleine Vögel in großer Zahl tot umfielen, während größere Vögel wie Tauben unbekümmert herumliefen (2.10). Eine solche Erscheinung war schon vor dem Ausbruch des Mont Pelée von 1902 beobachtet worden (2.3).

Auf Island wurde dieses Phänomen zum ersten Mal während der Hekla-Eruption im Jahre 1948 beobachtet. Bei windstillem Wetter und besonders nachts füllt das Gas Bodensenken bis zu mehreren Metern Höhe auf. Somit bilden sich CO_2-Seen, die eine beträchtliche Größe aufweisen können. Einer der größten Kohlendioxid-Seen besaß zeitweise eine Oberfläche von 6000 m^2. Tiere, welche in solchen Vertiefungen von den rasch absinkenden CO_2-Gasen überrascht werden, finden einen qualvollen Erstickungstod.

Daß nicht nur Tiere, sondern auch Menschen betroffen werden können, zeigt sich in der Stadt Vestmannaeyjar auf Heimaey während des Eldfell-Ausbruches im Jahre 1973. Ungefähr einen Monat nach der Eruption sammelte sich das Gas in den Kellern der tiefer gelegenen Stadtteile an. Gasanalysen, welche in diesen Kellerräumen durchgeführt wurden, ergaben einen sofort tödlich wirkenden CO_2-Gehalt von teilweise über 90%.

Die toxikologische Wirkung von Kohlendioxid auf den Organismus ist wie bei fast allen Inhalationsgiften konzentrationsabhängig. So treten bei CO_2-Gaskonzentrationen von 4 bis 6% Kopfschmerzen, Ohrensausen und psychische Erregungen auf. Kohlendioxyd-Konzentrationen von 8 bis 10% führen zur Atemnot, welche mit Atemstillstand enden kann. Höhere CO_2-Konzentrationen über 12% wirken sofort tödlich. Eine brennende Kerze erlischt bei 8 bis 10% CO_2 und zeigt damit den Beginn der gefährlichen Konzentration an.

Im Gegensatz zu den CO_2-Gasen wirken CO-Gase schon in wesentlich geringeren Konzentrationen tödlich. Kohlenmonoxid besetzt die sauerstoffbindenden Rezeptoren der roten Blutkörperchen, wodurch eine innere Erstickung des Organismus auftritt. Die tödliche Konzentration ist daher abhängig von der Expositionszeit und des Sauerstoffbedarfes des Individuums. Dadurch können schon geringere Kohlenmonoxid-Konzentrationen bei erhöhter körperlicher Arbeit tödlich wirken. In einzelnen Kellern auf Heimaey wurden Gaswerte von 0,5% CO gemessen, wobei schon 0,4% als lebensgefährlich angesehen wird.

Vulkanische Gase und Gifte als Katastrophenfaktor

Thorarinsson stellte Berechnungen an über die beim Ausbruch des Lakagigar auf Island im Jahre 1783 freigewordenen Gasmengen. In der effusiven Phase dieses Vulkanausbruches entstand nicht nur der größte Lavastrom in historischer Zeit, der mit einem Volumen von 12 km^3 eine Fläche von 565 km^2 überströmte, sondern in der explosiven Phase auch 3 km^3 an Tephra in Atmosphäre und Stratosphäre schleuderte. Eine Dunstwolke zog sich über Europa und die angrenzenden Teile von Afrika und Asien. Auf Island selbst war nur relativ wenig Tephra gefallen, im Bereich der meisten Siedlungen weniger als 1 cm. Neben der Dunstwolke, die sich den ganzen Sommer und Herbst des Jahres 1783 über dem Lande hielt – der Vulkan war am Pfingstsonntag, dem 8. Juni ausgebrochen – waren es die gasförmig an den Tephrateilchen haftenden Schadstoffe, die zu dramatischen Schäden führten. Regentropfen brannten Löcher in Ampfer-Blätter und ätzten die Haut frisch geschorener Schafe. Vögel kamen in riesigen Scharen um. Das Gras verdorrte fast im ganzen Land bis zur Wurzel, Bäume und Sträucher warfen die Blätter ab, wurden schwarz und die meisten von ihnen starben ab. Besonders empfindlich zeigte sich Klee (Trifolium repens), der bis in 100 km Entfernung vom Vulkan während

3 Jahren ausblieb. Ebenso verschwand Isländisch Moos, das für weite Bevölkerungskreise damals als Nahrung diente. 50% des Bestandes an Rindern, entsprechend ca. 10000 Stück, starben, ebenso fast 80% des Bestandes an Schafen, entsprechend 187000 und 76% des Bestandes an Pferden, entsprechend 27000 Stück. Als Folge davon ging die Bevölkerung von 48884 im Jahre 1783 hauptsächlich durch Hungersnöte auf 38363 im Jahre 1786 zurück.

Thorarinsson schätzt, daß die Eruption 5 Mio. t Fluor produziert hat, daneben 13 Mio. t Schwefeldioxid, 1,2 Mio. t Salzsäure und 19 Mio. t Kohlendioxid.

Bei der Eruption des Katmai in Alaska im Jahre 1912 war noch in Seward und Cordova in 400 bzw. 575 km Entfernung vom Vulkan saurer Regen niedergegangen, der imstande war, die Haut von Menschen zu verbrennen und Schäden an der Vegetation hervorzurufen.

Die Rolle der umweltschädigenden gasförmigen Schadstoffe der Vulkane, insbesondere von Fluor und Schwefel, ist erst in jüngster Zeit richtig erkannt und erfaßt worden. Dies hängt in erster Linie damit zusammen, daß die chemische Analyse der Gasphase eines Vulkans von der Schwierigkeit der Gewinnung der Gasproben her schnell auf Grenzen stößt. So wie die richtige Erfassung der Schadstoffe unserer Umwelt erst durch die Fortschritte der Analysentechnik – die nun mit vertretbaren Kosten auch die nur in Spuren vorhandenen Elemente nachweisen kann – ermöglicht wird, so verhält es sich mit den vulkanischen Gasen und deren Schadstoffen.

Wir wissen heute, daß nicht nur die mechanische Zerstörung von landwirtschaftlichen Flächen oder eine Überdeckung von mehreren Dezimetern mit Tephra zu Katastrophen führen kann. Auch eine millimeterfeine Tephraschicht, die zudem mit Schadstoffen behaftet ist, kann in großen Entfernungen vom Vulkan katastrophale Auswirkungen zeigen. Unter diesem Aspekt muß auch die Diskussion über den Untergang der minoischen Kultur auf Kreta um 1500 v. Chr. neu überdacht werden, wo neuere Forschungen eine seinerzeitige Tephraschicht um 1 cm als relativ harmlos erachtet haben. Zusammen mit den sich in der Stratosphäre lange haltenden und die Sonneneinstrahlung kräftig reduzierenden Staubteilchen könnten aber auch Tephrastärken von wenigen Millimetern, die zusätzlich mit Fluor und Schwefel behaftet sind, in einer frühgeschichtlichen Umwelt Katastrophen heraufbeschwört haben, die zum Untergang von Kulturen führen konnten.

In den Seen rund um den St. Helens hat sich die chemische und biologische Zusammensetzung nach dem großen Ausbruch von 1980 stark verändert. Einerseits waren große Mengen von Tephra direkt in das Wasser gelangt, andererseits hatten Schlammströme noch zusätzlich organisches Material aus den zerstörten Wäldern der Umgebung eingeschwemmt. Im betroffenen Spirit Lake hatte der Gehalt an Phosphaten das 250fache des Wertes vor dem Vulkanausbruch erreicht. Schwefel wurde in 160facher Konzentration und Mangan in mehr als der 800fachen Konzentration angetroffen. Auch die Alkali- und Erdalkalimetalle haben eine starke Zunahme erfahren, so Kalium um das 40fache und Calzium um das 31fache. Auch die Metalle Kupfer, Aluminium und Eisen waren zwischen 17- und 190mal höher als vor dem Ausbruch vertreten. Der Reichtum an Mineralien und organischen Nährstoffen hat das Wachstum einiger Organismen sehr stark angeregt. So war der Gehalt an gelöstem organischem Kohlenstoff fast 50mal höher als vor der Eruption.

Die lebende Biomasse hat sich infolge des überreichlichen Nährstoffangebotes um das 27fache vergrößert. Entsprechend ist der Sauerstoffverbrauch im Wasser so stark angestiegen, daß vielen sauerstoffbedürftigen Organismen die Lebensgrundlage entzogen wurde. Auf der anderen Seite hat die starke Trübung des Wassers und die damit verbundene Absorption des Sonnenlichtes zur Abnahme der Photosynthese und der Sauerstoffproduktion durch dazu befähigte Grünalgen geführt. Die Nahrungskette wurde unterbrochen, wodurch auch die meisten Fische verschwunden sind. Auf der anderen Seite haben sich anaerobe Mikroorganismen, so schwefelabbauende Bakterien, stark vermehrt. Man nimmt an, daß es vielleicht 20 Jahre dauern wird, bis der ursprüngliche Normalzustand wieder erreicht ist.

Das toxische Metall Quecksilber wurde auf Heimaey 1973 meßtechnisch erfaßt. In den direkt vom Vulkan entströmenden Gasen wurde ein Gehalt von 14 Mikrogramm/m^3 ermittelt. Während in den Straßen noch ein Wert von 0,44 festgestellt werden konnte, hatte sich in Kellern von Häusern das Metall auf 3,7 Mikrogramm/m^3 angereichert. Nach Schätzungen wurden bei dem Vulkanausbruch bis zu 700 kg Quecksilber freigesetzt.

Brennbare Gase

Wenn die Menschen des Altertums, die eine Vielzahl von heute noch gebräuchlichen Begriffen der Vulkanologie gebildet haben, auch mit der Vorstellung eines im Erdinnern brennenden Feuers das Wesen des Vulkanismus nicht richtig erfaßt haben, so verbleibt doch von dieser Theorie zumindest ein Körnchen Wahrheit. Bei Vulkanausbrüchen sind vielfach Flammenerscheinungen bis zu mehreren Metern Höhe über dem Vulkanschlot sichtbar. Über Lavaseen huschen nur schwach leuchtende Flammen und auch auf Lavaströmen können Feuererscheinungen auftreten. Hierbei handelt es sich aber nur um eine relativ geringfügige Randerscheinung des Vulkanismus, indem Wasserstoff, Methan und Äthan abbrennen. Die immer wieder in den Aschenwolken von explosiven Ausbrüchen beobachteten großen und hellen Blitze sind dagegen auf Potentialunterschiede zurückzuführen, welche zumindest teilweise entstehen durch die Reibung der Tephrateilchen in der Wolke aneinander. Während der 9jährigen Dauer der Geburt des Paricutin war das einzige Opfer durch solche Blitze erschlagen worden.

Schlammströme

In vulkanischen Schlammströmen (Lahars) wird Tephra durch Wasser mit hohen Geschwindigkeiten von 30 bis 50 km/h über weite Entfernungen bewegt. Die Ströme erreichen Entfernungen bis etwa 25 km vom Vulkan, in Ausnahmefällen, insbesondere wenn sie in ein Flußbett einmünden, auch über 100 km. Lahars sind deswegen so häufig, weil die auf den steilen Flanken der meisten Vulkankegel lagernde Tephra im trockenen Zustand gerade in einem labilen Gleichgewicht ist, was meist durch eine sogenannte scheinbare Kohäsion zwischen den einzelnen Körnern bewirkt wird. Bereits bei starken Regenfällen, wie sie sich in Monsungebieten periodisch ereignen, neigt das Material zunächst zum Rutschen, es kann vermehrt Wasser eindringen und die ganze Masse verflüssigt sich und geht hangabwärts. Ein solcher Schlammstrom wird als «kalt» bezeichnet und es ist ersichtlich, daß hierfür nicht einmal eine Eruption als auslösender Faktor notwendig ist. Andere kalte Schlammströme entstehen, wenn plötzlich das Wasser aus Kraterseen, das sich als Regenwasser oder Schmelzwasser angesammelt hat, sei es durch Rutschungen im Krater, sei es durch relativ leichte Eruptionen ausgeworfen wird und auf die Flanken des Berges gelangt.

So geschah es 1919 beim Kelut auf Java, als Explosionen im Krater den Kratersee zum Überschwappen brachten. Das Seewasser vermischte sich mit der an der Flanke des Vulkans lagernden Tephra und überströmte 200 km^2 an Ackerland und forderte 5000 Menschenleben. Um in Zukunft solche Katastrophen zu verhindern, beschloß man daraufhin, durch Stollen den Kratersee soweit zu entwässern, daß das ursprüngliche Volumen von etwa 65 Mio. m^3 auf 3 Mio. m^3 reduziert wurde. Als dann 1951 erneut eine Eruption stattfand, entstanden nur relativ kleine Schlammströme und die Zahl der Todesopfer war auf 7 Personen beschränkt. Leider zerstörte diese Eruption jedoch das Stollensystem und der Kraterboden war inzwischen 10 m tiefer geworden, so daß sich wiederum ein Volumen von 40 Mio. m^3 aufstauen konnte. 1966 kam es bei einem erneuten Ausbruch wieder dazu, daß große Landwirtschaftsflächen überflutet wurden und Hunderte von Todesopfern zu beklagen waren. Daher ging man in der Folgezeit daran, durch das einmal bewährte Verfahren den Wasserspiegel im See wiederum auf ein Minimum abzusenken. Der Galunggung, ebenfalls auf Java, der zwischen 1822 und 1918 nur 3mal ausbrach, ließ bei der ersten Eruption einen 22 km langen Schlammstrom entstehen, der 4000 Menschen das Leben kostete.

Als der Bezymianny auf Kamtschatka 1956 eine explosive Eruption hatte, fiel auf die gewaltigen Gletscher der benachbarten Vulkane Klyuchevskaia und Zimina die Tephra. Durch die dunkel gefärbte Aschenschicht wurde die Sonnenwärme stärker absorbiert und die verstärkten Schmelzwasserströme erzeugten bei diesen in Ruhe verharrenden Vulkanen starke Schlammströme.

Ein heißer Lahar wurde dagegen auf über 100 km Länge in Bewegung gesetzt, als bei demselben Ausbruch des Bezymianny eine Glutlawine niederging, wobei seine eigene Bedeckung von Schnee und Eis zum Schmelzen gebracht wurde (2.17). Beim Cotopaxi in Equador war es im Jahre 1877 ein Lavastrom, der Eis und Schnee zum Schmelzen brachte, so daß ein Schlammstrom entstand, der 300 km weit mit einer mittleren Geschwindigkeit von 27 km/h talwärts floß und noch in 240 km Entfernung schwere Schäden in einem Dorf anrichtete. Im Jahr 1888 wurde beim Bandai-Vulkan in Japan durch eine Explosion ein Teil des Kegels abgesprengt, der im Laufe der Zeit durch die Einwirkung von vulkanischen Gasen bereits weitgehend zu tonigem Material zersetzt worden war. Das Lockermaterial rutschte hangabwärts, vermischte sich mit Flußwasser, so daß ein Schlammstrom entstand, der weite Landstriche und Dörfer überflutete und 400 Menschenleben forderte. Beim Asama in Japan entstanden 1783 aus Glutwolken Lahars, die mehrere Dörfer überfluteten und 1300 Todesopfer im Gefolge hatten.

Nachdem Schlammströme der Topographie des Geländes folgen, sich also entlang von Tälern oder Flußläufen fortbewegen, besteht die Möglichkeit, an entsprechenden Stellen Dämme zu errichten. In Indonesien hat man in der Nähe von gefährdeten Dörfern künstliche Hügel aufgeschüttet, auf die sich die Bevölkerung vorübergehend retten kann, während der Schlammstrom niedergeht. Das Problem liegt hier aber in der kurzen Vorwarnzeit. Auf dem Merapi auf Java wurden Temperaturfühler installiert, die den Durchgang heißer Schlammströme oder Glutwolken anzeigen sollen. Auch mit solchen Methoden wird aber die Vorwarnzeit wegen der großen Geschwindigkeit der Ströme immer nur wenige Minuten betragen können. So ergibt sich, daß vulkanische Schlammströme in den letzten Jahrhunderten die größten materiellen Schäden bei Vulkanausbrüchen verursacht und die meisten Menschenleben gefordert haben.

Flutwellen (Tsunamis)

Tsunamis sind Flutwellen des Meeres, welche durch rasche Vertikalbewegungen des Meeresbodens entstehen. Als die Caldera der Krakatau-Vulkaninsel beim Ausbruch des Jahres 1883 einstürzte, hatte dies zur Folge, daß sich eine Flutwelle von 18 m Höhe auf die Uferbereiche der benachbarten Inseln ergoß. Dort wo die Flut in enge Buchten kanalisiert wurde, erhob sie sich sogar bis über 30 m Höhe über den Meeresspiegel. In den küstennahen Siedlungen ertranken mehr als 36000 Menschen (2.4).

Eine ähnliche Flutwelle muß sich entwickelt haben, als um 1500 v. Chr. nach einem extrem starken Explosivausbruch die Caldera des Vulkans von Thera/Santorin eingebrochen war. Die Auswirkungen, die sich auf das Ende der minoischen Kultur auf Kreta diesbezüglich ergeben haben, sind noch umstritten (2.12).

Der Unzen bildet an der Westküste von Südjapan eine vulkanische Halbinsel. Bei einem Ausbruch im Jahre 1792 soll ein Großteil der mit 14000 angegebenen Toten hauptsächlich das Opfer eines Tsunamis geworden sein, als eine riesige Lawine von vulkanischem Material in das Meer gestürzt war. Meist entstehen Tsunamis durch Erdbeben (3.7).

Indirekte Gefahren

Die meist 800 bis 1000° C heißen Lavaströme verursachen beim Kontakt mit brennbaren Materialien, mit Bäumen und Häusern Brände. Flammenerscheinungen ergeben sich auch, wenn Lavaströme mit Pflanzenresten und Holz in Berührung kommen, wobei dieses zu brennbaren Gasen destilliert, welche sich an der Glut entzünden.

Sowohl frische Tephra, als auch langjährig verwittertes vulkanisches Material, das sich in Ton umwandelt, neigt zu Rutschungen, wenn es an steilen Hängen liegt. Solche Rutschungen werden insbesondere dann ausgelöst, wenn am Fuß solcher beladener Hänge durch Erosion – z. B. durch einen Schlammstrom – die Böschung versteilt wird, so daß die Gleichgewichtsverhältnisse gestört werden.

2.19 Vorhersage von Vulkanausbrüchen

Der 3776 m hohe Fujiyama, der heilige Berg Japans, ist ein Musterbeispiel für die Gestalt eines tephrareichen Stratovulkans. Er besitzt die ideale Form eines Kreiskegels, wobei der Mantel leicht konkav ist, indem in der Gipfelregion Böschungswinkel von über 35° herrschen und indem der Winkel gegen die Fußregion stetig abnimmt und die Böschung dort in die Vulkanbasis übergeht. Im Jahre 1707 fand nach Erdbeben eine Eruption statt. Nach allgemeiner Erfahrung muß damit gerechnet werden, daß in langen Ruheperioden der Gasgehalt im Magma zunimmt und sich ein starker explosiver Ausbruch vorbereitet. Trotz der gewaltigen Ausmaße des Fujiyama, trotz der großen Mengen an geförderter Lava ist bislang noch keine Caldera eingebrochen und auch der Gipfel wurde noch nicht weggesprengt. Doch ein solches Ereignis kann unmittelbar bevorstehen. Bei der Lage des Berges in einem dicht besiedelten Gebiet in der Nähe von Tokio würde ein plötzlicher explosiver Ausbruch riesige Schäden anrichten (Abb. 2.19-1).

Die Wissenschaft ist daher seit Jahrzehnten daran, Methoden für die Vorhersage von Vulkanausbrüchen auszuarbeiten, so daß die Bevölkerung rechtzeitig evakuiert und zumindest die wertvolleren Besitztümer in Sicherheit gebracht werden können. Die Schwierigkeit von Prognosen liegt nun aber darin, daß nicht nur der Zeitpunkt eines Ausbruches, sondern nach Möglichkeit auch noch die genaue Stelle – man denke nur an Flankenausbrüche – und insbesondere auch die Art des Ausbruches vorausgesagt werden sollte.

Die Statistik hilft hier nur insofern weiter, als Vulkanausbrüche nur in wenigen dafür geologisch prädestinierten Gebieten auftreten (vergl. Abb. 3.11-2). Nach Walker bricht ein «mittlerer Vulkan» statistisch alle 220 Jahre aus. 20% der Vulkane hat weniger als eine Eruption pro 1000 Jahre und nur 2% brechen nicht einmal alle 10000 Jahre aus. Von den jährlich 10 bis 20 größeren Eruptionen müssen die weitaus meisten den als aktiv bekannten Vulkanen zugerechnet werden. Es sind jedoch immer wieder Eruptionen von Vulkanen dabei, die als erloschen galten. Dies war der Fall beim Ausbruch des Lamington, Neuguinea, im Jahre 1951, beim Bezymianny auf Kamtschatka 1956 und beim Arenal in Costa Rica 1968. Allein diese drei unerwarteten Ausbrüche forderten mit nahezu 10000 Toten ⅓ der Opfer in dem betrachteten Zeitabschnitt.

Die Überwachung von Vulkanen

Große Fortschritte gemacht hat die instrumentelle Überwachung von Vulkanen. In erster Linie sind dies geophysikalische Verfahren. Mit Seismographen werden hierbei die den meisten Vulkanausbrüchen vorausgehenden Erdbeben aufgezeichnet, wobei ein Ansteigen der seismischen Aktivität auf einen möglichen Ausbruch hindeutet. Weitere Messungen beziehen sich auf die Feststellung der Umgebungstemperatur von Vulkanen. Erste Anzeichen in der Änderung der Wärmeverhältnisse können selbst bei schlafenden Vulkanen durch Infrarotfotos von Satelliten aus gewonnen werden. Die so gewonnenen Ergebnisse müssen durch weitere Untersuchungen ergänzt werden. Hierzu dienen geodätische Messungen, die überprüfen sollen, ob sich der Vulkan unter dem zunehmenden Druck des Magma aufwölbt, ja aufbläht, wie dies bei Inselvulkanen immer wieder durch Zurückweichen des Meeres einige Stunden vor dem Ausbruch beobachtet wurde. Das hierzu verwendete Instrument ist das Tiltmeter, ein Neigungsmesser.

Andere, geophysikalische Messungen sollen feststellen, ob sich ein Magma in der Erdkruste nach oben bewegt. Dadurch wird nämlich das Schwerefeld und das

Abb. 2.19-1 Der Fujiyama, ein perfekter Vulkankegel, bei dem noch kein Einbruch einer Gipfelcaldera erfolgt ist. (Foto: Univ. of Colorado)

Magnetfeld über dem Vulkan und in seiner Umgebung verändert. Entsprechende Messungen werden mit dem Gravimeter und dem Magnetometer ausgeführt.

Geochemische Methoden machen sich die Tatsache zunutze, daß beispielsweise die Temperatur und Zusammensetzung von heißen Quellen und Fumarolengasen schon lange vor einem Ausbruch eine Änderung erfährt. Im Laufe der Zeit müssen für jeden Vulkan entsprechende Erfahrungen gesammelt werden.

Als 1975 auf der Halbinsel Kamtschatka der Tolbatschik einen heftigen explosiven Ausbruch hatte, konnte aufgrund von vorangegangenen Erdbebenschwärmen eine so genaue Voraussage gemacht werden, daß sogar Fernsehteams rechtzeitig an Ort und Stelle waren, um das Ereignis zu verfolgen. Einen großen Erfolg konnte die Vorhersage auch verbuchen, als 1980 der St. Helens im pazifischen Bereich der USA seinen für die amerikanische Technik und Zivilisation dennoch überraschenden Ausbruch hatte (2.7). Eine falsche Wettervoraussage, die ja auch mit wissenschaftlichen Methoden erarbeitet wird, wird von jedermann weitgehend verständnisvoll hingenommen. Fehleinschätzungen in der Voraussage von Vulkanausbrüchen können dagegen enorme wirtschaftliche Folgen haben.

Dasht-i-Biaz, Iran 1968 (Foto: Univ. of California)

3. Erdbeben-Katastrophen

3.1 Erdbeben und Geschichte

Vergleicht man das Alter der Erdkruste mit einem 24-Stunden-Tag, so erscheint der Mensch erst eine Minute vor Mitternacht. Die Zeit der schriftlichen Überlieferungen beträgt sogar nur wenige Sekunden. Für die meisten Vorgänge sind daher für den Geologen geschichtlich überlieferte Tatbestände kaum von Interesse – bei Erdbeben sind sie jedoch von unschätzbarem Wert für die Beurteilung der Erdbebengefährdung, der Seismizität eines Gebietes, da Erdbeben meist mit einer Wiederkehrperiode mehr oder weniger regelmäßig auftreten. Die ältesten schriftlichen Berichte über Erdbeben liegen aus China vor und sie reichen dort zurück bis 780 v. Chr. Aus dem weiteren Mittelmeerraum liegen uns geschichtliche Dokumente seit über 1700 Jahren vor. Mit archäologischen Methoden konnten Erdbeben-Katastrophen rekonstruiert werden, wie dies für Thera/Santorin, Knossos auf Kreta sicher (2.12), für Troja wahrscheinlich ist.

Eine naturwissenschaftliche Betrachtungsweise wurde erst durch die griechischen Philosophen, insbesondere Strabo und Aristoteles versucht, die beide sowohl das Phänomen der Erdbeben, als auch des Vulkanismus mit einem unterirdisch brennenden Feuer in Verbindung brachten. Weitere Hinweise auf Erdbeben und Erdbeben-Katastrophen finden sich in Religionsbüchern, insbesondere in der Bibel. Tabelle 3.1-1 zeigt eine Zusammenstellung von Fundstellen in der Bibel. Das älteste erwähnte Ereignis ist dort dasjenige von Moses auf dem Berg Sinai. Die mystifizierte Beschreibung einer Erdbeben-Katastrophe dürfte diejenige vom Fall der Mauern von Jericho (Jos. 6, 1–21) sein.

Der Untergang von Sodom und Gomorrha

In der biblischen Geschichte wird im Evangelium des Lukas, 17, die Vernichtung von Sodom als Vorbild für das Jüngste Gericht beschrieben. Hauptmerkmal dieser Katastrophe müßte nach der Bibel ein Regen von Feuer und Schwefel vom Himmel herab gewesen sein. Bei geologischer Betrachtung, so nach M. Blankenhorn, muß das Ereignis im Zusammenhang mit Erdbeben und damit einhergehenden großflächigen Geländeversetzungen entlang von Verwerfungen gesehen werden. Sodom und Gomorrha liegen im Bereich des seinerzeitigen Südufers des Toten Meeres. Dieses hat eine Wasserspiegelhöhe, die rund 400 m unter demjenigen des Mittelmeeres liegt und damit einen gewaltigen Grabenbruch markiert, der im Norden vom Golf von Eilat durch das Jordan-Tal durch die Wüste verläuft und sich als östliche Begrenzung der Sinai-Halbinsel zum Nordende des Roten Meeres erstreckt.

Bereits die biblische Landschaft war gekennzeichnet durch schweflige Quellen und Asphaltvorkommen, die stellenweise in regelrechten Brunnen abgebaut wurden. Hier, wie auch bei den zahlreich vorhandenen Salzlagerstätten, handelt es sich um teils oberflächliche, teils in der Tiefe zwischen Kalksteinen und Mergelschiefern eingeschaltete Vorkommen. Aus Spalten konnten sowohl Asphalt als auch salz- und schwefelhaltige Wässer aufsteigen. Als nun die «Sintflut» begann, erhielt zunächst der ja zum Überleben ausersehene Erzvater Lot Warnungen, bei denen es sich um leichte Erdstöße gehandelt haben dürfte, die von der nomadisierenden Bevölkerung feinfühliger wahrgenommen und gedeutet werden konnten, als von den an lärmendes und hektisches Treiben gewöhnten Einwohnern der Städte. So konnte Lot mit seinen Töchtern, den Stammüttern der Moabiter und Ammoniter, rechtzeitig nach Zoar flüchten, einem Ort, der noch bis ins Mittelalter im Osten der Sebscha hart am Fuß des Moabiter-Gebirges bestand und südöstlich außerhalb der Bruchzone liegt.

Wir können heute eine Erklärung für durchaus plausibel halten, wonach im Zuge eines kräftigen Erdbebens die bereits vorhandenen Spalten weiter aufrissen und größere Mengen an Asphalt, Erdöl und kohlenwasserstoffhaltigen, d. h. brennbaren und leicht entzündlichen Gasen den Weg an die Erdoberfläche finden konnten. Das Flammenmeer nach der Bibel kann ohne weiteres durch Verbrennung der Kohlenwasserstoffe erklärt werden. Aus den dichten Rauchwolken konnte dann auch der geschilderte Schwefel- und Feuerregen niedergehen. Die Feuererscheinungen müssen also nicht zwangsläufig mit Vulkan-Eruptionen in Verbindung gebracht werden. Anschließend sank die Grabenscholle mit den Städten Sodom und Gomorrha im Zuge einer Herdverwerfung um einige Meter ab, gelangte damit unter den Wasserspiegel des Salzsees des Toten Meeres und wurde überflutet.

Didyma – Riesentempel und Erdbeben

Nach der griechischen Mythologie hatte der Zeussohn Apollon einem Hirten, der eine Quelle bei der kleinasiatischen Stadt Milet hütete, die Gabe eines Sehers verliehen. Damit war das Apollon-Orakel von Didyma begründet. Die Quelle wurde umzäumt und um 700 v. Chr. mit ersten Mauern versehen. Anhand bei den archäologischen Ausgrabungen aufgefundenen reichen Weihegeschenke großer Herrscher, etwa des Pharao Necho und des Lyder-Königs Krösus wissen wir um die große Bedeutung dieses Orakels. So wurde um die Mitte des 4. Jahrhunderts v. Chr. entsprechend der Bedeutung der Anlage ein Riesentempel in Angriff genommen, der eine Länge von 110 und eine Breite von 60 m umfaßte. Er wurde um Christi Geburt von dem griechischen Geographen Strabo als der «größte unter den Tempeln» bezeichnet.

Das Projekt sollte jedoch nie fertig werden. Nach 200 Jahren waren zunächst die Umfassungsmauern fertiggestellt. Von den weit über 120 m hohen Marmorsäulen standen nach weiteren 400 Jahren erst etwa zwei Drittel. Die römischen Kaiser, die inzwischen beenden wollten, was von den Griechen begonnen worden war, stellten die Arbeit ein und es entstand innerhalb der Anlage eine christliche Basilika.

Tab. 3.1-1 Hinweise auf Erdbeben in der Bibel

1. Könige 19, 11–12	... nach dem Winde kam ein Erdbeben ...
Jesaja 29, 6	... mit Wetter und Erdbeben ...
Hesekiel 3, 12	... wie ein großes Erdbeben ...
Amos 1, 1	... floh vor dem Erdbeben ...
Sacharja 14, 5	... Erdbeben hin und wieder ...
Matthäus 24, 7	... Hunger, Pest und Erdbeben ...
Markus 13, 8	... es werden Erdbeben hin und wieder ...
Lukas 21, 11	... und große Erdbeben werden sein ...
Offenbarung Johannes 6, 12	... ein großes Erdbeben geschah ...
Offenbarung Johannes 8, 5	... Donner, Blitz und Erdbeben ...
Offenbarung Johannes 11, 19	... Donner und Erdbeben ...
Offenbarung Johannes 16, 18	... ein großes Erdbeben geschah ...

In diesem türkischen Erdbebengebiet hatte die Bauruine immerhin eine Lebensdauer von annähernd 2000 Jahren, denn erst im 15. Jahrhundert wurde durch ein Erdbeben alles zerstört und es verblieb ein riesiger Trümmerhügel, der in der Folgezeit den benachbarten Bewohnern als Steinbruch diente. Von den zahlreichen Säulen, die einen Durchmesser von 2½ m aufweisen, sind nur noch drei Stück in ganzer Höhe erhalten.

3.2 San Francisco 1906 – Beispiel eines tektonischen Bebens

Das Erdbeben vom 18. April 1906 von San Francisco/Kalifornien wurde in seinen Auswirkungen (700 Tote) im Laufe des 20. Jahrhunderts von zahlreichen größeren Bebenkatastrophen bei weitem übertroffen. Doch hat es für die Erdbebenforschung eine ganz besondere Bedeutung, indem hier der Zusammenhang zwischen Bewegungen der Erdkruste und Beben ganz offensichtlich erkennbar war und so ein Musterbeispiel für alle kalifornischen Beben – und für 90% der Erdbeben auf der Erde überhaupt – vorlag. Wenn man den Bericht der staatlichen Erdbeben-Untersuchungskommission liest, so wird einem der damalige Stand der Untersuchungsmethoden bereits dadurch klar, daß seitenlang anhand von zahlreichen Befragungen, stehengebliebenen Uhren usw. nur mit Mühe die ungefähre Zeit des Ereignisses ermittelt werden konnte.

Danach begann morgens 5.12 Uhr die Erde zu beben. Das Ereignis dauerte 60 Sekunden lang an und wurde über eine Fläche von 780 000 km^2 verspürt. Der seinerzeitige Bericht gibt detailliert die Auswirkungen dieser 60 Sekunden wieder: Die noch schlafenden Menschen erwachten schlagartig. Wer sich aus dem Bett erhob, wurde zu Boden geworfen. Die schon im Freien befindlichen Farmer berichteten von Wellenbewegungen des Erdbodens, Reiter stürzten mitsamt ihren Pferden zu Boden, ebenso die Rinder auf der Weide. Pendeluhren blieben stehen,

Möbel fielen um oder verschoben sich, Milch schwappte über die Gefäße, Wasserbehälter kippten. Ganze Gebäude stürzten vollständig ein, andere wurden nur über ihren Fundamenten seitlich verschoben.

An steilen Böschungen rutschte der Boden ab, die Erdoberfläche führte Schlingerbewegungen aus und riß an zahlreichen Stellen auf. Große Bäume wurden umgeworfen oder sie wurden regelrecht geköpft, indem die Krone abriß.

Dann brachen Feuer aus und die Wasserleitungen, die Löschwasser hätten liefern können, waren durch das Beben geborsten. So wurde ein großer Teil von San Fancisco und der benachbarten Orte Santa Rosa und Fort Bragg zerstört. Aufgrund der sogenannten makroseismischen Beobachtungen wird dem Beben eine Intensität von XI zugeordnet (vgl. Tab. 3.4-1). Das Großfeuer wütete in San Francisco drei Tage lang. Während die in Ziegelbauweise erstellten Häuser weitgehend zer-

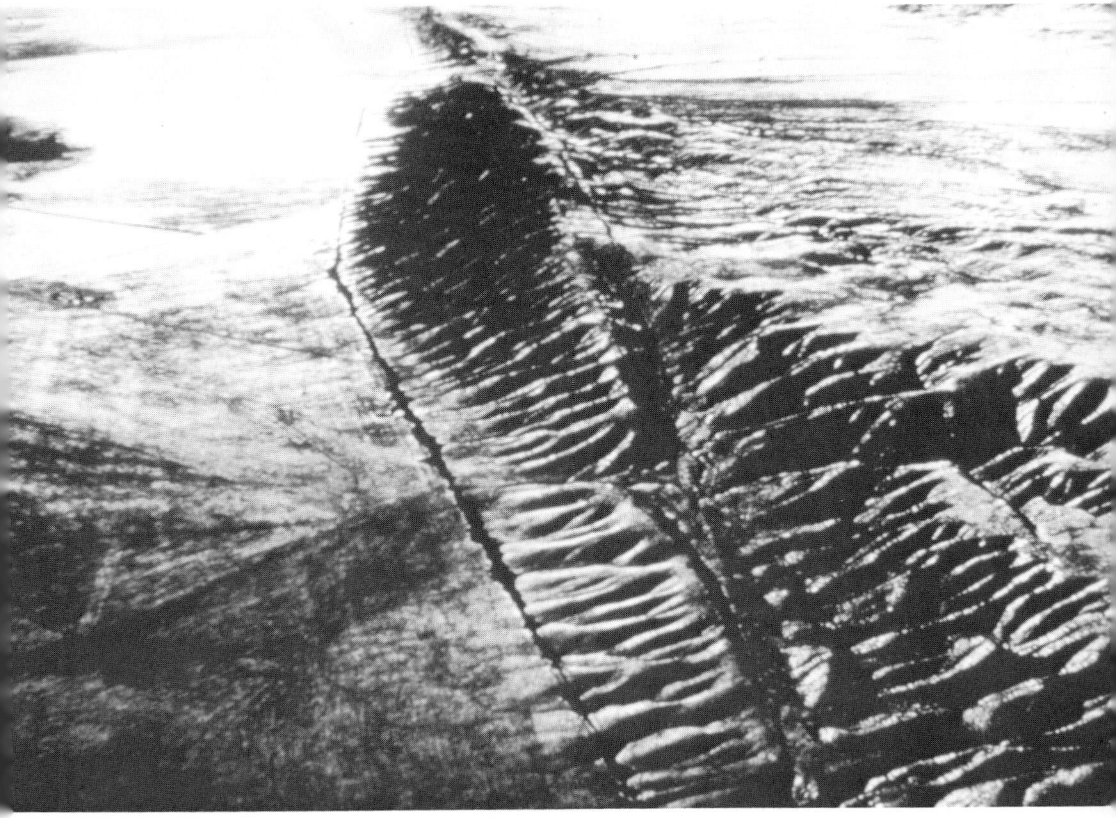

Abb. 3.2-2 Luftaufnahme der San-Andreas-Verwerfung in Californien.
(Foto: Univ. of California, Berkeley)

◁ *Abb. 3.2-1* Klaffende Spalten in den Straßen von San Francisco nach dem Beben von 1906.
(Foto: Univ. of California, Berkeley and USGS)

stört worden waren, blieben die bereits seinerzeit als Stahlskelett-Bauten erbauten Hochhäuser mit teilweise 19 Stockwerken weitgehend unbeschädigt, wie Fotos zeigen, die vor dem Feuer aufgenommen worden waren. Auch Holzskelett-Bauten hatten sich als relativ erdbebenresistent erwiesen.

Das Beben hatte gezeigt, daß die Zerstörungen an Gebäuden dort am größten waren, wo nicht Fels den Untergrund bildet, sondern lehmiges Lockergestein oder noch ungünstiger aufgefülltes Material. Besonders augenscheinlich waren aber Verschiebungen an der Erdoberfläche, die sich dadurch äußerten, daß Zäune, Straßen oder Eisenbahngeleise nach dem Beben bis zu 6 m abgeschert oder versetzt waren (Abb. 3.2-1). Schon vor dem Beben war bekannt gewesen, daß eine Verwerfung, die San Andreas Fault, Gesteinsschichten auf eine auf dem Festland über fast 1000 km verfolgbare Länge messerscharf durchtrennt hatte. Nach dem Beben war es offensichtlich, daß die beiden Erdkrustenteile, die die Verwerfung trennt, sich um mehrere Meter gegeneinander verschoben hatten. Dem Geologen war diese Verwerfung wohl schon früher aufgefallen und bereits 1893 war eine wissenschaftliche Veröffentlichung darüber erschienen, aber auch die Fachleute dachten nicht daran, daß an dieser Linie in der heutigen Zeit noch Bewegungen stattfinden könnten (Abb. 3.2-2).

Bauwerke wie Straßen, Dämme, Brücken, Eisenbahngeleise, Tunnels oder Rohrleitungen, welche die Verwerfung kreuzten, wurden auseinandergerissen und die beiden Hälften gegeneinander verschoben. Im Gelände war die Spur, die die Bewegungen an der Verwerfung gezeichnet hatten, häufig nicht als scharfer Schnitt ausgebildet. Im Gras verlief häufig ein Netzwerk von Rissen, mehr oder weniger parallel zur Hauptrichtung oder leicht diagonal angeordnet. Von der Hauptspur zweigten auch über einige hundert Meter Länge Nebenrisse ab, so daß sich häufig eine über 15 m breite Rißzone abbildete. Eine Vertikalbewegung, wie sie bei anderen großen Verwerfungen immer wieder beobachtet werden kann, fand hier nur ganz örtlich statt, nämlich im Bereich nördlich des Golden Gate, wo die Sprunghöhe bis zu knapp 1 m betrug (Abb. 3.2-3).

Anhand dieser Bewegungen während des Erdbebens kam H. F. Reid im Band II des Kommissionsberichtes von 1910 über das Erdbeben von Kalifornien des Jahres 1906 zu der Erkenntnis, daß sich schon vor dem Ereignis beidseits der Verwerfung Spannungen aufgestaut hatten, die die Gesteine wie eine Feder an der einen Stelle zusammengedrückt, an der anderen Stelle auseinandergezogen hatten. Die rauhen Wände der Verwerfungsfläche verhinderten jedoch über Jahre und Jahrzehnte eine Bewegung. Erst als die elastischen Spannungen im Gestein größer geworden waren als die Reibung auf der Herdfläche, kam es schlagartig zu der schon lange vorher angestrebten Bewegung.

Kluft – Spalte – Verwerfung

Betrachtet man an einem frischen Felsaufschluß in einem Steinbruch oder in einer Baugrube das Gestein, so erkennt man sofort, daß der Fels auch im Kleinbereich nicht aus einem zusammenhängenden Stück besteht, sondern neben möglichen Schichtflächen von vertikalen oder schrägverlaufenden Klüften durchzogen ist. Meist haben diese Klüfte einen Abstand von weniger als 1 m, so daß Steinbrüche, in denen Blöcke von mehreren Metern Durchmesser für bildhauerische Zwecke gewonnen werden können, schon eine Seltenheit darstellen.

Bei den Klüften, die über größere Längen zu verfolgen sind, finden sich oft glattgeschliffene, glänzende Kluftflächen mit feingerillter Oberfläche. Wir haben dann einen sogenannten Kluftharnisch, der das Ergebnis einer Bewegung ist,

Abb. 3.2-3 Totalschäden an Gebäuden beim Beben von San Francisco 1906, hier die Santa Rosa City Hall. (Foto: Univ. of California, Berkeley)

bei welcher die Gesteinspakete beidseits der Kluft gegeneinander verschoben worden sind. Klüfte mit Bewegungsanzeichen sind Verwerfungen oder allgemeiner ausgedrückt, Störungen (englisch fault). An anderen Verwerfungen werden die Gesteine zertrümmert, so daß tektonische Breccien entstehen. Ist die Zertrümmerung so intensiv, daß das Gestein fein zermahlen wird, so entstehen meist schwarz/grau ausgebildete Mylonite, die später wieder zu festem Gestein verkitten können. Echte Verwerfungen sind mit vertikalen Bewegungen der Gesteinspakete gegeneinander verbunden. Tritt dagegen Horizontalbewegung auf, spricht man von Transversalverschiebungen und Scherbewegung.

Eine solche Transversalverschiebung stellt die St. Andreas-Verwerfung in Kalifornien dar. Die pazifische Platte bewegt sich entlang dieser Störung entlang der nordamerikanischen Platte im Mittel um durchschnittlich etwa 5 cm/Jahr nach Nordwesten. Würde diese Verschiebung kontinuierlich verlaufen, so käme es nicht zu Beben. Erst durch die Ansammlung der Druckspannungen durch elastische Deformation der oberen Erdkruste und das plötzliche Freiwerden, wenn die gespeicherten Spannungen größer werden als die Reibung entlang der Verwerfung, findet die schlagartige Entspannung statt, die dann zur Verschiebung im Betrag von mehreren Metern führen kann.

Verschiebung der Erdoberfläche an Verwerfungen

Die Bewegungen an einer Verwerfung sind in den meisten Fällen an der Erdoberfläche nicht meßbar, insbesondere wenn mächtige Schichten von Lockergestein wie Kies oder Lehm den Fels überdecken. Es kann aber auch möglich sein, daß die oberen Gesteinsschichten so elastisch sind, daß sie den Bruch der tiefer gelegenen Schichten nicht mitmachen. So konnten bei dem folgenschweren Beben von Friaul/Italien vom 6. Mai 1976 (3.6) an der Erdoberfläche keine Veränderungen festgestellt werden. Beim Beben von Imperial Valley vom 18. Mai 1940 zeichnete sich jedoch wiederum in Kalifornien eine Horizontalbewegung auf 65 km Länge ab, die den maximalen Betrag von 4,5 m erreichte (Abb. 3.2-4). Ebenfalls 4,5 m war die horizontale Verschiebung und örtlich zusätzlich 1,2 m vertikal auf der Erdoberfläche und dies auf eine Länge von 80 km beim Beben von Dasht-i-Bayaz/Iran am 31. August 1968, das eine Magnitude von M 7,4 hatte und über 10 000 Tote forderte. In Japan hatte das Erdbeben in den Provinzen Mino und Owari vom 28. Oktober 1891, das stärkste Erdbeben in Japan mit einem Herd unter der Landoberfläche nicht nur 7000 Tote zu Folge, sondern die Erde riß auf 80 km Länge entlang einer Verwerfung auf, an welcher nicht nur maximale horizontale Verschiebungen von 8 m, sondern stellenweise auch vertikale Verschiebungen von 2 bis 3 m gemessen werden konnten.

Angesichts dieser Werte wird klar, daß die Erdkruste mit ihrer Stärke von 5 km (unter den Ozeanen) bis höchstens 40 km (unter Gebirgen auf dem Festland) ein schwächeres Gebilde ist, als man gemeinhin annehmen könnte.

Bei anderen Erdbeben finden die Bewegungen der Erdkruste hauptsächlich in vertikaler Richtung statt. So wurden beim Beben von Hebgen Lake, Montana/USA im Jahre 1959 Vertikalbewegungen von 6,5 m gemessen, wodurch allein an Straßen Schäden in Höhe von 11 Mio. US $ entstanden. Bei diesem Beben wurde durch einen riesigen Erdrutsch ein Fluß gestaut, so daß ein See entstand. Die Vertikalbewegungen im Zusammenhang mit Erdbeben scheinen insbesondere in Alaska besonders hohe Werte anzunehmen. Beim großen Erdbeben von Yakutat

Bay am 10. September 1899 wurde angesichts der unbewohnten Gegend zwar kein großer Personen- und Sachschaden verzeichnet, aber die Küstenlinie hatte sich um nicht weniger als 15 m angehoben.

Das Beben von 1899 konnte nicht verborgen bleiben, nachdem aufgrund des Goldrausches von Klondike in den neunziger Jahren des 19. Jahrhunderts die Bevölkerung von Alaska sprunghaft zugenommen hatte. Aus der Zeit davor sind die

Abb. 3.2-4 Beim Erdbeben vom 15. Oktober 1979 von Imperial Valley/Californien waren Verschiebungen der Erdoberfläche in einem Salatacker sichtbar. (Foto: Univ. of Colorado)

Berichte nur spärlich. Immerhin liegt der älteste Bericht über ein Erdbeben aus dem Jahre 1786 vor, das im Zusammenhang stand mit der Eruption des Pavlov-Vulkans, nachdem als erste russische Siedler auf der Insel Kodiak 1783 Fischer und Pelztierjäger seßhaft geworden waren. Mit zunehmender Bevölkerungsdichte stiegen auch die Berichte über örtliche Erdbeben in Alaska, so daß eine scheinbare Zunahme der Seismizität vorgetäuscht wird.

Als sich am Karfreitag des Jahres 1964 ebenfalls in Alaska im Bereich des Prince William Sound das denkwürdige «Great Good Friday Earthquake» ereignete

(3.7), war die Stadt Anchorage betroffen und neben 300 Toten war ein Sachschaden von rund 300 Mio. US $ entstanden und die Küstenlinie hatte sich stellenweise um 10 m gehoben. Im Bereich der Gebirge waren Hebungen um 2 m beobachtet worden. Das Erdbeben mit einer Magnitude von M zwischen 8 und 8,6 ist nicht nur eines der stärksten überhaupt jemals festgestellten Ereignisse, auch die Bewegungen der Erdkruste wurden in diesem Ausmaß noch niemals vorher festgestellt. Die enorme Hebung der Küstenlinie konnte nicht wie in bebauten Gebieten anhand von exakten Höhenmessungen, Nivellements, ermittelt werden. Vielmehr mußten hierzu die Überreste von typischen Lebewesen herangezogen werden. So bilden Krebstiere einen deutlichen Streifen auf der Felsenküste, wo sie in der Brandung noch ausreichend befeuchtet werden, um zu überleben. Diese Linie lag nun plötzlich weit über dem Meeresspiegel und konnte somit eingemessen werden. Das Beben von 1964 war weltweit von den Seismographen registriert worden.

3.3 Albstadt 1978 – Erdbebenkatastrophe auf der Schwäbischen Alb

Am 3. September 1978 ereignete sich um 6.08 Uhr Ortszeit in den Stadtteilen Onstmettingen und Tailfingen von Albstadt auf der Schwäbischen Alb, rund 55 km südwestlich von Stuttgart, ein Erdbeben mit katastrophalen Auswirkungen. An jenem Sonntagmorgen wurde die Bevölkerung der Stadt und der umliegenden Orte jäh aus dem Schlaf gerissen, als die Erde sekundenlang bebte und zur Flucht ins Freie trieb, während die Mauern barsten, die Schornsteine und Dachziegel von den Häusern herabstürzten, Möbel von der Stelle gerückt wurden und Bilder von der Wand fielen. Allein in der etwa 50000 Einwohner zählenden Stadt Albstadt wurden 800 Häuser beschädigt. Der Schütterradius betrug 330 km, d. h. in diesem Umkreis wurde das Ereignis verspürt. Im Kernforschungszentrum Karlsruhe wurde ein Forschungsreaktor durch das Beben automatisch abgeschaltet. Neben Wohnhäusern erlitten auch öffentliche Gebäude schwere Schäden. So wurden durch das Erdbeben etwa 30 Kirchen betroffen, von denen die Wallfahrtskirche Maria Zell in Hechingen-Boll und die Kirchen in Hausen und Killer baupolizeilich geschlossen werden mußten. Bei den Schäden handelte es sich meist um Risse in Mauern und Decken sowie um Beschädigungen an Dach und Turm sowie klaffende Fugen im Bereich der Fenstergewölbe (Abb. 3.3-1 bis 2).

Die Intensität des Bebens betrug im Epizentrum, das unter den Ortsteilen Onstmettingen und Tailfingen von Albstadt lag, VII–VIII (Abb. 3.3-3). Daher und wegen der geringen Herdtiefe von nur 6,5 km konnte das Beben seine Schadwirkung trotz der nur mäßigen Magnitude von 5,1 entwickeln. Das seismische Zentral-Observatorium Gräfenberg bei Erlangen ermittelte eine Herdlänge von 4,5 und eine Herdtiefen-Erstreckung von 2 km (Abb. 3.3-4). Dem Hauptstoß

Abb. 3.3-1 Giebelabsturz beim Beben von Albstadt 1978. (Foto: Zollern Alb Kurier)

folgten weit über 100 Nachbeben, die bis zum Januar 1979 andauerten (Abb. 3.3-9). Das stärkste dieser Nachbeben ereignete sich wenige Stunden nach dem Hauptstoß am Vormittag und war die Hauptursache für die Personenschäden. So wurden 25 Verletzte in die Krankenhäuser eingewiesen, als bei diesem Nachbeben auf die zahlreichen Schaulustigen, die durch den Hauptstoß schon in labilem Zustand befindlichen Dachziegel und Kamine herabstürzten. Ein großer Teil der

Abb. 3.3-2 Schwere Schäden durch klaffende Risse nach dem Beben von Albstadt 1978. (Foto: H. G. Lukas)

Abb. 3.3-3 Karte der Linien gleicher Intensität (Isoseisten) des Bebens vom 3. September 1978 von Albstadt/Onstmettingen (nach G. Schneider, 1980, geänd.). ▷

Wohnungen war unbewohnbar geworden. Es wurden 300 evakuierte Personen registriert, die die folgende Nacht in Zelten oder in einer Festhalle verbracht hatten. Vor allem die betroffenen Gastarbeiter aus dem Süden hatten sich strikt geweigert, die Nacht nach dem Beben wieder in einem festen Haus zu verbringen. Um Folgeschäden an den von den Erdstößen betroffenen Gebäuden zu vermeiden,

1978 SEP 03	Makroseismik	48° 17'N
05:08:32		9° 02'E h_0 =6,5km

Schwäbische Alb: Onstmettingen

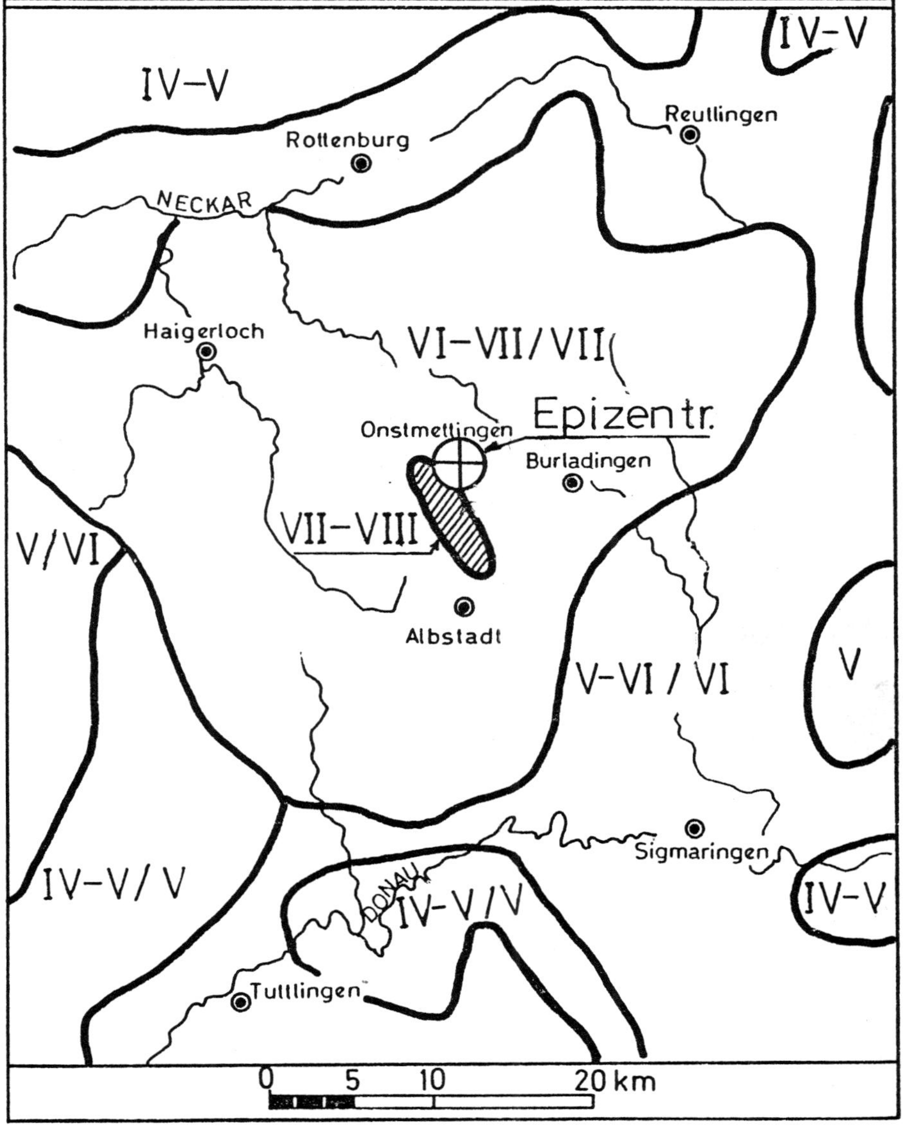

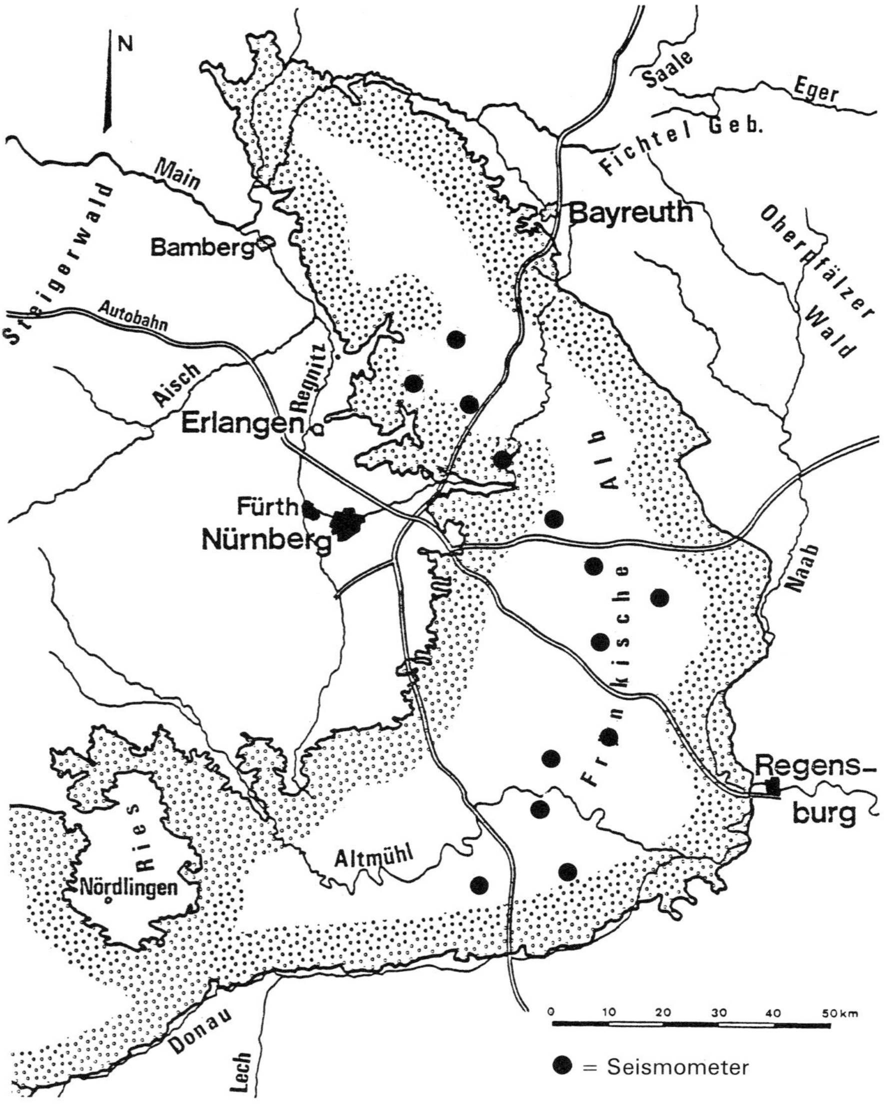

Abb. 3.3-4 Das seismologische Zentralobservatorium Gräfenberg/Erlangen (GRF) der Bundesanstalt für Geowissenschaften umfaßt eine Reihe von 13 Seismometern, mit denen Stärke und Epizentrum von Erdbeben und Kernexplosionen bestimmt werden können (Lageplan nach GRF, vereinfacht).

hatte die Bundesluftwaffe alle Flüge von Düsenjägern unterhalb von 1600 m eingestellt.

Das Schadbeben war nicht ohne Vorankündigung geblieben. So hatte ein stärkerer Erdstoß mit einer Epizentralintensität von VI–VII am 16. Januar 1978 eine Serie von schwächeren Erdbeben eingeleitet, die bis zum 6. Februar andauerte. Das Ereignis vom 3. September 1978 war das dritte Beben mit zerstörerischer

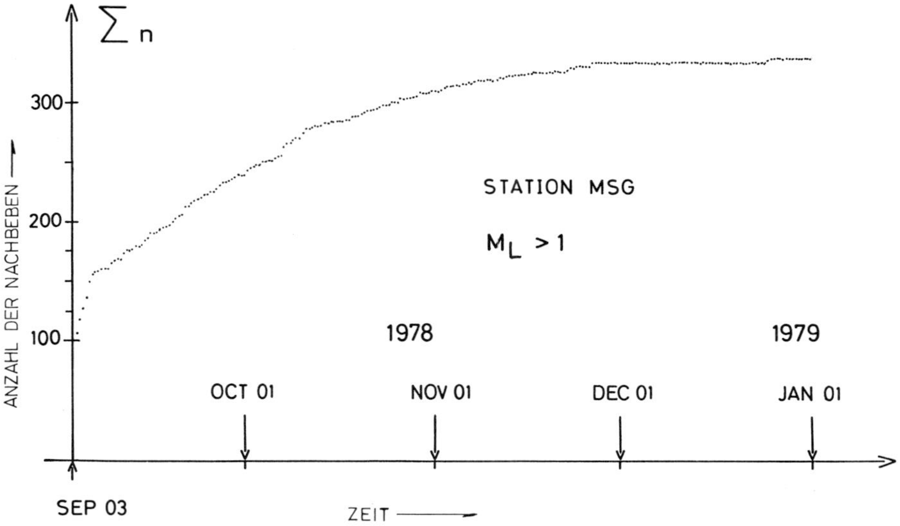

Abb. 3.3-5 Summenkurve der Nachbeben mit einer Magnitude über M1 nach dem Beben von Albstadt/Onstmettingen vom 3. September 1978 (nach G. Schneider, 1980, geänd.).

Wirkung in Albstadt. Ohne daß das Gebiet als besonders erdbebengefährdet bekannt war, ereignete sich erstmals am 16. November 1911 ein Schadbeben mit der Intensität VIII und ein weiteres folgte am 28. Mai 1943. Dem Beben von 1911 waren am 6. September und 15. November Vorbeben mit der Intensität von V bzw. VI vorausgegangen, während beim Beben von 1943 über einen Zeitraum von einem Jahr sieben Vorbeben mit jeweils ansteigender Intensität vorausgegangen waren. Die Vorgeschichte des Schadbebens von 1978 war wieder ganz anders. Zu Beginn des Jahres fand eine Serie von schwächeren Erdbeben statt, im Juli und August jeweils kleinere Beben und plötzlich erfolgte das Schadenereignis vom 3. September.

Aus der im Vergleich zu geologischen Zeitbegriffen kurzen seismischen Geschichte des Erdbebengebietes von Albstadt wird somit folgendes ersichtlich: In einem bislang nicht als erdbebengefährdet angesehenen Gebiet ereignen sich plötzlich Schadbeben im Abstand von drei oder vier Jahrzehnten. Die Intensität der Beben scheint sich jeweils zu steigern. Drei Schadbeben, die im Zeitraum zwischen 1911 und 1978, also über 67 Jahre verfolgt werden konnten, zeigen keine typischen Abläufe der Beben, insbesondere keine typischen Vorwarnungen, aus denen Gesetzmäßigkeiten für ein Schadenereignis abgeleitet werden könnte. Die Vorhersage von Erdbeben bleibt weiterhin problematisch.

Im Bereich der Schwäbischen Alb sind Berichte über Schadbeben im 17. Jahrhundert mit Schäden in Tübingen überliefert.

Ursachen der Beben der Schwäbischen Alb

In Lehrbüchern wird immer auf die Verknüpfung von Erdbebengebieten mit der Nahtstelle von großtektonischen Platten (vergl. Abb.3.11-1) oder mit jungen, d.h. alpinen, auch «alpidisch» genannten Gebirgen, wie den Alpen, dem Apennin, dem Himalaja oder den Anden verwiesen, jenen Gebirgen, die entstanden sind durch die Verfaltung von Gesteinsschichten und Aufschiebung zu sogenannten Gesteinsdecken. Sowohl Ränder zwischen tektonischen Platten als auch Faltengebirge stellen offensichtliche Störungszonen in der Erdkruste dar. Die Verschiebungen an den Rändern der Platten gehen kontinuierlich vor sich. Die Gebirgsbildung, die Auffaltung der alpidischen Gebirge hatte ihren Höhepunkt vor 15 oder 30 Mio. Jahren, sie ist aber noch nicht abgeschlossen. So wachsen die Alpen stetig weiter, der Himalaja wird immer höher. Die fortwährende Erosion der Berggipfel kann mit dem Höhenwachstum kaum Schritt halten.

Zur gleichen Zeit, als sich in der Erdneuzeit, im Tertiär, die Alpen in Falten legten, eine «alpine» Gebirgsbildung stattfand, wurden dieselben Schichten von Sedimentgesteinen im Norden der Alpen, im Bereich des Schweizer Juras, der Schwäbischen Alb und der Fränkischen Alb emporgehoben. Die seinerzeit am Meeresgrund gebildeten Ablagerungen, bei der Schwäbischen Alb waren es hauptsächlich Kalksteine, Tonschiefern und Mergel, die zur Jura-Zeit vor über

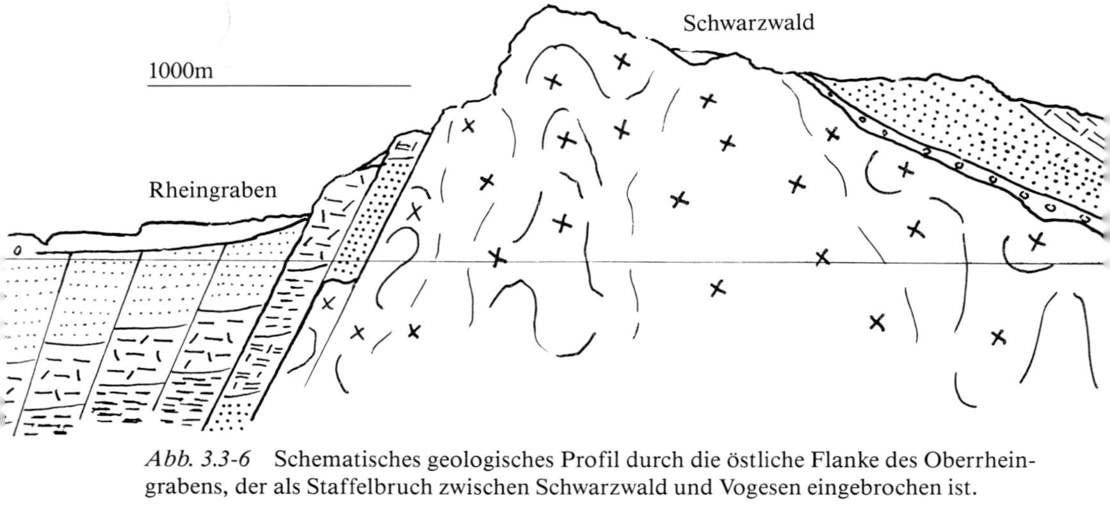

Abb. 3.3-6 Schematisches geologisches Profil durch die östliche Flanke des Oberrheingrabens, der als Staffelbruch zwischen Schwarzwald und Vogesen eingebrochen ist.

120 Mio. Jahren abgelagert worden waren, hoben sich aus dem Meer heraus. Mit ihnen der alte kristalline Untergrund von Schwarzwald und Vogesen. Bei der Heraushebung solcher gewaltiger Teile der Erdkruste wurden die Gesteine durch mehr oder weniger vertikal verlaufende Brüche in Schollen zerlegt, wir sprechen von einer Bruch-Tektonik oder «germanotyper» Gebirgsbildung. Ein solches durch Bruchtektonik entstandenes Gebirge stellt die Schwäbische Alb dar, dies

Abb. 3.3-7 Beim Beben von 1978 beschädigter Eckturm der Hohenzollernburg.
(Foto: Landesstelle für Baustatik, Tübingen)

im Gegensatz zur «alpinotypen» Falten- und Decken-Tektonik. Die Heraushebung der Gesteinsschichten war jedoch nicht einheitlich. Insbesondere brachen entlang scharfer Bruchzonen in dieses herausgehobene Gebirge sogenannte Gräben ein.

Der bekannteste hiervon ist der Oberrhein-Graben mit einer Breite von etwa 40 km, der Schwarzwald und Vogesen heute trennt (Abb. 3.3-6). Im Bereich der Erdbebenzone der Schwäbischen Alb haben wir einen vergleichbaren Graben vor uns, den Hohenzollern-Graben, der auf eine Breite von rund 5 km in das umliegende Gestein einbricht. Im Graben liegt die Hohenzollern-Burg, das Stammschloß der Hohenzollern, welches immer wieder bei Erdbeben Schäden erleidet (3.3-7). Im Oberrhein-Graben haben wir regelmäßige Erdbebentätigkeit, zusätzlich findet sich mit dem Kaiserstuhl ein Vulkan, dessen Magma auf Bruchzonen im Bereich des Grabens aufdringen konnte. Wohl nicht im Bereich des Erdbebengebietes der Schwäbischen Alb, aber nördlich davon befindet sich ebenfalls ein Vulkan-Gebiet. Es ist dasjenige der Schwäbischen Alb, und es umfaßt gegen 200 vulkanische Schlote und Gänge – meist kleine, ja unscheinbare Vulkane. Eine weitere Besonderheit der Schwäbischen Alb ist die stellenweise abnormal niedrige geothermische Tiefenstufe, die auf einen hochliegenden Magmenherd im Untergrund hinweist. So wurden in Urach durch Bohrungen Thermalbrunnen erschlossen. Die Brüche, die Verwerfungen, die mit der Heraushebung der Schwäbischen Alb entstanden und die heute noch aktiv sind, stellen den Herd der Erdbeben dar. Wir haben tektonische Beben vor uns, die in völliger Abweichung von den «klassischen» Erdbebenzonen inmitten einer Kontinentalplatte auftreten.

3.4 Erdbebenstärke und Schadwirkungen

Die Intensität – Kennzeichen der Beben-Auswirkungen

Bevor kurz vor Beginn des 20. Jahrhunderts die ersten Seismographen erfunden worden waren, konnte die Stärke eines Erdbebens ausschließlich anhand der Zerstörungen auf der Erdoberfläche beurteilt werden. Im Erdbebenland Italien war es M. Rossi und in der Schweiz F. Forel, die 1883 als erste eine Skala von «Intensitäten» einführten, die 10 Grade umfaßte. Diese erfaßten die Stärke der Erschütterung am jeweiligen Ort durch die Auswirkungen auf Menschen, Gebäude und die Erdoberfläche. Naturgemäß ergeben sich an den verschiedenen Beobachtungsstandpunkten verschiedene Intensitäten je nach der Entfernung vom Epizentrum des Bebens. In dicht besiedelten Gebieten kann durch das systematische Sammeln von Nachrichten, wofür heute noch Pressemeldungen, Polizeiberichte usw. herangezogen werden, kann das Epizentrum bestimmt werden, nämlich dort, wo die stärksten Zerstörungen stattfinden. 1964 wurde in Europa und in den USA eine 12teilige Skala eingeführt. Diese sogenannte «MSK-Intensitätsskala» geht zurück auf die Seismologen S. W. Medwedjew (UdSSR), Sponheuer (DDR) und V. Karnik (Tschechoslowakei).

Ebenso ist noch in Gebrauch eine modifizierte Mercalli-Skala (MM) von 1931 und eine Mercalli-Sieberg-Skala (MS). Die Skalen sind im großen und ganzen einander recht ähnlich. Tabelle 3.4-1 zeigt eine Gegenüberstellung verschiedener gebräuchlicher Intensitätsskalen.

Abb. 3.4-1 Austritt von verflüssigtem Sand aus einer «Sandquelle» Nähe El Centro beim Beben von Imperial Valley vom 15. Oktober 1979. (Foto: Univ. of Colorado)

Zwei Beben, die die gleiche Energie freisetzen, können je nach dem Baugrund im beobachteten Gebiet stark voneinander abweichende Intensität besitzen. Lockere und weiche Böden verstärken die Erschütterungen, denen dann die Gebäude ausgesetzt sind, man spricht von Resonanzerscheinungen. Liegen als Baugrund sandig-schluffige Böden vor – sogenannter Fließsand – so kann es bei Erschütterungen zum Anstieg der Porenwasserspannung und damit zum Verlust der Scherfestigkeit des Materials kommen, was sich in einer regelrechten Verflüssigung des Bodenmaterials äußert (Abb. 3.4-1). Entsprechend sind Gebäude auf solchen Böden gefährdet. Reine Sand-Kies-Böden, d. h. Böden ohne bindigen Anteil in Form von Ton können, wenn sie locker gelagert vorliegen, durch Erschütterungen zusammengerüttelt, d. h. verdichtet werden, was mit einer Volumenverkleinerung und mit entsprechenden Setzungserscheinungen an der Erdoberfläche verbunden ist (Abb. 3.4-2).

Tab. 3.4-1 Vergleich verschiedener Erdbeben-Intensitätsskalen und DIN 4149

<table>
<tr><th colspan="3">Intensität</th><th rowspan="2">Kennzeichen</th><th rowspan="2">Erdbeben-zone nach DIN 4149 Teil 1</th></tr>
<tr><th>Rossi/ Forel</th><th>Mercalli modif.</th><th>MSK*</th></tr>
<tr><td rowspan="1">I</td><td rowspan="2">I</td><td rowspan="1">I</td><td rowspan="1">Nur von Erdbebeninstrumenten registriert</td><td rowspan="10">A</td></tr>
<tr><td rowspan="2">II</td><td rowspan="2">II</td><td rowspan="2">Nur ganz vereinzelt von ruhenden Personen wahrgenommen</td></tr>
<tr><td rowspan="2">II</td></tr>
<tr><td rowspan="2">III</td><td rowspan="2">III</td><td rowspan="2">Nur von wenigen verspürt</td></tr>
<tr><td rowspan="2">III</td></tr>
<tr><td rowspan="2">IV</td><td rowspan="3">IV</td><td rowspan="3">Von vielen wahrgenommen; Geschirr und Fenster klirren</td></tr>
<tr><td rowspan="1">IV</td></tr>
<tr><td rowspan="2">V</td><td rowspan="2">V</td></tr>
<tr><td rowspan="2">V</td><td rowspan="2">Hängende Gegenstände pendeln; viele Schlafende erwachen</td></tr>
<tr><td rowspan="1">VI</td><td rowspan="2">VI</td></tr>
<tr><td rowspan="2">VII</td><td rowspan="2">VI</td><td rowspan="2">Leichte Schäden an Gebäuden, feine Risse im Verputz</td><td rowspan="2">0</td></tr>
<tr><td rowspan="2">VII</td></tr>
<tr><td rowspan="3">VIII</td><td rowspan="3">VII</td><td rowspan="3">Risse im Verputz, Spalten in den Wänden und Schornsteinen</td><td rowspan="2">1</td></tr>
<tr><td rowspan="3">VIII</td></tr>
<tr><td rowspan="1">2</td></tr>
<tr><td rowspan="5">IX</td><td rowspan="3">VIII</td><td rowspan="3">Große Spalten im Mauerwerk; Giebelteile und Dachgesimse stürzen ein</td><td rowspan="2">3</td></tr>
<tr><td rowspan="3">IX</td></tr>
<tr><td rowspan="1">4</td></tr>
<tr><td rowspan="3">IX</td><td rowspan="3">An einigen Bauten stürzen Wände und Dächer ein, Erdrutsche</td><td rowspan="7"></td></tr>
<tr><td rowspan="3">X</td></tr>
<tr><td rowspan="5">X</td></tr>
<tr><td rowspan="2">X</td><td rowspan="2">Einstürze von vielen Bauten; Spalten im Boden bis 1 m Breite</td></tr>
<tr><td rowspan="2">XI</td></tr>
<tr><td rowspan="1">XI</td><td rowspan="1">Viele Spalten im Boden, Erdrutsche in den Bergen</td></tr>
<tr><td rowspan="1">XII</td><td rowspan="1">XII</td><td rowspan="1">Starke Veränderungen an der Erdoberfläche</td></tr>
</table>

* M-S-K: Medwedjew, Sponheuer, Karnik (1964)

So liegt Manila/Philippinen z. T. auf sehr schlechtem Baugrund. Als sich 1968 in 240 km Entfernung von der Stadt ein Erdbeben von der Magnitude M 7,5 ereignete, kam es dort zu schweren Schäden. Der «Ruby Tower», ein sechsstöckiges Gebäude stürzte ein und alle 270 darin befindlichen Personen wurden getötet. Die Stadt Mexico City ist auf setzungsempfindlichem Tonboden, «fondo del lago», erbaut und in historischer Zeit, besonders im 19. Jahrhundert, kam es zu Schäden, obwohl die Epizentren der Beben teilweise sehr weit entfernt waren. Beim Schadbeben von Guatemala 1976 (3.6) waren die großen Schäden an Gebäuden auf den ungünstigen Baugrund zurückzuführen, der aus locker gelagerter vulkanischer Asche bestand.

Auf schlechten Baugrund sind auch die Schäden des Bebens in der englischen

Abb. 3.4-2 Schiefstellung durch unterschiedliche Setzung eines Hauses beim Beben vom 29. Juli 1967 in Caracas/Venezuela. (Foto: NOAA/EDIS.)

Grafschaft Essex vom 22. April 1884 zurückzuführen, das eine Magnitude von M 5 bis 5,5 hatte. Damals wurden 1200 Häuser zerstört, davon allein 400 in Colchester. Nach der Überlieferung soll das stärkste Schadbeben im United Kingdom im Jahre 1185 sein Epizentrum ebenfalls in der Südwestecke der Grafschaft Essex gehabt haben und die Kathedrale von Lincoln zerstört haben, obwohl diese auf Kalkstein fundiert war.

Sammelt man die Meldungen über die direkt beobachteten Zerstörungen, die sogenannte Makroseismik, und trägt sie in eine Karte ein und verbindet die Orte gleicher Intensitäten, so erhält man Linien gleicher Intensität (Isoseisten) so daß das Epizentrum schon auf ein relativ kleines Gebiet konzentriert werden kann.

Mit der Intensitätsskala können anhand von historischen Dokumenten auch die Stärken von früheren Erdbeben abgeschätzt werden. Selbst aus geschichtlichen Epochen, aus denen keine schriftlichen Überlieferungen vorliegen, sind Rückschlüsse möglich anhand von archäologischen Ausgrabungen, die Gebäudeschäden zeigen, wie dies auf Thera/Santorin oder Knossos/Kreta geschehen ist (2.12). In unbewohnten Gebieten versagt die Beurteilung anhand der makroseismisch, d.h. ohne Instrumente feststellbaren Bebenauswirkungen weitgehend. Hier können allenfalls bei sehr starken Erdbeben an der Erdoberfläche entstandenen Schäden wie Risse im Boden, Rutschungen, Küstenverschiebungen zur Beurteilung herangezogen werden.

Abb. 3.4-3 Gruppenfoto von bekannten Pionieren der Seismologie, aufgenommen bei einer Tagung 1929 in Pasadena/Californien. Von links nach rechts: in der vorderen Reihe, Archie P. King; L. H. Adams; Hugo Benioff; Beno Gutenberg; Harold Jeffreys; Charles F. Richter; Arthur L. Day; Harry O. Wood; Ralph Arnold; John P. Buwalda. In der hinteren Reihe Alden C. Waite; Perry Byerly; Harry F. Reid, John A. Anderson; Father J. P. Macelwane.
(Foto: NOAA)

Magnitude – das Maß für die Energie

Mit der Einführung von Seismographen, die mit dem Ausschlag einer schreibenden Nadel die tatsächliche Bewegung des Untergrundes am Beobachtungsort festhalten, war im Gegensatz zur subjektiven Beschreibung mittels der Intensitätenskala die Möglichkeiten geschaffen, nunmehr objektive Angaben über die Stärke eines Erdbebens zu machen. Den Begriff Magnitude (Abkürzung M) führte C. F. Richter 1935 ein als das Maß der von einem Beben freigesetzten seismischen Wellenenergie. Daher resultiert die heute noch oft gebrauchte Bezeichnung «Richter-Skala» (Abb. 3.4-3). Die Skala dieser Energie ist logarithmisch aufgebaut, d. h., bei Zunahme um eine Magnitude ist die Energie um das 30fache vergrößert gegenüber der vorhergehenden Magnitude. Für das bisher größte aufgezeichnete Erdbeben, dasjenige von 1964 in Alaksa (3.2 und 3.7), wurde eine Magnitude von M 8,8 errechnet. Dies entspricht einer freigesetzten Wellenenergie von über 10^{24} erg. Die größte bisher gezündete Wasserstoffbombe mit der Sprengwirkung von 3,2 Megatonnen herkömmlichen Sprengstoffs brachte es auf 10^{21} erg, also ganz erheblich weniger freigesetzte Energie.

Es lassen sich nun für die verschiedenen Arten von Erdbebenwellen verschiedene Magnituden errechnen. Mit den Raumwellen errechnet sich die Raumwellen-Magnitude (Abkürzung M_B, vom englischen body wave). Für die Beurteilung von Schäden und für bautechnische Zwecke ist allein die Oberflächenwellen-Magnitude (Abkürzung M_S, vom englischen surface wave) von Bedeutung. Die Berechnung dieser Oberflächenwellen-Magnitude erfolgt über die maximalen Amplituden, d. h. die maximalen Ausschläge der von einem seismischen Ereignis ausgelösten Oberflächenwellen.

Die verschiedenen Magnituden liegen etwa in derselben Größenordnung. Da es sich bei dem Magnitudenwert um eine errechnete Zahl handelt, die mehr oder weniger genau ist, gibt man eine Dezimalstelle hinter dem Komma an. Schon aus diesem Grunde wird die Magnitude in arabischen Ziffern angegeben. Dies im Gegensatz zur Bezeichnung der durch makroseismische Beobachtungen abgeschätzten Intensität, welche in römischen Ziffern angegeben werden sollte.

Erdbeben mit einer Magnitude von weniger als M 5 verursachen an der Tragstruktur von Bauwerken kaum Schäden. Die Schadwirkung ist aber auch abhängig von der Tiefenlage eines Erdbebenherdes. Relativ schwache aber oberflächennahe Beben verursachen größere Schäden als solche, bei denen der Herd in der Tiefe liegt. Man unterscheidet in bezug auf die Herdtiefe:

normale oder Flachbeben	- 70 km
mitteltiefe Beben	70–300 km
Tiefherdbeben	300–700 km

Flachbeben bzw. normale Beben umfassen etwa 85% der Energie, die von seismischen Ereignissen freigesetzt wird. Bebentiefen von mehr als 700 km wurden bisher noch nicht beobachtet. Man nimmt an, daß unterhalb einer Tiefe unter den dort vorherrschenden hohen Drücken keine eigentliche Spalten mehr aufreißen können. Das Gestein reagiert plastisch.

Beziehungen zwischen Intensität und Magnitude

Bei der Zusammenstellung von Erdbeben auf Listen oder Tabellen wird als Maß der Stärke heute ausschließlich die Magnitude M, d. h. Magnitude der Oberflächenwellen angegeben. Für den kleineren Teil der Erdbeben, insbesondere bei solchen aus der Zeit, bevor es Seismographen gab, sowie bei solchen in Gebieten ohne Meßstationen liegen jeweils nur Angaben über die Auswirkungen vor, anhand welcher die Intensität im Epizentrum ermittelt werden kann. Anhand dieser Epizentralintensität läßt sich nun in etwa die Magnitude M zurückrechnen.

Gutenberg und Richter haben hierzu eine Formel aufgestellt, welche aus Tab. 3.4-2 hervorgeht. Eine solche Beziehung zwischen Magnitude und Intensität kann immer nur mit mehr oder weniger großer Näherung hergestellt werden. Bei derselben Magnitude werden die Schäden an Gebäuden, die auf schlechtem Baugrund stehen, größer sein als auf gutem Untergrund. Eine große Rolle spielt weiterhin die jeweilige Bauqualität.

Tab. 3.4-2 Erdbeben-Formeln

a) freigesetzte seismische Energie

$\log E = a + b \cdot M$,
wobei in Mitteleuropa für die Konstanten a = 11,4 bzw. b = 1,5 betragen; E in [erg]

b) Beziehung zwischen Intensität I_O und Magnitude M

$M \sim 1{,}0 + \frac{2}{3} I_O$,
wobei I_O die Intensität im Epizentrum ist

Die Schadwirkung von Erdbeben ist weiterhin nicht nur von der errechneten Magnitude abhängig, sondern auch von der Dauer der Erschütterungen und der Anzahl der aufeinander folgenden Stöße. Im allgemeinen haben Beben mit einer großen Magnitude eine große Dauer, während schwache Beben nur kurzzeitig wirken. Befragt man nach einem Beben die Betroffenen über die Dauer der verspürten Erschütterungen, so hört man immer wieder die Aussage, daß ein Beben minutenlang gedauert hätte, welches in Wirklichkeit nur während einiger Sekunden eine Schadwirkung aufwies. Das rührt daher, daß der Mensch Beschleunigungen von einem Tausendstel der Erdbeschleunigung ohne weiteres verspüren kann. Die Erdbeschleunigung g ist bekanntlich diejenige, die ein freifallender Körper, der auf die Erde im freien Fall abstürzt, erleidet, und sie beträgt $g = 9{,}81\ m/s^2$. Die Beschleunigungen, die durch Erdbeben erzeugt werden, werden in Teilbeträgen der Erdbeschleunigung angegeben. So wird eine Beschleunigung von bereits nur 5% der Erdbeschleunigung als schädigend für Gebäude angesehen, wenn sie in horizontaler Richtung wirkt, was einem Wert von 0,05 g entspricht, d. h. fünf Hundertstel der Erdbeschleunigung. Bei einem Beben ist die Schadwirkung um so größer, je länger die größeren Beschleunigungen andauern. Die schwächeren Beschleunigungen vor oder nach den schädlichen Beschleunigungen werden zwar vom Menschen noch deutlich verspürt, sind aber für die Schadwirkung weitgehend unerheblich.

3.5 Tangschan 1976 – die größte Erdbebenkatastrophe

Keine Schlagzeile berichtete von den 650000 Toten, die das nur 15 Sekunden dauernde Erdbeben in der nordchinesischen Provinz Hupeh in der Nacht des 28. Juli

Abb. 3.5-1 Die beim Beben von Tangschan/China 1976 eingestürzten Gebäude der Schule für Bergbau. (Foto: J. M. Gere, Stanford University)

1976 um 3.45 Uhr Ortszeit forderte. Am schwersten betroffen von diesem Beben war die Industriestadt Tangschan mit ihren 1,6 Mio. Einwohnern (Abb. 3.5-1). China, das Land der Superlative, was Zahlen anbelangt, hatte unfreiwillig einen neuen Superlativ geschaffen: das zweitgrößte Erdbeben der Geschichte der Menschheit, nachdem, ebenfalls in China, als größter aller Superlative, am 23. Januar 1556 in der Provinz Schensi 830000 Einwohner ums Leben gekommen sein sollen. Angesichts der bereits seinerzeit gut funktionierenden Verwaltung in diesem Land, müssen wir letztere Zahl für durchaus zutreffend halten.

Das Ereignis von 1976 hatte sein Zentrum ca. 150 km südöstlich von Peking, wo sich naturgemäß die ausländischen Vertretungen befinden und auch die Korrespondenten der ausländischen Massenmedien ihren Sitz haben. Da auch hier das Beben während 2 Minuten zu verspüren gewesen war und die Bewohner verängstigt auf die Straßen getrieben hatte, während sich Risse in Mauern bildeten und Fensterscheiben zu Bruch gingen, war die im Osten, insbesondere auch in der Sowjetunion geübte Praxis zu zurückhaltender Information gegenüber dem Westen sehr wirksam. 24 Stunden nach dem Beben wußte der größte Teil der chinesischen Bevölkerung über die Massenmedien noch nichts von der Katastrophe. Die ausländischen Diplomaten und Korrespondenten wurden nur über ein starkes Erdbeben informiert, bei welchem große Schäden entstanden seien und voraussichtlich zunächst eine unbekannte Zahl von Opfern zu verzeichnen sei. Als am 1. August die Presse über möglicherweise mehr als 100000 Tote mutmaßte und die bulgarische Nachrichtenagentur BTA die Zahl der Toten und Verletzten auf fast 1 Mio. bezifferte, wurde dies von einem Regierungssprecher noch als «reine Spekulation» bezeichnet.

Inzwischen lagen jedoch Augenzeugenberichte darüber vor, daß Tangschan zu 80% in Trümmern läge, daß die Dämme von Flüssen in der Gegend der Stadt den Erdstößen nicht standgehalten hätten und es zu örtlichen Überschwemmungen gekommen sei. Nachdem inzwischen in der Hauptstadt Peking die ausländischen Botschaften in Zelte, die von der chinesischen Regierung zur Verfügung gestellt, evakuiert worden waren, war auch die Drei-Millionen-Stadt Tientsin, wo vielleicht nur 10% der Häuser zerstört oder beschädigt worden waren, in ein Zeltlager verwandelt worden. Wegen der Gefahr von Nachbeben waren Ausländer aus Peking nach Hongkong evakuiert worden. Sie konnten über eine überraschende Disziplin der einheimischen Bevölkerung Pekings berichten. Noch am 3. August 1976 lagen keine offiziellen Angaben über die Zahl der Opfer vor. In Peking hatten die 6 Millionen Einwohner tagelang im Freien oder in Zelten wohnen müssen. Die Lebensmittelgeschäfte wurden nur morgens für eine kurze Zeit geöffnet, um der Bevölkerung Gelegenheit zum Einkaufen zu geben. Die Hilfe, die ausländische Staaten der Volksrepublik China angeboten hatte, wurde durchweg abgelehnt. Die Chinesen waren entschlossen, nach der Losung von Mao Tse-tung «Verlassen auf die eigene Kraft» allein mit den Folgen der Katastrophe fertig zu werden.

Zu diesem Zeitpunkt hatten die Menschen außerhalb der engeren Umgebung und um Peking und Tangschan weniger von den Schäden gewußt, als westeuropäische Zeitungsleser. Dies konnte ein britischer Journalist berichten, der in 1000 km Entfernung von Peking unterwegs gewesen war. Das Leben war in den meisten Gebieten des riesigen Landes offenbar seinen gewohnten Gang weitergegangen. So ergibt die restriktive Nachrichtenpolitik einen Sinn: Panikstimmung, die in unnötiger Weise das Verkehrsnetz und die Fernmelde-Einrichtungen zum Zusammenbrechen bringt, wird vermieden, besorgte Angehörige und Scharen von Journalisten werden abgehalten.

Als im Januar 1977 die englischsprachige Zeitung «South China Morning Post» aus Hongkong meldete, daß sie aus einem geheimen chinesischen Dokument in Erfahrung gebracht hätte, daß über 650000 Todesopfer und 780000 Verletzte zu verzeichnen gewesen wären, hatten die chinesischen Behörden immer noch keine Zahlen veröffentlicht, wenngleich auf Verluste an Menschenleben hingewiesen worden war, wie sie in der Geschichte nur selten aufgetreten seien. Immerhin war bekannt geworden, daß die von der Armee angeführten Hilfstrupps mit einer Stärke von nicht weniger als 1 Mio. Mann im Einsatz gewesen waren. Viel später wurde die Zahl der Todesopfer offiziell mit 240000 beziffert.

Die zusammen mit den Nachrichten über erfolgte Wiederaufbauarbeiten nach und nach herausgegebenen amtlichen Angaben ergeben zusammen mit den Beobachtungen ausländischer Journalisten und Diplomaten den folgenden Verlauf des schweren Erdbebens. Das Epizentrum lag im Bereich der Stadt Tangschan, die von einer ca. 150 km langen Verwerfungsspalte durchzogen wird, die in nordöstlicher Richtung verläuft. Als Magnitude des Bebens wurde ein Wert von M 8,2 ermittelt. An der Verwerfung waren Verschiebungsbeträge bis zu 3 m beobachtet worden (Abb. 3.5-2). An der Küste des Gelben Meeres war die Geländeoberfläche bis zu 3 m abgesunken, wodurch ein Dorf vom Meer überschwemmt

Abb. 3.5-2 Beim Beben von Tangschan 1976 wurde auch diese Lokomotivfabrik zerstört. Das Bild zeigt heruntergestürzte Kranbahnen. In diesem Werk kamen mehrere tausend Arbeiter um. (Foto: J. M. Gere, Stanford University)

wurde. In Tangschan waren rund 80% aller Gebäude, die zumeist in Ziegelbauweise erstellt worden waren, zerstört. In der Stadt Tientsin mit ihren 4,3 Mio. Einwohnern hatten schätzungsweise 10% der Gebäude Beschädigungen erlitten. Selbst in Peking gab es durch Gebäudeschäden noch 100 Tote.

An die Stadt Tangschan grenzt das Steinkohlenrevier von Kailuan, in dem über 30000 Bergarbeiter beschäftigt sind. Durch den Stromausfall wurden etwa 10000 von ihnen unter Tage eingeschlossen, doch gelang es, die meisten von ihnen zu retten. Durch die Geländebewegungen wurden Eisenbahnschienen auf eine Länge von insgesamt etwa 230 km verbogen, wodurch von den 28 Zügen, die zur Zeit des Bebens unterwegs waren, sieben entgleisten. Zwanzig Straßenbrücken brachen zusammen oder erlitten schweren Schaden. Über 200 wurden leicht beschädigt. 40 Erddämme, von denen der größte 60 m hoch war, trugen Schäden davon, ohne daß es zu eigentlichen großen Überschwemmungen gekommen war. Die größte Zahl der Todesopfer wurde durch den Einsturz der Häuser bedingt, in denen sich die Bewohner angesichts der nächtlichen Stunde - der Hauptstoß fand 3.45 Uhr Ortszeit statt - aufgehalten hatten. Danach folgte zunächst ein Erdstoß von geringerer Stärke, bis schließlich um 7.25 Uhr ein drittes Beben stattfand, das mit einer Magnitude von M 7,3 wiederum eine gewaltige Stärke aufwies. In den beiden folgenden Wochen folgten über 100 Nachbeben mit Magnituden von M 4 bis 5. Erst nach 19 Tagen konnte die Erdbebenwarnung aufgehoben werden.

Nach dem Beben zeigte es sich, daß an der Jinzhou-Verwerfung keine Bewegungen stattgefunden hatten. Stattdessen waren parallel zu ihr Risse im Boden und im Fels festgestellt worden, so daß daraus gefolgert werden kann, daß eine neue Verwerfung entstanden war.

Bereits am 15. November 1976 kam es im Gebiet Peking-Tangschan zu erneuten Erdstößen. Wiederum mußten die Bewohner Pekings für Wochen in Zelte und Notunterkünfte ziehen. Allein in diesem Jahr 1976 fanden starke Beben weiterhin in der Provinz Jünnan, an der chinesisch-burmesischen Grenze und ein weiteres in der Provinz Szetschuan statt. China ist also ein Land, in dem häufig schwere Erdbeben auftreten.

Erdbebenvorhersage in China

Nachdem der Zerstörung von Tangschan keinerlei Warnungen vorausgegangen waren, könnte man zu der Meinung gelangen, in China sei die Erdbebenforschung wenig entwickelt. Doch das Gegenteil ist der Fall. So wurde bereits am 4. Februar 1975 in der Provinz Liaoning eine Warnung herausgegeben, daß innerhalb von 24 Stunden sich wahrscheinlich ein schweres Erdbeben ereignen würde. Daraufhin wurden trotz der winterlichen Kälte die Häuser geräumt, das Vieh aus den Ställen getrieben und sogar die Autos im Freien abgestellt. Das danach tatsächlich mit einer Magnitude von 7,3 eintretende Ereignis war so schwer, daß der amerikanische Erdbebenforscher B.A. Bolt schätzt, daß ohne die Vorwarnung wohl 3 Mio. Menschen getötet worden wären, während so die Zahl der Opfer auf einige Hundert beschränkt blieb.

In der Provinz Liaoning waren schon 1970 systematische Beobachtungen begonnen worden, wobei Geophysiker, aber auch eine große Zahl von Amateurbeobachtern eingesetzt worden waren. Es zeigte sich, daß Ende 1973 und 1974 Geländehebungen stattfanden, die das 20fache des normalen Wertes erreichten und in 9 Monaten 2,5 mm ausmachten. Auch im Bereich der Küste der Halbinsel Liaotung konnten durch eine Verschiebung der Küstenlinie Hebungen des Landes beobachtet werden. Weiterhin zeigte das Magnetfeld der Erde bei entsprechenden

Messungen starke Schwankungen. Ab Anfang Februar 1975 wurden schwache Erdstöße aufgezeichnet, gleichzeitig zeigten Tiltmeter, daß sich an ganz bestimmten Stellen die Erdoberfläche verstärkt hob. In der ganzen Gegend wurde kurz vor dem Beben bei den Haustieren eine besondere Unruhe und abnormales Verhalten festgestellt. Hühner flogen auf die Bäume, Hausschweine verhielten sich ganz ruhig, während Enten nicht mehr ins Wasser gingen, Hunde dagegen kräftig bellten. In Druckschriften für die Bevölkerung war auf solche möglichen Symptome schon vorher aufmerksam gemacht worden.

Solches abweichendes Verhalten von Tieren vor dem Hauptbeben wurde schon vor demjenigen von San Francisco von 1906, Tokio 1923 und wiederum von Friaul 1976 berichtet. Es hat sich gezeigt, daß das Tierverhalten im wissenschaftlichen Versuch nicht nachvollzogen werden kann. Es wird daher vermutet, daß die Tiere feine Veränderungen im Magnetfeld oder auch Mikrobeben spüren können. Vielleicht wittern sie auch aus dem Boden austretende Gase wie Radon.

Die eingesetzten Amateurbeobachter lieferten zusätzliche Beobachtungen über starke Schwankungen des Grundwasserspiegels in Brunnen. Aufgrund der Beobachtungsdaten, die bei der Provinzverwaltung zusammengelaufen waren, konnte dann wenige Stunden vor dem Ereignis die allgemeine Warnung herausgegeben werden.

In der Volksrepublik China gibt es 17 Hauptzentren für die Erdbebenforschung mit modernen Geräten, daneben rund 300 örtliche seismographische Stationen mit Aufzeichnungsgeräten und zusätzlich etwa 5000 Beobachtungsstellen mit einfachster Ausrüstung. Diese Stationen sind naturgemäß in den Gebieten konzentriert, die aufgrund der tektonischen Verhältnisse als besonders erdbebengefährdet gelten.

Schwierige Abgrenzung von Erdbebenzonen in China

Betrachtet man die Verteilung der schweren Erdbeben in China, so zeigte sich, daß nur im Süden und im Nordosten Gebiete sind, die bisher kaum von Erdbeben betroffen worden sind, wenn Sie auch nicht als vollständig erdbebenfrei bezeichnet werden können. Die übrigen Gebiete lassen sich nur aufgrund der Bebenhäufigkeit der jüngsten Vergangenheit, die in China allerdings mit über 2000 Jahren veranschlagt werden kann, abgrenzen. Die Abgrenzung kann insbesondere nur schwer entlang der Grenzen der verschiedenen tektonischen Einheiten erfolgen. Die dem chinesischen Festland vorgelagerte Insel Taiwan liegt im Bereich der Subduktionszone zwischen der eurasischen und der ozeanischen Platte der Philippinen, in einem Gebiet also, das sich in den zirkumpazifischen Gürtel von Erdbeben und Vulkanen zwanglos einordnet. Die Beben entlang dem alpinen Faltengebirge des Himalaya, dessen Gipfel auch heute noch im Wachstum begriffen sind, passen ebenso in das allgemein gültige Konzept.

Die Beben ereignen sich aber auch im alten Westlichen Gebirge und sogar im alten Festlandskern der Chinesischen Masse, also in Gebieten, die gemeinhin als geologisch wenig aktiv angesehen werden. Schwere Beben mit einer Magnitude M um 8, treten teils mehrmals pro Jahrhundert auf, in einzelnen Jahrhunderten aber, so im 15. und 18. Jahrhundert können sie fehlen. Daraus ist ganz klar ersichtlich, daß ein Beobachtungszeitraum in der Größenordnung von 100 oder wenigen hundert Jahren für die Beurteilung der Erdbebengefahr eines Gebietes nicht ausreichend ist.

3.6 1976 – das Jahr der Erdbebenkatastrophen

Guatemala 1976

Als erste schwere Erdbebenkatastrophe des Jahres ereignete sich am 4. Februar 1976 kurz nach 3 Uhr morgens das große Beben von Guatemala, bei welchem 22000 Tote, 70000 Verletzte und schwerste Zerstörungen mit Sachschäden in Höhe von 1,3 Milliarden US $ zu beklagen waren. Der Herd des Bebens lag im Bereich der Montagua-Verwerfung, die als Grenze zwischen der nordamerikanischen und der karibischen Platte gilt. Durch das Beben waren entlang der Verwerfung Horizontalverschiebungen von meist um 1 m auf über 300 km Länge, örtlich sogar ein Verschiebungsbetrag von über 3 m bewirkt worden (Abb. 3.6-1).

Nur wenige Stunden nach dem Hauptbeben, nämlich um 9.30 Uhr erfolgte ein Nachbeben. Zwei weitere Nachbeben ereigneten sich 2 Tage später im Abstand von wenigen Minuten. Anfang März kam es dann nochmals zu Nachbeben mit einer Magnitude zwischen M 4,3 und 5,0, bei welchen einige bereits stark beschädigte Häuser einstürzten.

In den Kleinstädten und Dörfern des betroffenen Gebietes waren z.T. bis gegen 100% der Häuser eingestürzt. In der Hauptstadt Guatemala-City, die 25 km von der Montagua-Verwerfung entfernt ist, wurden 180000 Häuser zerstört, wodurch rund 1 Mio. Menschen obdachlos wurden, dies obwohl das Epizentrum des Bebens etwa 150 km von der Stadt entfernt war. Wie konnte es in einem Gebiet, das in historischer Zeit immer wieder von schweren Beben erschüttert wird, zu so schweren Schäden kommen?

Die alte Hauptstadt Antigua ist nach einem Beben im Jahre 1773 verlassen worden. Guatemala-City war am 25. Dezember 1917 von einem schweren Beben erschüttert worden, bei welchem etwa 40% der Häuser zerstört worden waren.

Ein Großteil der Opfer kam in einstürzenden Häusern und Hütten aus ungebrannten Lehmziegeln um. Solche Wände können kaum Horizontalkräfte aufnehmen, wie sie bei Erdbeben auf die Gebäude wirken. Wenn dann noch praktisch die gesamte Bevölkerung bei der nächtlichen Stunde des Ereignisses in den Häusern ist, fordern die herabstürzenden Trümmer, die fallenden Balken und Dachziegel eine besonders große Zahl von Opfern. Vielerorts haben Überlebende unmittelbar nach der Katastrophe damit begonnen, aus dem Schutt ihrer eingestürzten Häuser sorgfältig die ungebrannten Lehmziegel herauszusortieren und sich rasch an einen Wiederaufbau zu machen, bevor im Mai die Regenzeit beginnt – an einen Wiederaufbau mit genau denselben Materialien und derselben Bauweise, so daß der nächste Einsturz abzusehen ist.

Auch bei diesem Beben zeigte es sich, daß die verschiedenen Baukonstruktionen stark unterschiedliche Widerstandsfähigkeit gegenüber Erdbeben aufweisen. In Guatemala-City zeigten die zwei einzigen Stahlskelett-Bauten kaum Schäden und auch die Konstruktionen aus armiertem Beton blieben weitgehend erhalten. Die Hochebene von Guatemala-City wird von zahlreichen tief eingeschnittenen Tälern durchzogen. Die repräsentativeren Gebäude wurden hauptsächlich

Abb. 3.6-1 Beim Beben vom 4. Februar 1976 in Guatemala wurde diese Baumreihe durch Horizontalverschiebung entlang der Montagua-Verwerfung um 3,25 m verschoben. Die Person links markiert mit einem Pflock den ursprünglichen Standort der Bäume rechts.
(Foto: USGS)

am Hang solcher Täler erstellt und an diesen Stellen kam es beim Beben dann häufig zu Rutschungen.

Das folgenreichste jüngere Erdbeben in Mittelamerika war bis anhin dasjenige des Jahres 1972 von Managua, der Hauptstadt von Nicaragua, die ca. 500 km südlich von Guatemala-City liegt. Auch dort war die Ursache der zahlreichen

Toten und der auf 800 Mio. US $ geschätzten Sachschäden in der schlechten Bauweise der Häuser begründet.

In diesem Jahr 1976 gab es in Mittel- und Südamerika noch andere Schadbeben mit Verletzten und maximal 10 Toten in Ecuador, Mexico, Panama, Peru und im chilenisch-bolivianischen Grenzgebiet (Abb. 3.6-2).

Abb. 3.6-2 Die Särge fielen aus den Grabkammern, als der Friedhof von Caras/Peru beim Beben vom 31. Mai 1970 zerstört wurde. (Foto: NOAA/EDIS.)

Friaul 1976

Im nordostitalienischen Friaul ereignete sich am 6. Mai 1976 ein Erdbeben, das in weiten Teilen von Österreich, der Schweiz und der Bundesrepublik Deutschland deutlich verspürt werden konnte. Hier im Grenzgebiet gegen Jugoslawien und Österreich fand am um 21.00 Uhr ein Hauptbeben statt, das die Magnitude M 6,5 hatte, wobei im Epizentrum anhand der Zerstörungen eine Intensität von X geschätzt wurde. Bei dem Hauptbeben gab es 965 Tote und 2300 Verletzte. Im betroffenen Gebiet Italiens wurden 11000 Häuser zerstört, so daß fast 100000 Menschen obdachlos wurden. Im benachbarten Jugoslawien wurden in Slowenien 6000 Häuser beschädigt, was zu über 1000 Obdachlosen führte und außerdem gab es auch hier 25 Verletzte. Dieses Beben hatte eine ganz außerordentlich große Zahl von Nachbeben, die am 9. und 11. Mai Magnituden von M 5,1, bzw. 5,2 erreichten und die sich ereigneten, als die Aufräumungsarbeiten gerade in vollem Gange waren. Eine große Zahl weiterer Nachbeben erfolgte das ganze Jahr hindurch, von denen diejenigen vom 11. und 15. September 1976 mit Magnituden von M 5,5 bzw. 6,0 wiederum Menschenleben forderten.

Ein großer Teil der Schäden entstand durch Rutschungen im Tal des Tagliamento. Durch Rutschungen wurden auch zahlreiche Straßen blockiert und ebenso die Eisenbahnstrecke Wien–Venedig. Die monatelang andauernden Erdstöße führten zu einer völligen Demoralisierung der Bevölkerung. Gerade wieder bewohnbar gemachte Häuser waren plötzlich wieder zerstört. Die Altstadt von Gemona wurde völlig zertrümmert, die Stadt Udine ebenso besonders schwer betroffen. Die Bevölkerung wurde in von der Regierung angemieteten Ferienwohnungen in die Badeorte am Adriatischen Meer evakuiert. Als im Hafen von Venedig durch die Erschütterungen ein Hafenarbeiter von einem Schiff gestürzt und dabei umgekommen war, wurde auch in Venedig Katastrophenalarm gegeben. Insbesondere wurden die Anlagen der dort ansässigen chemischen Industrie besonders unter Kontrolle gehalten, um zu vermeiden, daß Giftgas entweicht.

In den Notstandsgebieten kam es, während Militär und Feuerwehr mit den Aufräumungsarbeiten und dem Abtransport der Umsiedlungswilligen beschäftigt waren, angesichts der Verknappungen zu drastischen Preisaufschlägen seitens der Lebensmittelhändler und der Geschäfte für Baumaterialien bis zu 50%, so daß die Regierung dagegen einschreiten mußte. Zur Finanzierung der Katastrophenhilfe wurden teilweise hohe Sondersteuern, so auf Autos, Motorräder und Privatflugzeuge sowie Motorjachten erhoben.

Das Bemerkenswerte an den schweren Erdbeben in Friaul des Jahres 1976 ist das große Schüttergebiet, dessen Radius mit rund 800 km bis Hannover und Köln reichte, wo hängende Gegenstände noch in minutenlange Pendelbewegungen gerieten. In München, Nürnberg und Erlangen waren die Erschütterungen in den oberen Stockwerken von Hochhäusern so stark, daß in einigen Fällen die Bewohner fluchtartig die Wohnungen verließen. Zu Gebäudeschäden war es allerdings nicht gekommen. In Stuttgart klagten zahlreiche Einwohner über ein merkwürdiges Unwohlsein, wiederum hauptsächlich Bewohner der oberen Geschosse von Hochhäusern. In Basel waren die Beben deutlich verspürt worden, ebenso im Berner Oberland. Im Süden wurde das Hauptbeben vom 6. Mai bis Rom verspürt. Der große Schütterradius und die schweren Schäden bei der nicht besonders großen Magnitude von M 6,5 sind hauptsächlich zurückzuführen auf die mit 9 km geringe Tiefe des Herdes. Da an der Erdoberfläche keine Spaltenbildungen beobachtet worden waren, geht man davon aus, daß im Untergrund eine mehr oder weniger horizontale Aufschiebung von Gesteinspaketen stattfindet.

In Österreich, das naturgemäß durch die Nähe zum Epizentrum das Beben relativ stark verspürt hat, erinnerte man sich daran, daß die Stadt Villach am

25. Januar 1348 von einem Beben mit der geschätzten Magnitude um M 6,5 heimgesucht worden war, wobei die Stadt hauptsächlich durch einen gewaltigen Erdrutsch zerstört wurde. Ein weiteres Erdbeben ereignete sich in Villach am 4. 12. 1690 etwa mit einer Magnitude um M 6.

Über die Erdbebentätigkeit in Italien liegen Berichte seit der Zeit des Römischen Reiches vor und anhand der geschichtlichen Überlieferungen müßte man den südlichen Rand des Alpenbogens für seismisch aktiver halten, als dies nach den Beben dieses Jahrhunderts beurteilt werden kann. So ist bereits aus dem Jahr 260 v. Chr. ein Beben aus Vicenza überliefert. Über schwere Beben wurden aus Padua im Jahre 365, aus Brescia im Jahre 1222 und aus Mailand um Jahre 1473 berichtet. Das ebenso wie die Alpen «alpine» oder «alpidische» Apenninen-Gebirge, dessen Gebirgsbildungsvorgänge ebenfalls immer noch nicht abgeschlossen sind, ist ebenfalls von Erdbebenzonen begleitet, die sich über Mittel- und Süditalien hinziehen. Bekannt sind die Erdbeben aus der Gegend von Neapel. So sollen 1456 in der Provinz Campagna 30000 Menschen umgekommen sein. Das berühmte Erdbeben von Messina auf Sizilien vom 28. Dezember 1908 wies eine Magnitude von M 7,5 auf und forderte 75000 Tote. Durch Bewegungen der Erdkruste innerhalb des Meeresbodens der Straße von Messina entstand eine Flutwelle (Tsunami) bis 11 m Höhe, die sich auf die benachbarten Küsten ergoß.

Weitere Erdbeben in Europa, die nur Sachschäden anrichteten, fanden statt auf Island (13. 1.), in Griechenland (22. 2.), in Albanien (2. 3.), in Jugoslawien (13. 7.) und in Belgien (24. 10.).

Iran und Türkei – Katastrophen auch 1976

Am 24. November 1976 ereignete sich etwa im Dreiländereck zwischen der Türkei, Iran und der UdSSR eine Erdbebenkatastrophe, die rund 5000 Tote im Gefolge hatte. Das Epizentrum lag im Bereich der Kleinstadt Muradiye in der Osttürkei, wo allein 1000 Menschen von den Trümmern der zusammenstürzenden Häusern begraben wurden. Besonders dramatisch war dieses Ereignis, da winterliches Wetter mit Kältegraden bis zu −18° C herrschte und Schneestürme über dem betreffenden Gebiet tobten, während die Menschen im Freien übernachten mußten. Die Versorgung des Gebietes war völlig unterbrochen, weil durch Erdrutsche die Hauptverkehrsstraßen unpassierbar waren, so daß Zelte, Decken, Nahrungsmittel und Medikamente mit Fallschirmen von Flugzeugen abgeworfen werden mußten.

Erdbebenkatastrophen 1976 in Ostasien

Die größte Erdbebenkatastrophe des Jahres 1976 war diejenige von Tangschan in der Volksrepublik China mit mehreren hunderttausend Toten (3.5). Etwa zwei Wochen nach diesem Ereignis folgte ebenfalls in China, in der Provinz Szetschuan, ein schweres Schadbeben und am gleichen Tag kamen durch ein Beben auf der Insel Mindanao/Philippinen 5000 bis 8000 Menschen um, 90000 wurden obdachlos. Dieses «schwerste Beben auf den Philippinen seit Menschengedenken» erzeugte auch eine über 4 m hohe Flutwelle, die auf Mindanao und der

Sulu-Inselgruppe ganze Dörfer fortriß. Es ist dies das Gebiet der mohammedanischen Minderheit, in dem sich vorher bereits jahrelang heftige Kämpfe zwischen Regierungstruppen und moslemischen Separatisten abgespielt hatten (Abb. 3.6-3).

Am folgenden Tag ereignete sich ein Nachbeben, das weitere Schäden verursachte. Ein um etwa dieselbe Zeit in Mitteljapan registriertes Beben verursachte

Abb. 3.6-3 Das Erdbeben vom 16. August 1976 auf Mindanao/Philippinen erzeugte eine 4 m hohe Flutwelle, die ganze Dörfer fortriß.

(Foto: Earthquake Information Bulletin, Rob. E. Wallace)

nur Sachschäden, wie überhaupt Japan in diesem Jahr von Erdbebenkatastrophen verschont blieb. Am 17. Mai fand in der Sowjetrepublik Usbekistan ein Beben statt, das stärker war als dasjenige vom 6. Mai in Friaul, obwohl nur sechs Tote und 10000 Obdachlose aus dem Gebiet der Stadt Gazli gemeldet wurden. Dort waren schon am 8. April schwächere Erdstöße verzeichnet worden, die offensichtlich als Vorbeben anzusehen sind. 1966 war die usbekische Hauptstadt Taschkent verwüstet worden, wobei 28000 Gebäude eingestürzt und über 300000

Abb. 3.6-4 Beim großen Erdbeben vom 27. März 1964 brach in Anchorage/Alaska in der Fourth Avenue mitsamt den Häusern ein Graben von 3,4 m Tiefe ein, wobei gleichzeitig eine Horizontalverschiebung von 4,3 m stattfand. (Foto: NOAA/EDIS.)

Menschen obdachlos geworden waren. In Usbekistan ereigneten sich 1984 über 1500 schwache und mittlere Beben, die schwere Gebäudeschäden anrichteten. Dabei wurden auch vier Kompressorstationen einer wichtigen Gaspipeline beschädigt.

Erdbebenserien – kosmische Einflüsse?

Im Mai 1976 ereigneten sich an ganz verschiedenen Orten der Erde noch andere Beben. Am 12. Mai kam es in der türkischen Provinz Kutahya zu kleineren Schäden. Drei Tage später forderte in Peru ein schweres Beben fünf Tote und 30 Verletzte, hauptsächlich durch Erdrutsche im Sampo-Gebiet.

Kurz hintereinander Schadbeben in Norditalien, der Türkei, in Peru, im zentralasiatischen Teil der UdSSR, dann wieder in China (Provinz Yunnan – 29. Mai), am gleichen Tag ein schweres Beben im burmesisch-chinesischen Grenzgebiet. Die zeitliche Häufung von Erdbeben in eng begrenzten Gebieten ist eine seit langem bekannte Tatsache. Es wurden aber auch sogenannte Verkoppelungen von Beben über verschiedene Herde hinweg beobachtet. So ereignete sich in Süddeutschland in der Zeit von 1933 bis 1936 eine Erdbebenserie, wobei beispielsweise einem Beben im Nordschwarzwald ein weiteres unter der Schwäbischen Alb oder im Bodenseeraum folgte. Die Verkoppelung von Beben um den Pazifik herum ist besonders häufig. In der Zeit vom November 1955 bis Februar 1956 ereigneten sich 59 Großbeben, von denen 49 den pazifischen Raum betrafen, die im Abstand von einigen Tagen über den Pazifik hin und her sprangen. Dies wurde erklärt durch Auslöseprozesse, die sehr tief im Erdinnern liegen, durch ein Hin- und Herbewegen des Erdkerns, den man sich ja in einer flüssigen Umhüllung vorstellen muß.

Die zeitliche Verkoppelung von Beben in ganz verschiedenen tektonischen Gebieten der Erde führt zu der Frage, ob nicht kosmische Einflüsse als Auslösefaktor zum Tragen kommen. So ist bekannt, daß die jeweiligen Konstellationen von Sonne und Planeten einen Einfluß auf das Schwerefeld der Erde ausüben und so Bewegungen von Teilen der Erdkruste bewirken könnten. Die Aktivität auf der Sonnenoberfläche ist in der Lage, das Magnetfeld der Erde zu beeinflussen, wodurch die Quarzkörner in Gesteinen aufgrund des piezoelektrischen Effektes zusammengezogen oder ausgedehnt werden. Eindeutige Beziehungen zwischen kosmischen Einflüssen und Erdbebenhäufigkeit konnten jedoch noch nicht bewiesen werden. Auf der Erdoberfläche wirkende Faktoren wurden jedoch wiederholt als Auslöser von Beben nachgewiesen.

Der Herd des großen Bebens von Alaska von 1964 (3.2 und 3.7) lag unterhalb des Meeresbodens (Abb. 3.6-4). Die folgenden Nachbeben wurden ganz offensichtlich durch die Gezeiten des Meeres ausgelöst. In Japan wurde wiederholt beobachtet, daß Luftdruckschwankungen sowie auch starke Niederschläge Beben auslösen können. Angesichts der großen Spannungen, die sich beidseits der Verwerfungen im Untergrund aufgestaut haben, die alsbald auch ohne äußere Auswirkung von selbst ihren Ausgleich gesucht hätten, ist es nicht verwunderlich, daß ein winziger Anstoß von außen zum vorzeitigen Freisetzen der Energien führt.

1976 in Deutschland – Österreich – Schweiz

In diesen Ländern fanden im Jahr der Erdbebenkatastrophen nur schwächere Beben statt, die kaum Schäden verursachten. Da sich diese in Erdbebengebieten ereigneten, von denen gelegentlich Schadbeben zu erwarten sind, werden sie nachfolgend aufgeführt (Abb. 3.11-4).

Im Erdbebengebiet Niederrheinische Bucht – Rheinisches Schiefergebirge – Hohes Venn war am 6. Juli ein oberflächennaher Erdstoß im Braunkohlenrevier bei Bergheim/Nordrhein-Westfalen zu verspüren. In demselben Gebiet folgten am 9. Juli und 7. September ähnliche Erdstöße. Diese hatten jeweils eine Intensität zwischen III und VI. Im Schwarzwald ereignete sich am 29. Februar ein Beben, dessen Herd zwischen Villingen und Donaueschingen lag, dessen Intensität V betrug. Die Herdtiefe wurde mit rund 10 km ermittelt. Im Epizentrum wurde die

Intensität V beobachtet, d.h. hängende Gegenstände gerieten ins Pendeln und angesichts der nächtlichen Zeit um 3.40 Uhr erwachten viele Schlafende. Der Schütterradius betrug 40 km. Die Schwäbische Alb erschütterte am 15. September ein Beben mit einer Epizentralintensität von VI, wobei der Herd zwischen Onstmettingen und Jungingen lag. Es wurde eine extrem geringe Herdtiefe von 1 km ermittelt, auch hier betrug der Schütterradius 40 km. Auf der Schwäbischen Alb war es dann im Jahre 1978 zu einem eigentlichen Schadbeben gekommen (3.3).

In Österreich ereigneten sich 1976 drei Erdbeben, deren Schüttergebiete bis in die Bundesrepublik Deutschland reichten. Das erste dieser Ereignisse war dasjenige von Reutte/Tirol. Am 14. August erfolgte ein Beben, dessen Epizentrum nördlich Innsbruck lag und das durch akkustische Begleiterscheinungen in Form eines Knalls oder Grollen in einem Schüttergebiet von 2750 km^2 verspürt werden konnte. Am 19. November verspürte man südlich Lofer/Salzburg ein Erdbeben, das wie die vorangegangenen eine Intensität von etwa V aufwies.

In der Schweiz fanden am 2. und 26. März jeweils Beben statt, deren Epizentrum am Südufer des Bodensees lag. Die verspürte Intensität betrug jeweils V, der Schütterradius 40 km, d.h. die Beben konnten in der Bundesrepublik insbesondere im Bereich Friedrichshafen und Ravensburg, aber auch im Bereich des Untersees deutlich verspürt werden. Am 17. Juli verursachte im schweizerischen Graubünden ein Beben bei Filisur-Tiefencastel leichte Schäden an Gebäuden.

3.7 Erdbebenflutwellen (Tsunamis)

Hauptgebiet der Tsunamis: der Pazifik

Am 1. April 1946 ereignete sich im Bereich des Inselbogens der Aleuten vor Alaska ein Seebeben, d.h. ein Erdbeben, dessen Epizentum unter dem Meeresspiegel liegt. Der Hauptschaden von diesem Beben ging von Flutwellen aus, die fünf Stunden später auf die Inselgruppe Hawaii aufbrandeten. Dort lagen am frühen Morgen in der Hilo Bay Frachtschiffe 2 km vor der Küste verankert. Die Mannschaften sahen, wie sich nahe dem Ufer langsam eine riesige Woge aus dem Meer aufbaute und schließlich zu einem 10 m hohen Wall wurde. Kurz zuvor war die Welle kaum spürbar mit 1.5 m Höhe unter ihren Schiffen durchgezogen. Die Welle traf die Stadt Hilo auf Hawaii, forderte 159 Menschenleben und verursachte einen Sachschaden von 25 Mio. US $ (Abb. 3.7-1 und 2).

Beim Erdbeben vom 27. März 1964 von Alaska lag das Epizentrum im Bereich des Meeresbodens des Prince William Sund. In der 70 km entfernten Hafenstadt Valdez lag gerade das Frachtschiff Chena mit seinen 120 m Länge im Hafen verankert. Plötzlich wurde es 6 bis 9 m emporgehoben und auf die Seite gelegt, so daß einige Besatzungsmitglieder von herunterrutschender Ladung erschlagen wurden. Wie durch ein Wunder kam das Schiff wieder aufrecht ins Wasser, wäh-

Abb. 3.7-1 Eine Reihe von Erdbeben-Flutwellen nähert sich der Stadt Hilo/Hawaii am 1. April 1946. Die Eisenbahnbrücke über den Wailuku-Fluß ist bereits zerstört.

(Foto: Univ. of California, Berkeley)

rend die Flutwelle nun auf Dockanlagen schlug und Lagerhäuser fortspülte. Die Menschen, die sich verzweifelt an irgendwelche Gegenstände klammerten, wurden beim Zurückwogen allesamt mitgerissen. Zehn Minuten später folgte eine zweite Welle, die nun reich beladen war mit Holztrümmern und anderem Treibgut. Allein durch den Tsunami gab es 119 Tote und einen Sachschaden von über 100 Mio. US $.

Japan leidet immer wieder unter großen Katastrophen, die durch Tsunamis verursacht werden. Diese entstehen z.T. durch Bewegungen des Meeresbodens bei Beben um die japanischen Inseln herum, z.T. aber sind es Tsunamis, die ihren Ursprung auf der anderen Seite des Pazifiks haben und die über das Meer gewandert sind. Zu den schlimmsten Tsunami-Katastrophen der Geschichte gehört diejenige der Sanriku-Küste der japanischen Insel Honsu, die sich im Anschluß an ein großes Erdbeben, dessen Epizentrum unter dem Meeresboden lag, am 15. Juni 1896 gebildet hatte. Diese seismische Meereswelle rauschte in einer Höhe von 25 bis 35 m über üblichem Hochwasserniveau auf die Küste auf, spülte ganze Dörfer mit 10000 Häusern fort und hinterließ 26000 Tote. Dann wanderten die Tsunami-

Wellen nach Osten über den Pazifischen Ozean und erreichten die Stadt Hilo auf Hawaii noch mit einer Höhe von 3 m. Die Wellen setzten dann ihre Wanderung fort zur Küste des amerikanischen Festlandes. Von dort wurden sie dann reflektiert in Richtung Neuseeland und Australien. Am 2. März 1933 wiederholte sich das Ereignis von Sanriku. Wiederum brandete ein Tsunami mit Kammhöhen von 25 m auf die Küste. Diesmal mußten 3000 Tote beklagt werden.

Abb. 3.7-2 Der Tsunami vom 1. April 1946 richtete an den Hafenanlagen von Hilo/Hawaii große Schäden an. (Foto: Univ. of California, Berkeley)

Tsunamis können nicht nur durch Auf- und Abbewegungen des Meeresbodens bei Erdbeben entstehen, sondern auch bei Vulkan-Ausbrüchen, wenn sich nach dem Ausschleudern von großen Materialmengen im Untergrund Hohlräume befinden, die dann einstürzen. Dies war der Fall beim Ausbruch des Krakatau im Jahre 1883 (2.4). Inwieweit das Ende der minoischen Kultur auf Kreta mit Erdbebenflutwellen zusammenhängt, wurde unter Textziffer 2.12 diskutiert.

Seismische Wellen

Die Bezeichnung Tsunami kommt aus dem Japanischen. Es ist gerechtfertigt, auch sprachlich eine Unterscheidung zwischen Erdbebenflutwellen und normalen Wellen zu machen, die vom Wind bzw. vom Sturm gebildet werden, da sich einige charakteristische Unterschiede zwischen beiden Typen feststellen lassen. Bei Tsunamis wandert nicht eine einzelne große Welle über den Ozean, vielmehr handelt es sich um eine Wellenfolge, wie sie auch entsteht, wenn wir einen Stein ins Wasser werfen. Während bei winderzeugten Meereswellen die Wellenlänge, d.h. der Abstand von Kamm zu Kamm, in der Größenordnung von maximal Hunderten von Metern liegt, ist die Wellenlänge bei Tsunamis tausendmal größer, sie liegt in der Grössenordnung von Hunderten von Kilometern. In tiefem Wasser erreichen die Tsunamis Geschwindigkeiten von 800 km/h, während normale Meereswellen kaum über 90 km/h schnell sind.

Im tiefen Wasser haben die Tsunamis eine Höhe von nur wenigen Metern, die von Schiffen gar nicht oder nur mit leichtem Schaukeln registriert wird. Bei Annäherung an eine Küste nimmt die Wassertiefe ab, die Vorwärtsbewegung wird gebremst und gleichzeitig die Wellenlänge verkürzt, aber die Höhe gesteigert. So kann eine von Schiffen kaum bemerkte Erdbebenflutwelle über den Pazifik rasen und auf der gegenüberliegenden Seite schließlich relativ langsam aber mit großer Höhe auf dem Ufer auflaufen.

Der Hauptkamm eines Tsunamis trifft nicht ohne warnende Anzeichen ein. Zunächst erscheint an den betroffenen Küsten ein wiederholtes flutartiges Ansteigen um 1 oder 2 m mit nachfolgender «Ebbe» nach 10 oder 20 Minuten. Von diesem Phänomen könnte auch die englische Bezeichnung «tidal waves», d.h. Gezeitenwellen herrühren, eine Bezeichnung, die hier natürlich nicht korrekt ist. Nach dem mehrmaligen Steigen und Fallen des Meeresspiegels erfolgt eine größere Ebbe, worauf die größte Welle als Brecher oder fast vertikale Wand, wie bei einer Springflut kommt.

Im Durchschnitt ist weltweit jährlich mit einem Tsunami zu rechnen, der Schäden verursacht. Besonders gefährdet sind die Küstenregionen des Pazifischen und Indischen Ozeans, aber auch des Mittelmeeres, des Atlantiks und der Karibischen See. Ebenfalls im Kaspischen Meer und im Schwarzen Meer wurden schon Tsunamis beobachtet. Beim Auftreten von Erdbeben, die Tsunamis im Gefolge haben, sind die Schäden durch die Flutwellen meist größer als durch die Erschütterungen (Tab. 3.7-1).

Das größte Tsunami-Ereignis der Geschichte in Europa ist dasjenige vom 1. November 1755, als die Westküste von Portugal, Spanien und Marokko von einer Flutwelle getroffen wurde. Allein in Lissabon, das damals eine Bevölkerung von ca. 235000 Einwohnern hatte, starben 60000 Personen in der fünf bis zehn Meter hohen Welle. Der Tsunami breitete sich über den Atlantik aus und wurde selbst noch in den Niederlanden und in den vor Mittelamerika liegenden Antillen deutlich verspürt. Etwa im gleichen Gebiet bebte am 28.2.1969 die Erde nochmals und wieder kam es in Portugal diesmal allerdings zu kleineren Schäden an Bauwerken, zwei Menschen kamen um, über 60 wurden verletzt. Ebenso wurden wiederum Schäden aus Spanien und Marokko gemeldet. Das Beben, das etwa eine Stärke desjenigen von Alaska des Jahres 1964 gehabt haben soll, hatte nur deswegen keine großen Schäden verursacht, weil das Epizentrum auf dem Meeresboden gelegen hatte. Entsprechend kam es auch diesmal wieder zu einem Tsunami, der aber relativ schwach war und in Casablanca nur mit 1,2 m Höhe verzeichnet wurde. Im Mittelmeer war es am 28. Dezember 1908 in der Straße von Messina nach einem Erdbeben zu einer 11 m hohen Flutwelle gekommen.

Tab. 3.7-1 Die größten Tsunamis der Welt

Datum	Entstehungsort	Wellenhöhe (m)	gemessen bei	Bemerkungen
1500 v.Chr.	Thera/Santorin	ca. 9	Kreta	
1. Nov. 1755	Ostatlantik	5–10	Lissabon	beobachtet bis Westindische Inseln
13. Aug. 1868	Peru/Chile	über 10	Arica, Peru	Zerstörung auf Hawaii
10. Mai 1877	Peru/Chile	2–6	Japan	
27. Aug. 1883	Krakatau-Einsturz	30	Java	über 30000 Ertrunkene
15. Juni 1896	Honsu, Japan	24	Sanriku, Japan	ca. 26000 Ertrunkene
2. März 1933	Honsu, Japan	über 20	Sanriku	
1. Apr. 1946	Aleuten	10	Hawaii	siehe Abb. 3.7-2
23. Mai 1960	Chile	über 10	Hawaii	siehe Abb. 3.7-3
28. Mai 1964	Alaska	6	Crescent City/ Kalifornien	

Tsunami-Vorwarnung
Mit Hilfe des internationalen Netzes von seismischen Beobachtungsstationen wird für jedes Erdbeben, dessen Magnitude mindestens M 7,5 beträgt, sofort das Epizentrum berechnet. Falls dieses in einer Gegend liegt, in der Tsunamis ausgelöst werden könnten, wird sofort per Draht oder Funk an Küsten-Wachstationen die Anweisung herausgegeben, nach Wellen Ausschau zu halten. Falls die Beobachter dann Flutwellen registrieren können, kann man weit entfernte Gebiete vielleicht Stunden vorher warnen.

Das im Pazifik aufgebaute Tsunami-Warnsystem hatte seinen ersten großen Erfolg nach dem Erdbeben von Chile am 22. Mai 1960. Nach den Berechnungen sollten die Flutwellen in Hawaii nach 15 Stunden um 1 Uhr früh des 22. Mai 1960 in Hawaii eintreffen. Tatsächlich kamen dort in der Stadt Hilo nacheinander zunächst einige kleinere Wellen an und schließlich eine 7 m hohe Wasserwand, die einen Teil der Stadt zerstörte. 45 Minuten später kam eine weitere zerstörerische Woge, so daß es insgesamt zu einer Zahl von 61 Toten kam, im Vergleich zu früheren Tsunamis jedoch ein deutlicher Fortschritt (Abb. 3.7-3).

Abb. 3.7-3 Diese Luftaufnahme zeigt Zerstörungen in Hilo auf Hawaii nach einem Tsunami vom 22. Mai 1960. (Foto: NOAA/EDIS.)

3.8 Niigata 1964 – Bodenverflüssigung in Japan

Am 16. Juni 1964 ereignete sich in Japan ein Erdbeben, dessen Epizentrum ca. 50 km von der Stadt Niigata entfernt lag. Bei dem Beben, das eine Magnitude von M 7 hatte, kamen nur 26 Menschen ums Leben. In der Stadt ereigneten sich jedoch schwerste Schäden, indem moderne und große Häuser während einer Verflüssigung des Bodens durch das Beben schiefgestellt wurden. Die Schiefstellungen betrugen bis zu 70 Grad gegenüber der Vertikalen. In der Stadt vorher installiert gewesene Meßgeräte ließen rekonstruieren, daß die maximale Beschleunigung des Bodens bei 0,16 der Erdbeschleunigung gelegen hatte, also ein relativ niedrigerer Wert (3.12). Die moderne Stadt wurde hauptsächlich auf Geländeauffüllungen und Sandschichten des Shinano-Flusses gebaut. Diese Schichten verflüssigten sich während der Erschütterungen, die 40 Sekunden lang andauerten. Zur Schiefstellung von zahlreichen Gebäuden kam es, indem der verflüssigte Sand seitlich ungleichmäßig aufdrang. Ein großer Wohnblock war sogar vollständig umgekippt. Die Schäden waren stark konzentriert auf Gebiete mit schlechten Baugrundverhältnissen (Abb. 3.8-1).

Abb. 3.8-1 Schiefstellung von modernen Gebäuden beim Beben vom 16. Juni 1964 in Niigata/Japan durch Bodenverflüssigung. (Foto: NOAA/EDIS.)

Im Boden befindliche Werkleitungen wurden weitgehend zerstört. Weitere Schäden bei diesem Erdbeben entstanden durch einen Tsunami, der bereits 15 Minuten nach dem Erdbeben mit einer Höhe der Flutwelle von über 4 m auf die benachbarten Ortschaften an der Küste hereinbrach. In Niigata floß, durch die Flutwelle bedingt, der Shinano-Fluß in entgegengesetzter Richtung; durch Einbruch einer Uferbefestigung wurden 15000 Häuser unter Wasser gesetzt.

Abb. 3.8-2 Durch das Erdbeben vom 16. Juni 1964 in Niigata/Japan ausgelöste Feuersbrunst. ▷△ (Foto: NOAA/EDIS.)

Abb. 3.8-3 Eingestürzte Brücke beim Beben vom 16. Juni 1964 in Niigata/Japan. ▷ (Foto: NOAA/EDIS.)

Das Erdbeben von Niigata war insofern von besonderer Bedeutung, als hier erstmals die Auswirkungen eines Erdbebens auf moderne, hauptsächlich in Stahlbeton ausgeführte Gebäude beobachtet werden konnte. Dabei wurde die besondere Bedeutung des Baugrundes klar, wie sich auch zeigte, daß unterkellerte Häuser in denselben Gebieten weniger stark beschädigt wurden als solche ohne Kellergeschoß. Auf Pfählen fundierte Bauwerke zeigten geringere Schäden als solche mit Flachfundationen. Insgesamt wurden durch das Beben über 20000 Häuser beschädigt und 40 Brücken zum Einstürzen gebracht. Die Flutwelle schädigte 13000 Häuser. Weiterhin war eine Feuersbrunst ausgebrochen, die von einem Tanklager für Mineralöl ausgegangen war, das auf künstlich aufgeschüttetem Meeresboden errichtet worden war (Abb. 3.8-2 und 3).

Bodenverflüssigungen sind bei Erdbeben in Japan immer wieder zu beobachten. Findet beim Einrütteln von Sand während eines Bebens ein Grundwasseranstieg statt, so kann es an der Erdoberfläche zu regelrechten Sandquellen kommen. Solche wurden beim großen Beben von Tangschan 1976 beobachtet (3.5).

3.9 Stauseen als Auslöser von Erdbeben

Stauseen für den Betrieb von Kraftwerken, für die Speicherung von Trinkwasser oder für die Bewässerung sind weltweit in großer Zahl vorhanden und ständig kommen neue Projekte hinzu. In der Regel wird hierbei ein Flußtal mit einem Erddamm oder einer Staumauer aus Beton gestaut. Die Höhe der Talsperre beträgt meist über 100 m, im Einzelfall aber auch über 300 m (Nurek UdSSR) und das Volumen eines Stausees beträgt Hunderte von Millionen bis Milliarden von Kubikmetern. Der Kariba-Stausee in Simbabwe/Rhodesien hat ein gestautes Volumen von 160 Milliarden Kubikmetern. Bei mehr als zwanzig solcher großen Talsperren wurden durch den Aufstau Erdbeben ausgelöst oder verstärkt. Allgemein wird davon ausgegangen, daß bei 10 bis 20% aller derartiger Bauvorhaben eine solche «Stausee-induzierte» seismische Aktivität erzeugt wird.

Der Koyna-Stausee

Ca. 230 km südöstlich von Bombay wurde 1962 die 103 m hohe Staumauer für den Koyna-Stausee fertiggestellt und der Aufstau des Wassers begonnen. Geologisch befinden wir uns dort im Bereich des «Indischen Schildes», dessen Bildung vor Hunderten von Jahrmillionen abgeschlossen war und der Teil der indo-australischen Platte ist. Solche Gebiete gelten als praktisch frei von Erdbeben und in dem Gebiet wurden vor der Erstellung des Stausees auch keine nennenswerten seismischen Ereignisse beobachtet.

Nach der Füllung des Seebeckens traten in seiner Nähe leichte Erdstöße auf. Ihre Häufigkeit nahm sehr schnell zu und so wurden vom September 1962 bis zum März 1966 61 Beben gemessen. 1967 folgten fünf weitere Beben, wobei eines eine Magnitude von M 5,5 hatte und bereits örtliche Schäden verursachte. Am 11. Dezember 1967 folgte ein Ereignis mit einer Magnitude von M 6,5, wobei die Erschütterungen im Umkreis von 700 km verspürt wurden. Bei den Zerstörungen, die das Beben bewirkte, kamen gegen 200 Menschen um und über 1500 wurden verletzt. Die Hypozentren der Beben lagen jeweils in der Nähe der Staumauer in Tiefen von 9 bis 32 km. Die verschiedenen Erdbeben ereigneten sich immer dann, wenn nach regenreichen Perioden der Stausee seine höchsten Wasserstände hatte.

Als Ursache des Bebens wurde ermittelt, daß im Untergrund, der dort durch die alten Basalte des Dekkan-Trapps gebildet wird, eine tiefreichende Verwerfung bestanden hatte, die durch das Einsickern von Wasser aus dem Stausee wieder aktiviert wurde. Es müssen noch Spannungen geherrscht haben, die jedoch kleiner waren als der Reibungswiderstand der trockenen Bruchfläche. Das unter Druck entsprechend der Stauhöhe eingedrungene Wasser setzte die Reibung zwischen den Gesteinspaketen herab, so daß eine Bewegung mit begleitendem Erdbeben erfolgen konnte. Die Staumauer wurde bei dem Ereignis vom 11. Dezember 1967 relativ stark beschädigt, konnte jedoch repariert werden. Insbesondere waren an der Luftseite und an der Wasserseite der Staumauer hauptsächlich horizontal verlaufende Risse aufgetreten, an denen an der Luftseite Wasser austrat. An mehreren Stellen hatten Absplitterungen von Beton stattgefunden. Größere Schäden hatten auch die Nebenanlagen, insbesondere Kraftwerk und Turbinen erlitten. Die Sanierung der Mauer erfolgte, indem die Haupttrisse durch das Einpressen mit Kunstharz verfüllt wurden. Dann wurden in die Mauer vertikale Spannkabel aus Stahl eingebracht und vorgespannt. Schließlich wurde die Mauer auf der Luftseite durch Strebepfeiler verstärkt.

Der Hsinfengkiang-Stausee in China

Ca. 170 km nordöstlich der Stadt Kanton in der Volksrepublik China liegt der Stausee von Hsinfengkiang, der durch eine 105 m hohe Staumauer mit einer Kronenlänge von 440 m aufgestaut wird. Nach dem Füllen des Stausees im Jahre 1959 begann eine Serie von meist sehr schwachen Erdbeben, deren Zahl bis 1972 schließlich mehr als 250000 betrug. Am 19. März 1962 wurde der Stausee schließlich durch ein starkes Erdbeben mit der Magnitude von M 6,1 erschüttert, dessen Hypozentrum in 5 km Tiefe und dessen Epizentrum nur 1,5 km von der Mauer entfernt war. Vorher hatte man das Gebiet 25 Jahre lang seismisch überwacht, wobei keine Schadbeben aufgetreten waren.

Die Staumauer hielt den starken Erschütterungen stand, es entstand jedoch ein 80 m langer horizontaler Riß, der aber noch repariert werden konnte. Zusätzlich wurde die Staumauer verstärkt. Die Erdbebenaktivität schwächte sich in der Folgezeit etwas ab, doch in der weiteren Umgebung wurden immer wieder Erdstöße beobachtet. Auch hier war im Zusammenhang mit dem Aufstau des Wassers in eine Verwerfung Wasser eingedrungen, der Reibungswiderstand reduziert worden und die im Gestein gespeicherten elastischen Spannungen konnten frei werden.

Der mit einer Höhe von 317 m höchste Erddamm der Welt ist die Talsperre von Nurek in der Sowjetrepublik Tadschikistan. Er war noch nicht fertiggestellt, als

1972 mit dem Aufstau begonnen wurde. Gleichzeitig begann eine zunehmende seismische Aktivität der Umgebung.

Punt dal Gall in den Schweizer Alpen
Stausee-induzierte Seismizität wurde auch beim Livigno-Stausee in den Schweizer Alpen beobachtet. Dieser Stausee wird von der 130 m hohen und an der Krone 540 m langen Bogenstaumauer Punt dal Gall gestaut und liegt in Dolomit-Gesteinen der Trias-Zeit, die gemäß den Voruntersuchungen trotz einer tektonisch bedingten starken Zerklüftung als insgesamt kompakt erachtet worden waren.

Nach Füllung des Sees waren dem Bedienungspersonal bei kalter Witterung laute schußartige Geräusche aufgefallen und gleichzeitig waren in der Auskleidung eines Stollens frische Risse in Erscheinung getreten. Daraufhin wurden Anfang 1979 während 36 Tagen mit einer tragbaren Erdbebenstation die seismischen Verhältnisse überwacht und in dieser Zeit etwa 180 seismische Ereignisse aufgezeichnet. Dabei war eine deutliche Korrelation nicht nur mit der Staurate des Sees, sondern gleichzeitig mit der Lufttemperatur ersichtlich und die höchsten seismischen Aktivitäten ereigneten sich jeweils bei Temperaturen unter –10° C und gleichzeitiger Absenkung des Wasserspiegels um mehr als 10 cm/Tag. Nach N. Deichmann und D. Mayer-Rosa wird die Ursache für die beobachteten Phänomene in Sprengung von oberflächennahen Klüften durch das Gefrieren von Wasser zurückgeführt.

Bei sehr hohen Talsperren, die naturgemäß zusätzliche Lasten darstellen, welche auf den Untergrund drücken, erhebt sich auch die Frage, ob durch diese zusätzlichen Lasten allein bereits Beben ausgelöst werden können. Dies erscheint denkbar, wenn in vorhandenen Verwerfungen die Spannungen schon so groß sind, daß zum Auslösen nur noch ein kleiner Anstoß erforderlich ist. Die Lasten verteilen sich nämlich im Untergrund seitlich sehr rasch. Selbst wenn ein Erdbebenherd sehr hoch – z. B. wenige Kilometer unter der Erdoberfläche – liegen sollte, würden die zusätzlichen Kräfte aus dem Stausee nur einen winzigen Bruchteil der ohnehin in der betreffenden Tiefe herrschenden Spannung bedeuten.

3.10 Gebirgsschläge und seismische Ereignisse im Bergbau

Am 23. Juni 1975 fand im Kreis Bad Salzungen im Südwesten der DDR in der Nähe der Grenze zur Bundesrepublik ein seismisches Ereignis statt, das noch in Frankfurt/Main und Köln die Hochhäuser erzittern ließ. Dort befindet sich das «Werra»-Kalirevier und in einem großen Bergwerk war auf einer Fläche von über 3 km^2 das Stollensystem zusammengebrochen. Bei den dort abgebauten Kalisalzen wird das Salz abgebaut und zur Aufnahme des Druckes aus den überlagernden Schichten, dem Deckgebirge, bleibt ein System von Pfeilern stehen. Jahrelang hatten die aufgrund von Voruntersuchungen dimensionierten Pfeiler die überlagernden Gesteinsschichten tragen können. Nach P. Knoll war die Ursache für den Gebirgsschlag ein tektonisches Beben in unmittelbarer Nähe des Bergwerkes, wo eine Herdverwerfung aufgrund eines relativ schwachen Erdbebens Energie freisetzte, welche zur Überlastung des Pfeilersystems in dem Bergwerk

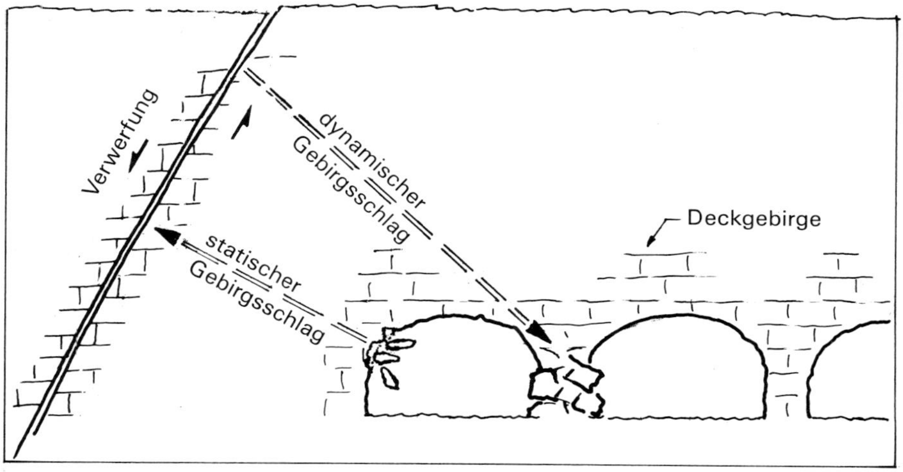

Abb. 3.10-1 Wechselseitige Beeinflussung zwischen unterirdischen Hohlräumen einerseits und benachbarten Herdverwerfungen andererseits, schematisches Profil.

führte und damit den Zusammenbruch des Stollensystems, den Bergschlag, induzierte, der seinerseits wieder Energie abgab.

Der Bergmann bezeichnet mit «Gebirge» nichts anderes als den Fels und ein Gebirgsschlag ist der spröde Bruch des «Gebirges» unter plötzlicher Freisetzung von Energie. Im Bergwerk oder in sonstigen unterirdischen Hohlräumen wie Stollen und Kavernen ist dies regelmäßig mit Einbrüchen verbunden. Wir haben eine ähnliche Erscheinung vor uns, wie sie bei Einsturzbeben von natürlichen Hohlräumen, z.B. Karsthöhlen, auftreten können.

Ein Gebirgsschlag, bei dem aus einem benachbarten Erdbebenherd eine Energiezufuhr stattfindet, wird als dynamischer Gebirgsschlag bezeichnet. Erdbeben können also für unterirdische Hohlräume eine Gefahr darstellen. Der häufigere Typ eines Gebirgsschlages ist der sogenannte «statische» Gebirgsschlag, der unmittelbar in räumlicher und zeitlicher Verbindung mit der Freilegung des unterirdischen Hohlraumes im Zusammenhang steht. Beim Ausbrechen eines Hohlraumes im Fels müssen notgedrungen Spannungs-Umlagerungen im Gestein stattfinden, die insbesondere am Rand der Hohlräume zu Zonen hoher Spannungen führen. Das Material versucht diese Spannungen im Randbereich der Hohlräume abzubauen und umzulagern, wodurch Einbrüche stattfinden, die ihrerseits in der Lage sind, als bergbauinduzierte Seismizität in benachbarten Herdverwerfungen Erdbeben auszulösen.

Beim zuerst beschriebenen dynamischen Typ von Bergschlägen wird also durch eine Herdverwerfung ein Bergschlag ausgelöst. Umgekehrt ist der statische Bergschlag in der Lage, seismische Energie in der Art eines Einsturzbebens freizusetzen und bei gegebener Konstellation, d.h. bei in der Nähe befindlichen Störungszonen, die unter Spannung stehen, seinerseits ein Erdbeben auszulösen.

3.11 Erdbebengebiete – Seismische Zonen

Ein Blick auf die Weltkarte der Erdbeben zeigt, daß die Epizentren von Erdbeben in langgestreckten Zonen, sogenannten Erdbebengürteln, stark konzentriert sind (Abb. 3.11-1). Diese Erdbebengürtel liegen größtenteils an den Grenzen der einzelnen Platten der Erdkruste.

Die Plattentheorie
Da mit einem weltweit dichten Netz von Seismographen auch weit entfernte Erdbeben hinsichtlich ihres Epizentrums und ihrer Magnitude bis auf weniger als 1 km genau lokalisiert werden können, gelang die Festlegung der Plattengrenzen weitgehend auch aufgrund eben dieser Erdbebenmessungen. Die aus rein praktischen Erwägungen, nämlich im Hinblick auf Reduktion des Erdbebenrisikos weltweit aufgebauten Netze von seismischen Meßstationen haben damit seit den 70er Jahren zur Untermauerung der Plattentheorie beigetragen. Die größte Anhäufung von Erdbeben finden sich rings um den Pazifik, wir sprechen daher vom zirkumpazifischen Erdbebengürtel. Er fällt weitgehend zusammen mit dem Rand der Pazifischen Platte, wo diese gegen die benachbarten kontinentalen Platten stößt, wo sie in Subduktionszonen unter diese gedrückt wird.

Das ozeanische Gestein, hauptsächlich aus vulkanischem Basalt bestehend, ist schwerer als das hauptsächlich granitische kontinentale Gestein. Daher gelangt es beim Driften gegen eine kontinentale Platte stets unter diese. Wo zwei Platten aufeinanderstoßen, entstanden – und sind noch im Entstehen begriffen – die jungen, d.h. alpinen Faltengebirge und die Inselbögen. Die Platten bewegen sich mit Geschwindigkeiten um 10 cm pro Jahr, oder wo die Hauptbewegungen schon im Abklingen sind, um 1 cm pro Jahr (Alpen, Mittelmeerraum) aufeinander zu. Wäre der Vorgang kontinuierlich, d.h. die Platten würden sich fortlaufend aneinander vorbei bzw. untereinander verschieben, so gäbe es keine Erdbeben. Erst durch die Aufspeicherung der Energie durch elastische Deformation entlang von Verwerfungen und durch ein schlagartiges Freiwerden nach einigen Jahren, nach Jahrzehnten oder Jahrhunderten finden die Bewegungen dann schlagartig statt und können den Betrag von mehreren Metern, bis in die Größenordnung von 10 m auf einmal erreichen. - Der Ruck, unter dem dies geschieht, ist ein tektonisches Erdbeben.

Nach den verschiedenen Bewegungsvorgängen kann man etwas schematisiert betrachtet drei Typen von Plattenrändern unterscheiden.

Im Bereich der ozeanischen Rücken weichen die Platten auseinander, Spalten reißen auf, Magma dringt von unten ein, Vulkanismus fördert basaltische Gesteine. Die Plattenränder reißen wieder auf, es entstehen wiederum Spalten, der Vorgang wiederholt sich kontinuierlich. Da neues Gestein gebildet wird, werden solche Plattenränder auch als konstruktiv bezeichnet (Atlantischer Typ, Beispiel Island).

Im Gegensatz dazu verschwindet bei den destruktiven Plattenrändern im Bereich der Inselbögen, der Tiefseegräben und der jungen, d.h. alpinen Faltengebirge Material der Erdoberfläche. Es taucht unter die andere Platte (Subduktion). Der Druck, der von dem untertauchenden Material auf den verbleibenden Plattenrand ausgeübt wird, verursacht Faltungen, Hebungen, Brüche (Pazifischer Typ, Beispiel Nord- und Westpazifik).

Die dritte Art von Plattenrändern sind die konservativen. Bei ihnen wird weder neues Gestein gebildet, noch verschwindet Altgestein in der Tiefe. Diese konservativen Plattenränder bewegen sich seitlich aneinander vorbei, wie dies im Bereich der San Andreas-Verwerfung der Fall ist.

So wird im zirkumpazifischen Erdbebengürtel gegen 80% der gesamten seismischen Energie der Erde frei. In den ozeanischen Rücken, d.h. praktisch vollständig im Bereich des Meeresbodens, gelangen schätzungsweise 3 bis 7% der Erdbebenenergie zur Auslösung. Die dritte große Erdbebenzone der Erde, die mediterran-transasiatische Zone bringt 15 bis 20% der Erdbebenenergie zur Auslösung. In den restlichen Gebieten, die nicht zu den drei vorgenannten Zonen gehören, wird nur rund 1% der Erdbebenenergie der Erde freigesetzt.

Erdbeben auch außerhalb der Plattenränder

Die Theorie der Plattentektonik läßt viele Gebirgsbildungs-Vorgänge und andere tektonische Vorgänge, wie die meisten Erdbeben und den hauptsächlichen Vulkanismus erstaunlich plausibel erklären (Abb. 3.11-2). Hinsichtlich der Erdbeben ist das Modell jedoch nicht ganz zufriedenstellend. In der Erdbebenzone vom Mittelmeer ostwärts durch Asien, welche Italien, Nordafrika, die Türkei, den Iran, Indien und die Volksrepublik China umfaßt, liegen die Epizentren von Beben teils an Plattenrändern, teils in oder bei den alpinen Faltengebirgen, also dort, wo man sie erwarten würde, aber sie treten auch in alten Festlandskernen auf, von denen man annehmen müßte, daß sie tektonisch nicht mehr aktiv sind. Letzteres gilt für das Beben von Tangschan (3.5). Auch die mitteleuropäischen Beben des Gebietes der Schwäbischen Alb, des Oberrhein-Grabens, oder gar der Niederrheinischen Bucht liegen inmitten einer Kontinentalplatte. Das gilt ebenfalls für die Beben in den zentralen Teilen der Sowjetunion.

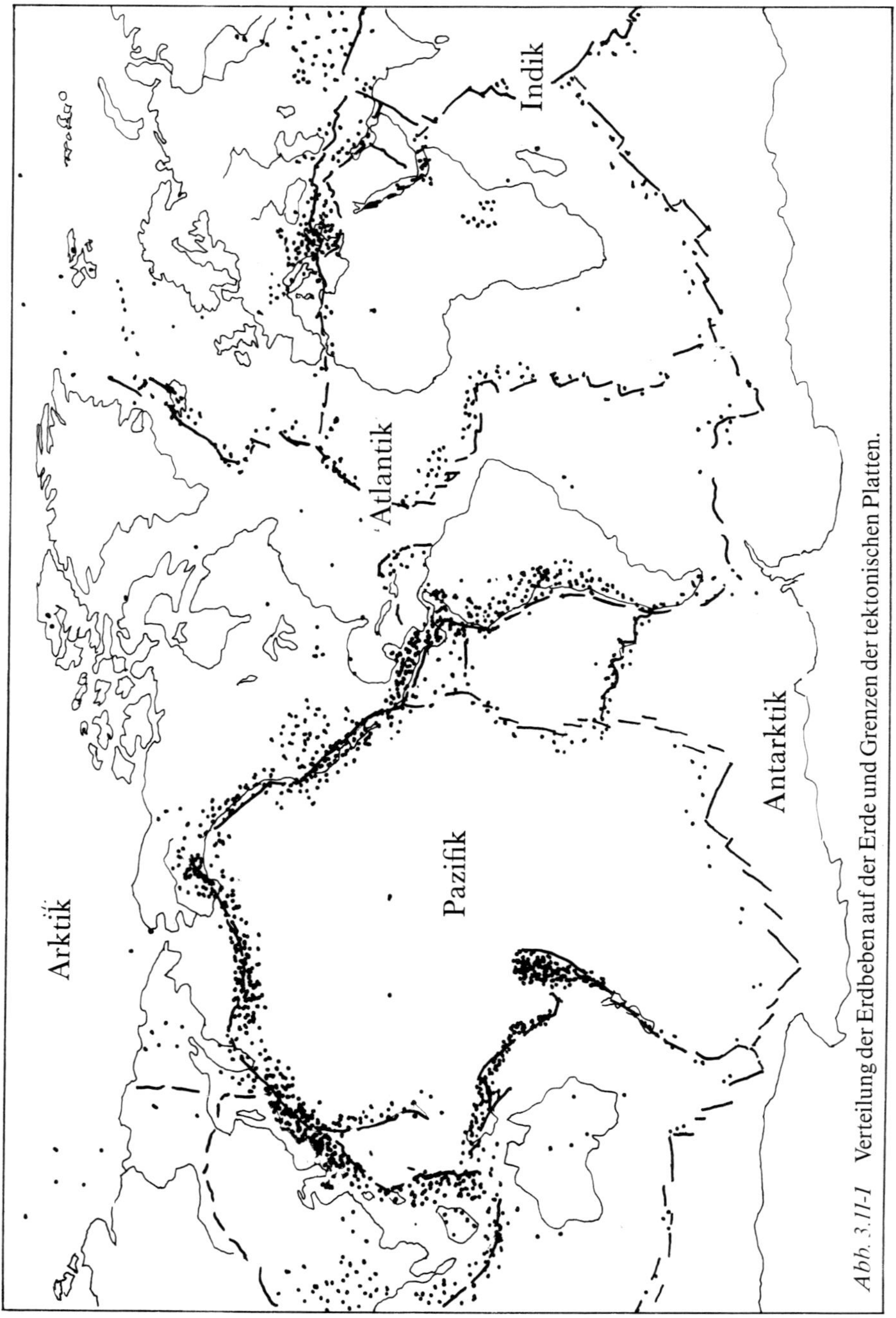

Abb. 3.11-1 Verteilung der Erdbeben auf der Erde und Grenzen der tektonischen Platten.

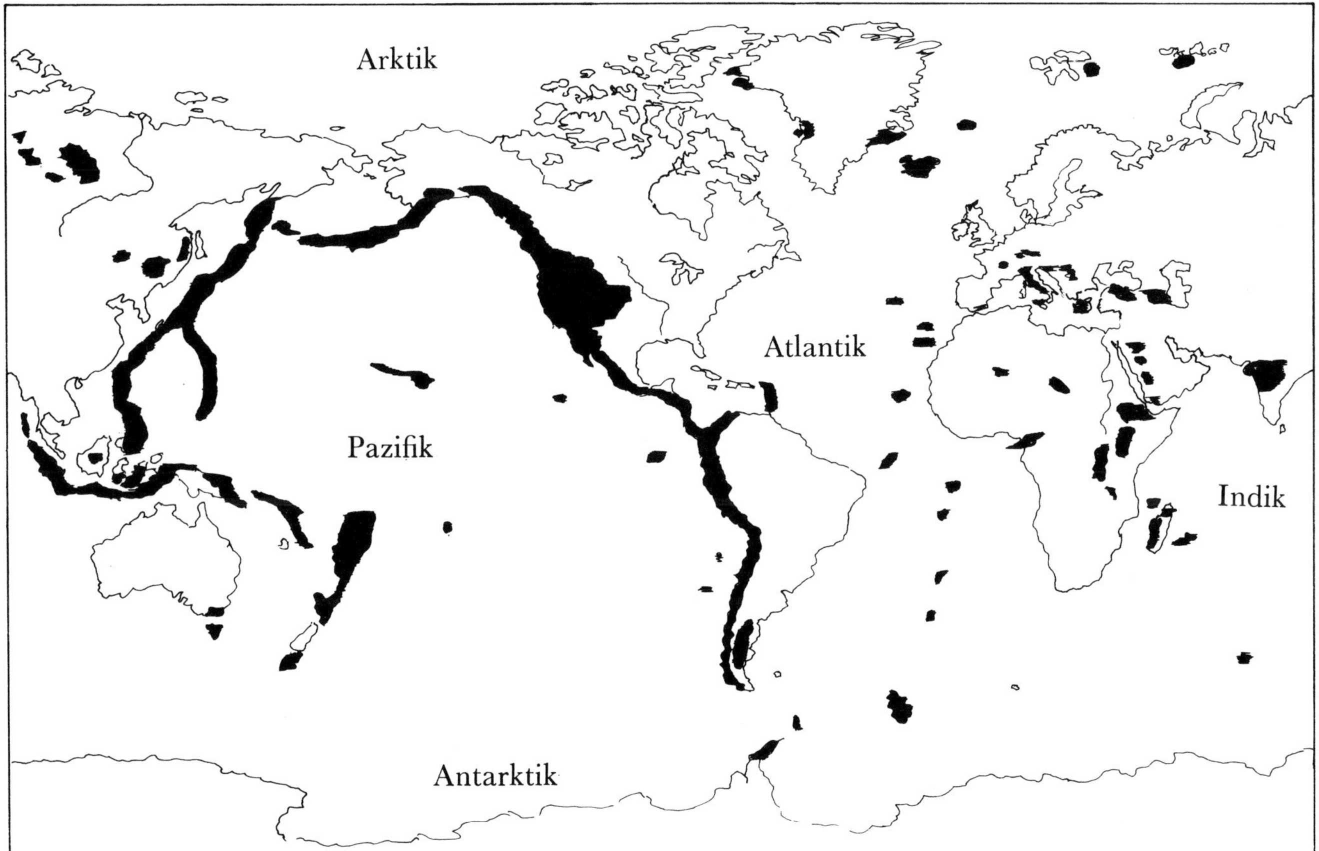

Abb. 3.11-2 Verteilung der Vulkangebiete auf der Erde.

Seismisches Risiko

Für die Beurteilung des konkreten seismischen Risikos an einem bestimmten Ort sind die großtektonischen Zusammenhänge nur als erster Anhaltspunkt interessant (Abb. 3.11-3). Im Prinzip kann an jedem Ort der Erde ein tektonisches Beben mit Schadwirkung auftreten. Um auf eine konkret gestellte Frage, z.B. hinsichtlich des seismischen Risikos zur Erstellung einer Talsperre, eine konkrete Antwort zu geben, sind im Einzelfall eingehende Untersuchungen notwendig.

Es gibt zwei Verfahren, um das seismische Risiko eines Gebietes zu beschreiben: Die statistische Methode und die analytische Methode.

Die statistische Methode

Die herkömmlichen Karten zur Darstellung des Erdbebenrisikos einer Gegend besteht darin, rein statistisch gemessene oder historisch überlieferte Beben mit ihrer Intensität in eine Karte einzutragen. So entstehen Flächen gleicher Intensität. Die Darstellung nach Intensitäten, d.h. nach den makroseismisch beobachteten Zerstörungen ist hierbei schon deshalb sinnvoller als die Ausscheidung nach rechnerisch ermittelten Magnituden, weil die Untergrundverhältnisse bei den Intensitäten automatisch mit berücksichtigt werden.

Die Karte der Erdbebenzonen für die Bundesrepublik Deutschland (Abb. 3.11-4) berücksichtigt zusätzlich die Grenzen der tektonischen Bruchzonen. Sie unterscheidet sechs Erdbebenzonen. Die Zonen 3 und 4 mit den zweitstärksten bzw. stärksten bisher festgestellten Intensitäten fallen mit großen Verwerfungszonen zusammen: Das Einbruchsfeld der niederrheinischen Bucht, der Oberrhein-Graben und der Hohenzollern-Graben der Schwäbischen Alb. In der norddeutschen Tiefebene wurde als seismisch ruhigste Zone die Zone A ausgeschieden. In den Erläuterungen zur Karte wird aber ausdrücklich angemerkt, daß im engeren Bereich der dort anzutreffenden Salzstöcke Einsturzbeben durch Salzauslaugung möglich sind, die eine größere Intensität als V haben (die Zone A umfaßt die Intensitäten I bis V der MSK-Skala). Ebenso wird angemerkt, daß im Bereich des Kalisalz-Bergbaus auch Erdbeben von geringer Intensität bei Einbrüchen von Stollen weitgehende Folgen haben könnten. Die Zone 4 umfaßt nur Beben mit einer Intensität von VIII (große Spalten im Mauerwerk; Giebelteile und Dachgesimse stürzen ein), weil bisher in Deutschland Erdbeben mit Schäden entsprechend einer Intensität von über VIII nicht bekannt geworden sind.

Abb. 3.11-3 Erdbebengeographische Einteilung der Bundesrepublik Deutschland. AB: Aschaffenburger Becken und Maingebiet; AL: Alpen; BA: Böhmische Masse; BM: Bayerische Molasse; BO: Bodenseegebiet und Oberschwaben; FA: Fränkische Alb; HS: Hessische Senke; HV: Hohes Venn; NB: Niederrheinische Bucht mit Randgebieten; NT: Norddeutsches Tiefland; NW: Nordwürttemberg; OR: Oberrheingraben mit Randgebieten; RU: Ruhrgebiet; RS: Rheinisches Schiefergebirge (Hunsrück, Mittelrheintal, Taunus); SA: Schwäbische Alb; SJ: Schweizer Jura; SP: Saar-Nahe Gebiet und Pfälzer Wald; SW: Schwarzwald; VO: Vogesen (nach Ahorner et al., 1970). ▷

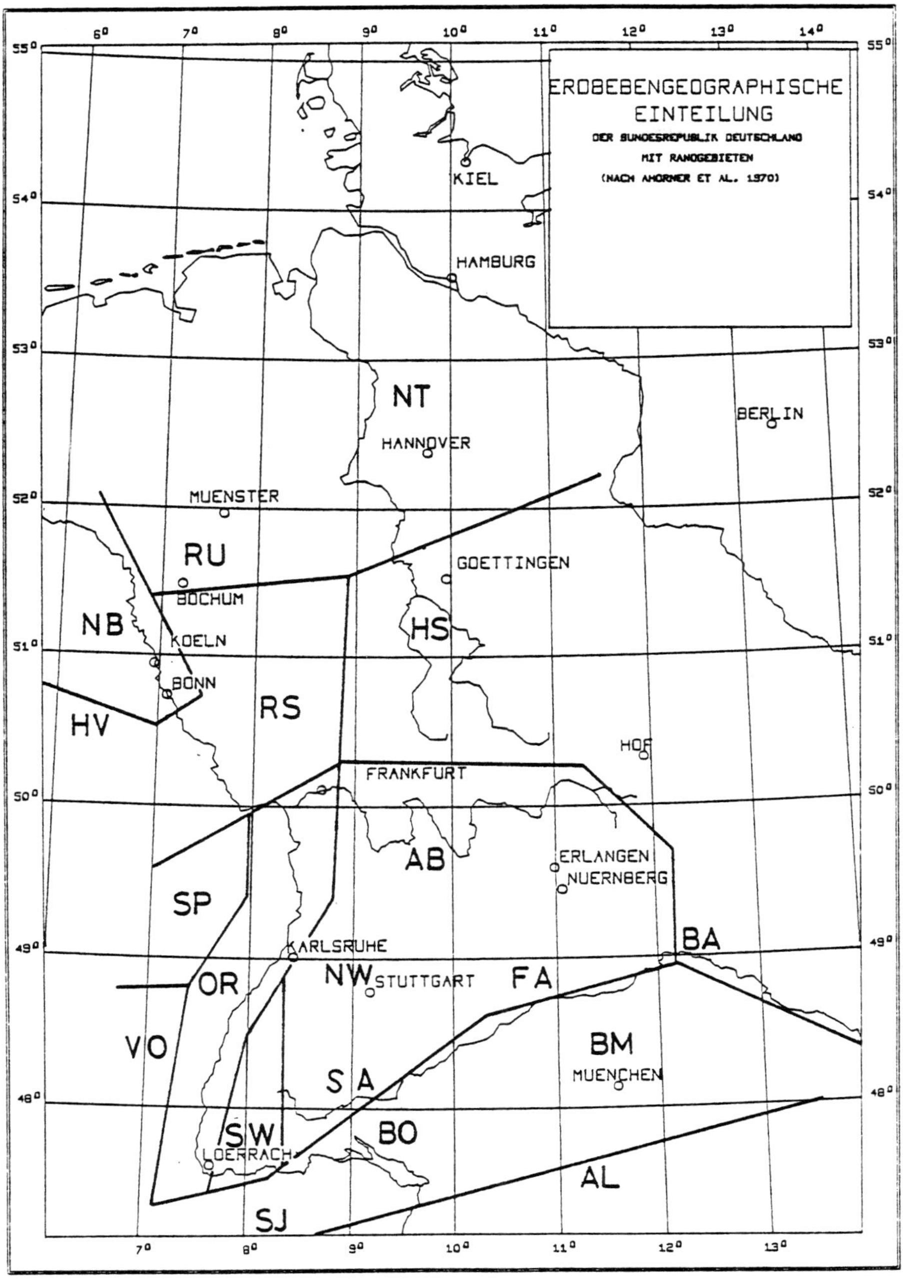
ERDBEBENGEOGRAPHISCHE
EINTEILUNG
DER BUNDESREPUBLIK DEUTSCHLAND
MIT RANDGEBIETEN
(NACH AHORNER ET AL. 1970)
KIEL
HAMBURG
NT
BERLIN
HANNOVER
MUENSTER
RU
GOETTINGEN
BOCHUM
NB
HS
KOELN
BONN
RS
HV
HOF
FRANKFURT
AB
ERLANGEN
NUERNBERG
SP
BA
KARLSRUHE
NW
STUTTGART
FA
OR
VO
BM
S A
MUENCHEN
SW
BO
LOERRACH
AL
SJ

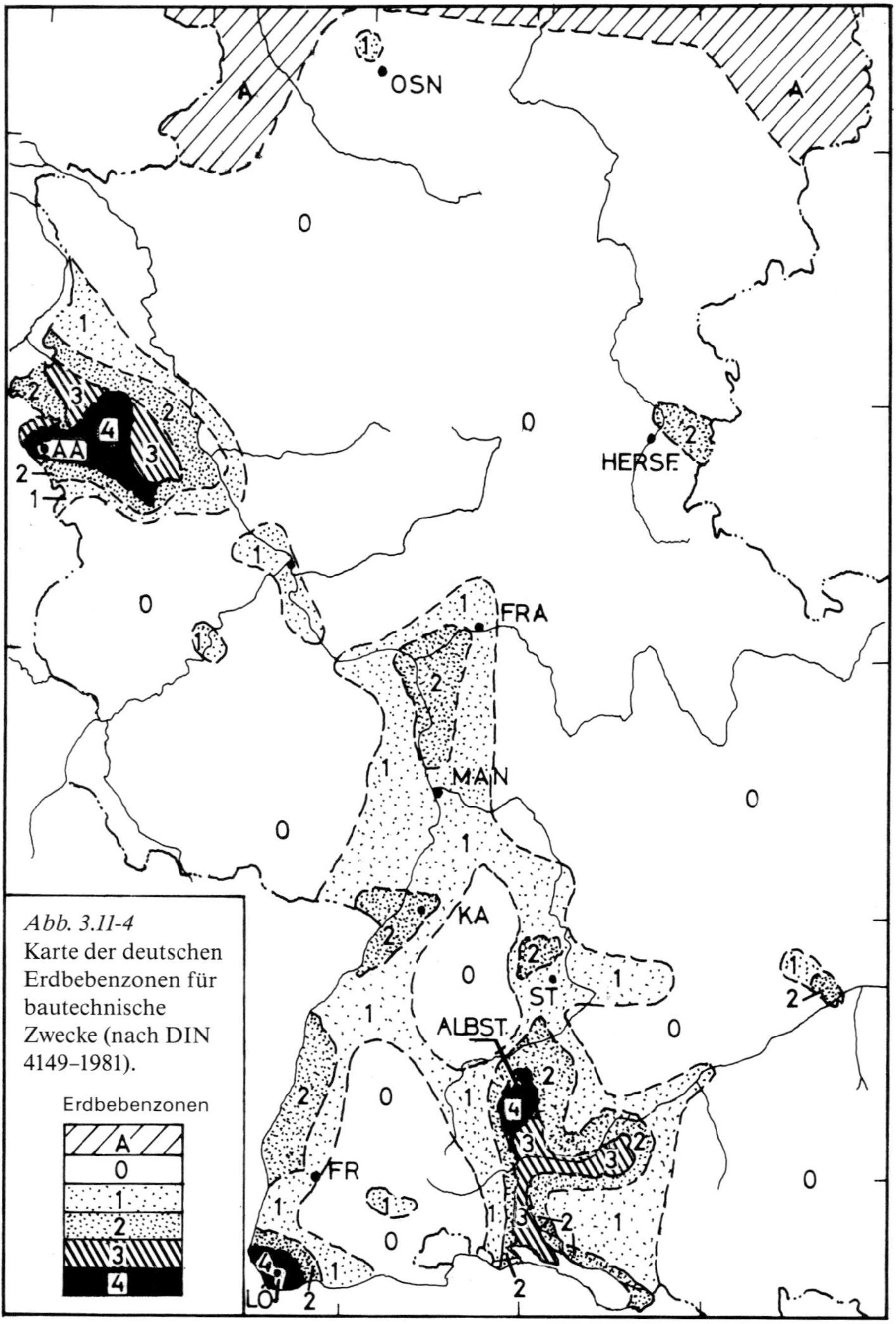

Abb. 3.11-4
Karte der deutschen Erdbebenzonen für bautechnische Zwecke (nach DIN 4149–1981).

Die Karte der deutschen Erdbebengebiete wurde zusammen mit der DIN-Norm 4149 im Jahre 1981 herausgegeben. Hätte man sie vor 1911 erstellt, d.h. bevor auf der Schwäbischen Alb das erste bedeutende Schadbeben stattfand, so hätte man das heutige Zentrum der mitteleuropäischen seismischen Aktivität gar nicht erfaßt. Umgekehrt wäre um Lörrach nicht das Gebiet mit der stärksten seismischen Aktivität, nämlich die Zone 4 eingezeichnet, wenn nicht im benachbarten Basel im Jahre 1356 das bekannte Schadbeben stattgefunden hätte, welches über 300 Todesopfer gefordert hatte.

Daraus wird ersichtlich, daß sich Karten, auf denen das seismische Risiko statistisch dargestellt wird, mit größer werdendem Beobachtungszeitraum ihr Gesicht verändern können. Bis 1911 war der Oberrhein-Graben das Zentrum der Erdbeben-Aktivität Deutschlands.

Die analytische Methode

In einem Gebiet, in dem eine Herdverwerfung aufgrund früherer Erdbeben bekannt ist, lassen sich mit rechnerischen Verfahren die Auswirkungen von Erdbeben mit aufgrund der Erfahrungen vorgegebener Magnitude in der Umgebung des Epizentrums abschätzen. Hierbei wird die Abminderung der seismischen Wellen je nach den durchlaufenen Gesteinsformationen berücksichtigt, ebenfalls die örtlichen Baugrundverhältnisse. Die Berechnungsverfahren sind – unabhängig von der schwer abschätzbaren Natur des Herdmechanismus – mit großen Unsicherheiten behaftet, wie das nachfolgend beschriebene Beispiel Bukarest 1977 zeigt.

Die Ausweisung eines Gebietes als besonders erdbebengefährdet hat in der Regel zur Folge, daß dort besondere Auflagen der Baubehörden bei Neubauten zu berücksichtigen sind, die sich bei den Baukosten verteuernd auswirken. Daher besteht die Tendenz, die einzelnen seismischen Zonen möglichst eng abzugrenzen. So wurde 1973 als Teil des Balkan-Projektes der UNESCO Bukarest, die Hauptstadt Rumäniens, in drei Risikozonen unterteilt, entsprechend den Intensitäten VII, VII bis VIII und VIII (Abb. 3.11-5). Die Mikrozone mit dem größten seismischen Risiko war hauptsächlich entlang dem Dimbovita-Fluß ausgewiesen, der die Stadt durchzieht. Am 4. März 1977 ereignete sich unter den Karpaten ein schweres Erdbeben, das über die Fläche von 1 Mio. km^2 von Moskau bis zur Adria verspürt werden konnte. In Rumänien und Bulgarien wurden 1570 Personen getötet, über 11000 verletzt und 35000 Familien wurden obdachlos. Das Bemerkenswerte an dem Ereignis ist, daß in Bukarest, das 170 km vom Epizentrum des Bebens entfernt ist, die größten Gebäudeschäden auftraten, während in der kleinen Stadt Vrincioaia, die in 2 km Entfernung vom Epizentrum liegt, die Schäden wesentlich kleiner waren. Das hängt zusammen mit der großen Herdtiefe, die mit ca. 110 km ermittelt wurde (Abb. 3.11-6).

In Bukarest entstanden die schwersten Bauschäden ausgerechnet in der Mikrozone, in der die geringste Intensität, nämlich diejenige von VII ausgewiesen war. Das Erdbeben war für Bukarest insofern nicht überraschend gekommen, als am

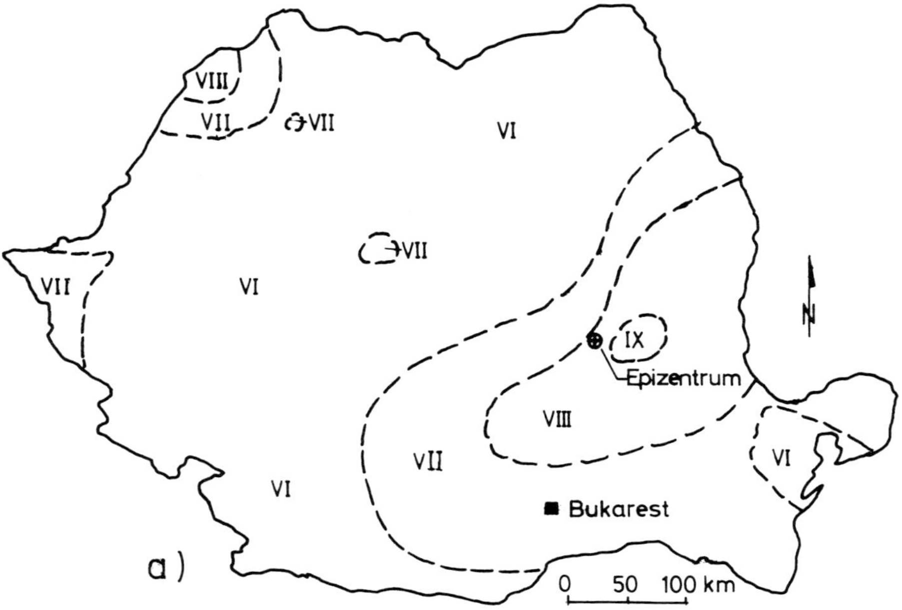
VIII
VII
VII
VI
VII
VII
VI
IX
Epizentrum
VIII
VII
VI
VI
Bukarest
a)
0 50 100 km

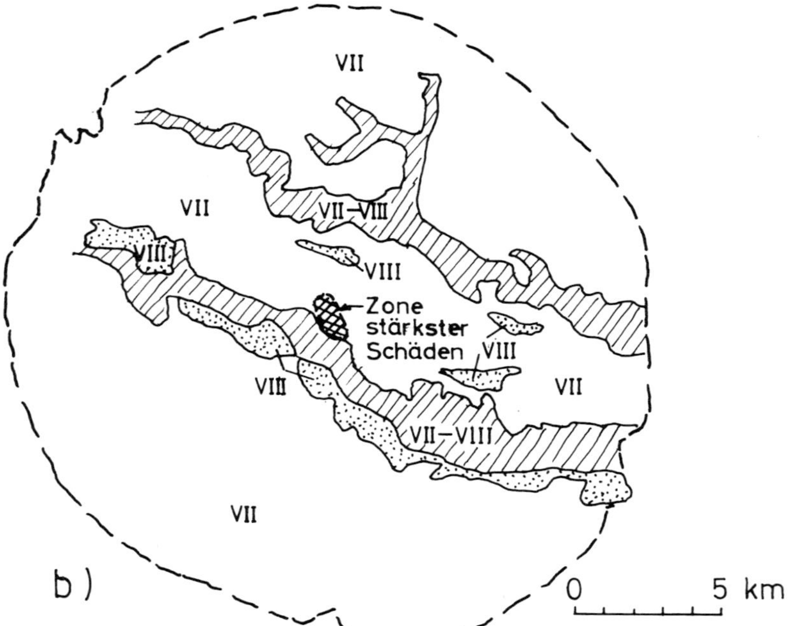
VII
VII
VII–VIII
VIII
VIII
Zone stärkster Schäden
VIII
VIII
VII
VII–VIII
VII
b)
0 5 km

10. November 1940 ein Beben stattgefunden hatte, das mit einer Magnitude M 7,4 noch stärker als dasjenige von 1977 gewesen war. Von den 35 Häusern, die beim Ereignis von 1977 in Bukarest einstürzten, waren alle bis auf drei vor dem Beben von 1940 erbaut worden. Auf sie waren die kurz danach eingeführten Bauvorschriften noch nicht angewendet worden – immerhin hatten sie das Beben von 1940 überstanden. Unter der Wucht des Ereignisses von 1977 wurden die erst 1970

Abb. 3.11-6 Beim Erdbeben von Rumänien am 4. März 1977 in Bukarest teilweise eingestürztes Haus (Stahlbetonskelettbau mit Wänden aus Mauerwerk)

(Foto: Earthquake Information Bulletin, Chris. Rojahn)

bzw. 1973 aufgestellten Bauvorschriften und die Karten für die Einteilung in Erdbebenzonen völlig geändert.

Das Beispiel Rumänien zeigt, daß auch bei einer Wiederkehrperiode von mehreren Jahrzehnten von Schadbeben aus einem bekannten Herdgebiet und intensivem Bemühen nach Erfassen von Risikozonen die Beobachtungszeiträume einfach zu kurz sind.

◁ *Abb. 3.11-5* Das Erdbeben vom 4. März 1977 in Rumänien. a) Kartenskizze der seismischen Zonen von 1973 von Rumänien und Epizentrum des Bebens 1977. b) Seismische Mikrozonen in der Stadt Bukarest von 1973 und Zone der stärksten Schäden 1977 (nach B. A. Bolt et al.).

Die analytische Methode, die die gefährdeten Gebiete aufgrund der tektonischen Verhältnisse, d.h. aufgrund der geologischen Großeinheiten (z.B. Gebirge, Grabenbrüche, Plattenränder) und der im Gestein meßbaren Spannungen umgrenzt, findet erst in den letzten Jahren Anwendung. Bisher konnte sie nur in Kombination mit der statistischen Methode, d.h. unter Berücksichtigung tatsächlich stattgefundener Beben in der Vergangenheit angewendet werden. Vorerst gilt ganz allgemein: Erdbebenzonen – Änderungen jederzeit möglich!

3.12 Erdbebenschäden und Schutzmaßnahmen – Überblick

Von den verschiedenen Erdbebenarten gemäß Tabelle 3.12-1 sind im Hinblick auf Häufigkeit und zugleich auch im Hinblick auf die Schadwirkung praktisch ausschließlich die tektonischen Beben von Bedeutung. Die von ihnen bewirkte Erschütterung der festen Erde durch die Wellenausbreitung vom Hypozentrum in einer Verwerfung verursacht praktisch sämtliche Erdbebenschäden.

Die Zahl der Todesopfer beträgt je nach dem jeweils betrachteten Zeitabschnitt von Jahrzehnten oder Jahrhunderten zwischen etwa 10000 und 20000 pro Jahr. Die weltweit jährlich durch Erdbeben freigewordene Energie liegt bei 6×10^{24} erg. Seit der Jahrhundertwende ist eine deutliche Zunahme der jährlich freigesetzten Energie zu verzeichnen, was hauptsächlich auf die großen Erdbeben, die Magnituden von M 7 und größer aufweisen, zurückzuführen ist. Bei den Verschiebungen, die sich während des Bebenvorganges in der Erdspalte bilden, wird Bewegungsenergie frei, die nur kurzzeitig – im geologischen Sinne kann kurzzeitig auch Jahrtausende umfassen – durch Deformation von Gesteinskörpern aufgespeichert war. Der Motor für diese Bewegungen von Teilen der Erdkruste liegt im Bereich von Konvektionsströmungen im Bereich des Erdmantels, die ihrerseits wiederum ihre Energie durch Kernzerfallsprozesse im Erdinnern beziehen (Tab. 3.12-2).

Erdbeben verursachen direkte Schäden durch
- Erschütterung der festen Erde
- Bewegungen an Spalten in der Erdkruste
- Flutwellen (Tsunamis)

Die sekundären Schäden umfassen insbesondere Feuersbrünste und Überflutungen, Rutschungen, Bergstürze und Bodenverflüssigung. Diese können sowohl zu den primären als auch zu den sekundären Gefahren gerechnet werden.

Erschütterungen

Wenn es bei der Definition von Erdbeben immer heißt, Erschütterungen «der festen Erde», so soll damit zum Ausdruck gebracht werden, daß im Wasser, d.h. in

Tab. 3.12-1 Ursache von Erdbeben

Tektonische Vorgänge (insbesondere Verschiebungen an Verwerfungen)
Einsturz von Hohlräumen (Gips-/Salzauslaugungen, Bergwerke)
Natürliche Explosionen (Vulkane, Meteoriten)
Künstliche Ursachen (Atombombenexplosionen, Stauseen)

Tab. 3.12-2 a Große Erdbebenkatastrophen in Europa und den Mittelmeer-Ländern von 1348 bis 1983

Datum	Ort	Tote	Bemerkungen
25. Jan. 1348	Österreich, Villach	über 1000	I = IX
18. Okt. 1356	Schweiz, Basel	mind. 300	I = VIII–IX
1. Nov. 1755	Portugal, Lissabon		
28. Dez. 1908	Italien, Messina	75000	M 7,5
13. Jan. 1915	Italien, Avezzano	30000	M 7,0
26. Dez. 1939	Türkei, Erzincan	23000	M 8,0
29. Feb. 1960	Marokko, Agadir	14000	M 5,9
26. Juli 1963	Jugoslawien, Skolpie	1200	M 6,0
28. März 1970	Türkei, Gediz	2000	
6. Mai 1976	Italien, Friaul	965	zahlreiche Nachbeben
24. Nov. 1976	Ost-Türkei	5000	M 7,3 Grenze UdSSR/Iran
4. März 1977	Rumänien	2000	M 7,2 Schäden in Bukarest
11. Okt. 1980	Algerien, El Asnam	ca. 20000	300000 Obdachlose
30. Okt. 1983	Türkei, Erzurum	1300	M 6,5

Tab. 3.12-2 b Die größten Erdbebenkatastrophen der Welt

Datum	Ort	Tote	Bemerkungen
23. Jan. 1556	China, Provinz Schensi	830000	Löß-Verflüssigung
11. Okt. 1737	Indien, Kalkutta	300000	
1. Nov. 1755	Portugal, Lissabon	80000	M ca. 8
28. Dez. 1908	Italien, Messina	75000	M ca. 7,5
16. Dez. 1920	China, Provinz Kansu	180000	M 8,6 Löß-Verflüssigung
1. Sept. 1923	Japan, Provinz Kanto	143000	M 8,3
26. Dez. 1932	China, Provinz Kansu	70000	M 7,6
31. Mai 1935	Pakistan, Quetta	60000	M 7,5
31. Mai 1970	Peru	70000	M 7,8
4. Febr. 1975	China, Provinz Liaoning	wenige	M 7,4 vorhergesagt
27. Juli 1976	China, Tangschan	ca. 650000	M 7,9

der Hydrosphäre und in der Luft, d.h. in der Atmosphäre – wo bei seismischen Ereignissen auch Wellenbewegungen stattfinden – keinerlei Schadwirkungen auftreten.

Die Schadwirkung durch die Erschütterung der festen Erde, d.h. der Lithosphäre, besteht in einer Beschleunigung. Diese wirkt in horizontaler und vertikaler Richtung, wobei der horizontale Anteil weitgehend allein schädlich ist. Die horizontale Beschleunigung äußert sich in derselben Weise, wie sie die Insassen eines Fahrzeuges verspüren, welches bei rascher Fahrt mehrmals abgebremst wird. Im Prinzip wird dieser Effekt in den Seismographen dadurch sichtbar, indem an einer frei aufgehängten Masse, im Prinzip einem Pendel, durch den Erdstoß das mit der Erde fest verbundene Papier vorbeibewegt wird.

Beschleunigungen ab 0,05 g, d.h. 5% der Erdbeschleunigung können Schadwirkungen auf Gebäude ausüben.

Die größte jemals festgestellte Beschleunigung ist diejenige beim San Fernando-Erdbeben, Kalifornien, vom 9. Februar 1971. Dort wurde bei dem Beben mit einer Magnitude M 6,5 bei der 114 m hohen Staumauer der Pacoima-Talsperre ein Wert von 125% der Erdbeschleunigung gemessen, entsprechend 1,25 g (Abb. 3.12-1). Spricht man von Beschleunigungen im Zusammenhang mit Erdbeben, so meint man immer die Horizontalbeschleunigung. Nach einer Faustregel ist die Vertikalbeschleunigung wesentlich kleiner und liegt bei etwa 50% der Horizontalbeschleunigung.

So betrug die Vertikalkomponente der Beschleunigung in San Fernando 0,72 g. Diese Staumauer hat bei dem Ereignis keinen direkten Schaden erlitten, jedoch hatte sich das linke Widerlager von felsigen Untergrund gelöst, so daß ein Spalt von 4 cm aufgetreten war. Der Fels selbst hatte im Bereich der Bewegungen einer Verwerfung gelegen und nach dem Absenken des Wasserspiegels waren zahlreiche Spalten an der Felsoberfläche ersichtlich. Die Sanierung erfolgte in der Weise, daß zunächst der Fels mit Zementmörtel ausgepreßt wurde und anschließend in Bohrlöcher bis zu 60 m Tiefe Stahlanker eingebaut wurden, welche vorgespannt wurden.

Die Horizontalbeschleunigung wirkt nicht nur auf Gebäude. Sie kann auch zur Verschiebung von Erd- und Gesteinsmassen an Hängen führen, die dann unter der allgemein wirkenden Schwerkraft hangabwärts abgehen. Es kommt zu Rutschungen von Lockergestein oder Bergstürzen von Felsmassen. Ein Staudamm stellt ebenfalls einen Hang dar. Wenn es hier unter der Horizontalbeanspruchung zu sogenannten Böschungsbrüchen kommt, können die Folgen entsprechend katastrophal sein.

Langanhaltende Erschütterungen führen in Böden ohne Tonanteil, insbesondere in Sand, zu einer regelrechten Bodenverflüssigung. Allgemein findet eine Erhöhung der Erdbebenbeschleunigung statt, wenn die Wellen aus dem festen Fels in Lockergestein übertreten. Das ist damit zu erklären, daß die Wellenausbreitungsgeschwindigkeit im Fels relativ groß ist, im Lockergestein aber stark abgebremst wird. So beträgt die Ausbreitungsgeschwindigkeit für P-Wellen in Granit etwa 5000 m/s, in lockerem Sand dagegen nur noch um 500 m/s, also etwa ein

Zehntel. In der deutschen Erdbeben-Norm DIN 4149 ist daher ein Baugrundfaktor Kappa vorgesehen, mit dem die Beschleunigung multipliziert werden muß, wenn weniger harter Fels als Granit oder wenn Lockergesteine als Baugrund vorliegen.

Beim Erdbeben in Friaul vom 6. Mai 1976, das eine Magnitude von M 6,2 hatte, entstanden die großen Schäden auch durch eine außerordentlich hohe Beschleu-

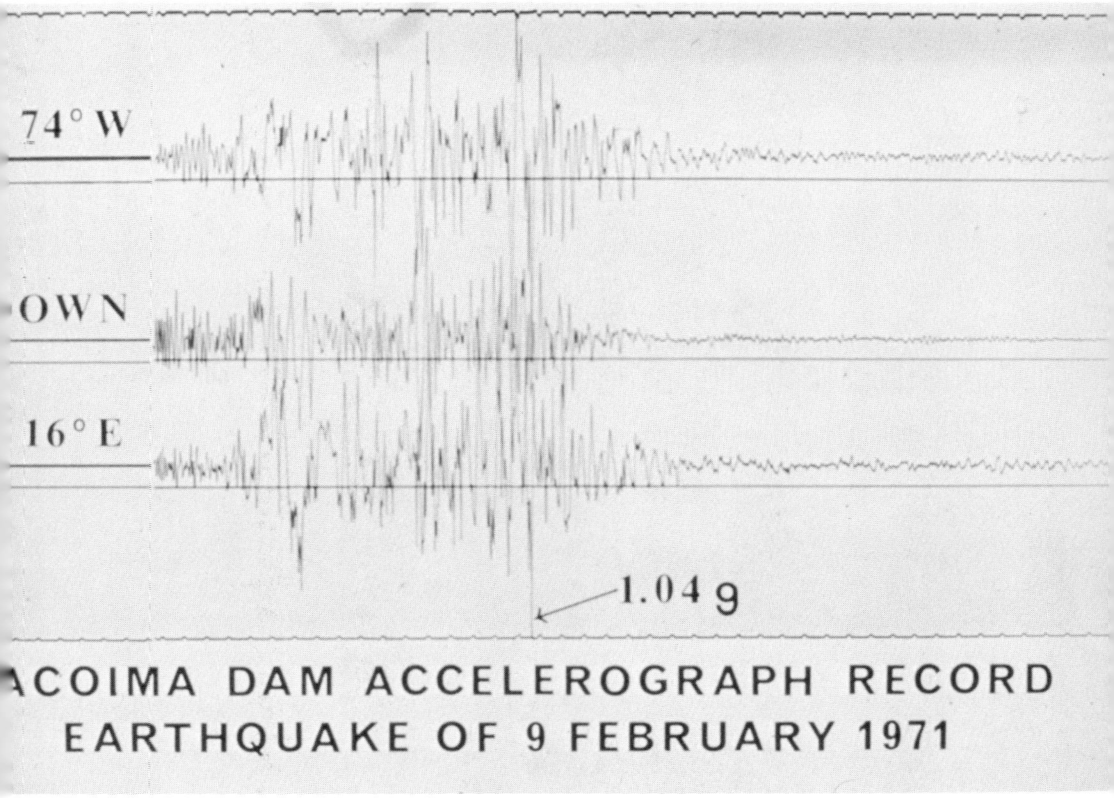

Abb. 3.12-1 Aufzeichnungen des Bebens vom 9. Februar 1971 eines der Geräte für die Registrierung der Beschleunigungen bei der Pacoima-Staumauer/Kalifornien. (Foto: NOAA)

nigung. Im Umkreis von 50 km um das Epizentrum bestehen dort 20 Stauseen mit bis zu 136 m hohen Staumauern. Diese blieben jedoch glücklicherweise unbeschädigt, während es an Nebenanlagen der Kraftwerke und an Abflußkanälen sowie an Schaltanlagen zu starken Schäden und Störungen kam.

Beim relativ schwachen Erdbeben im italienischen Ancona vom 21. Juni 1972, das nur eine Magnitude M 4,5 hatte, wurde auch eine relativ hohe Beschleunigung von 0,61 g gemessen. Solche hohen Werte wirken bei schwächeren Erdbeben jedoch nur während zwei oder drei Stößen, also relativ kurzzeitig während weniger Sekunden. Bei Beben mit der Magnitude M 8,0 muß jedoch im Umkreis von 25 km mit einem Andauern der schädigenden Beschleunigungen, d.h. derjenigen über 0,05 g während 30 Sekunden gerechnet werden.

Erschütterung von Bauwerken

Die Gefahr für Bauwerke konzentriert sich – ganz im Gegensatz zu anderen geologischen Katastrophen, ja Naturkatastrophen allgemein, die viel komplexer wirken – im wesentlichen auf zwei Faktoren: Die Qualität von Bauwerken und die Baugrundverhältnisse. Die beste Bauqualität, die mit einer entsprechenden Planung, entsprechenden Vorschriften und daraus resultierenden statischen Berechnungen und schließlich in einer entsprechenden Bauüberwachung erreicht werden kann, ist für sich allein nicht ausreichend. Kommt es bei Erdbeben zu ungleichmäßigen Setzungen, zur Bodenverflüssigung und Grundbrüchen, die bis zum vollständigen Umkippen moderner Hochhäuser führen können, wie es in Niigata 1964 beobachtet worden war (3.8), so nützt auch ein kompakter, statisch gut konzipierter und bestens ausgeführter Baukörper nichts mehr. Den Baugrundverhältnissen und ihrer Erkundung kommt daher in Erdbebengebieten eine besondere Bedeutung zu. In erster Linie muß vermieden werden, daß Bauwerke auf verschiedenen Bodenschichten gegründet werden, die sich bei seismischen Ereignissen verschieden dynamisch verhalten, die unter Umständen verschiedenes Setzungsverhalten unter der dynamischen Beanspruchung zeigen.

Während die Beschleunigung wirkt, ist so auf Gebäude eine horizontale Kraft gerichtet, indem die Erde sich unter dem Gebäude seitlich wegbewegt (Abb. 3.12-2). Gebäude, die keinen entsprechenden seitlichen Druck aufnehmen können, stürzen ein. Ein einfaches Verfahren zur Berechnung der Verstärkung von Bauwerken gegen Erdbebeneinflüsse besteht darin, daß die dynamische Wirkung eines Erdbebens rechnerisch durch eine horizontal wirkende Last ersetzt wird. Man spricht auch von der pseudostatischen Methode. Hierbei geht man jedoch davon aus, daß sich das Bauwerk insgesamt wie ein starrer Körper verhält.

Bei der etwas komplizierteren Methode der «Antwortspektren» (engl. response spektra) wird rechnerisch das voraussichtliche Schwingungsverhalten von einzelnen Bauwerksteilen durch die Erregerkraft Erdbeben untersucht, d.h. die Antwortschwingungen des Bauwerks auf das Beben.

Bewegungen an Spalten

Bei zahlreichen der beschriebenen Erdbeben sind an der Erdoberfläche an der Herdverwerfung oder in deren Nähe Bewegungen im Betrage bis zu mehreren Metern in horizontaler und vertikaler Richtung festgestellt worden. Gebäude, Dämme und Verkehrswege über einer solchen Verwerfung werden regelrecht abgeschert und auseinandergerissen. Ebenso ergeht es unterirdischen oder oberirdischen Rohrleitungen, Kabeln und Kanälen. Durch das Aufreißen oder Vergrößern von Spalten im Untergrund können auch die Grundwasserverhältnisse beeinflußt werden. Das Wasser kann sich andere unterirdische Abflußwege suchen, wodurch Quellen versiegen und Brunnen austrocknen können.

Die Thermalquellen des Kurortes Baden/Schweiz zeigten jahrelang eine reduzierte Schüttung, nachdem sich im Schwarzwald ein schwaches Erdbeben ereignet hatte. Schon vorher war man zur Vermutung gekommen, daß die Quellen von versickerten Niederschlägen aus dem Schwarzwald gespeist werden, die zunächst

Abb. 3.12-2
Gegeneinander verdrehte Formsteine eines Schornsteins beim Erdbeben von Albstadt 1978.
(Foto: Landesstelle für Baustatik, Tübingen)

im Gestein in die Tiefe wandern und nach Aufheizung und Mineralisation in über 50 km Entfernung wieder an die Erdoberfläche steigen. So konnte die Beziehung zwischen dem Schwarzwälder Erdbeben und der Veränderung der Quellen den letzten noch fehlenden Beweis zur Herkunft der Mineralwässer von Baden bringen.

Kavernenspeicher und Erdbeben

Das Aufreißen von Spalten durch Erdbeben ist besonders zu berücksichtigen bei sogenannten Kavernenspeichern, bei welchen flüssige oder gasförmige Vorräte in unverkleideten Felskavernen gelagert werden sollen. Vor allem in skandinavischen Ländern findet schon seit über 30 Jahren die Lagerung von Erdöl in solchen Kavernenspeichern statt.

Im Bereich der nuklearen Entsorgung sollen radioaktive Abfälle in unterirdischen Stollen gelagert werden. In der Bundesrepublik sollen diese in Salzstöcken bei Gorleben in Niedersachsen, in der Schweiz im kristallinen Grundgebirge der

Nordschweiz vorgesehen werden. Das dort mehr als 1000 m unter der Erdoberfläche zu lagernde radioaktive Material könnte zur Strahlenbelastung der Umwelt führen, wenn verseuchtes Grundwasser aus Klüften und Spalten an die Oberfläche aufsteigt. Indirekt kommt daher dem Problem der Erdbebensicherheit solcher Endlagerstätten besondere Bedeutung zu. So waren es auch insbesondere Bedenken in seismischer Hinsicht, die einen Kavernenspeicher für Heizöl im Bereich des Alpen-Rheins bei Hauenstein in der Schweiz 1983 vorerst vereitelten. Die Gefahr, daß über Klüfte und Spalten im Fels Öl in den Rhein und durch diesen in das Trinkwasserreservoir Bodensee gelangen könnte, hatte eine seltene Einmütigkeit zwischen Politikern in der Schweiz, in Deutschland und in Österreich auf den Plan gerufen.

Erdbebenflutwellen (Tsunamis)
Unter Textziffer 3.7 und auch bei der Beschreibung einzelner Ereignisse wurde das Problem der Erdbebenflutwellen behandelt. Danach entsteht bei Seebeben, d.h. bei Erdbeben, die ihr Epizentrum im Bereich des Meeresbodens haben, bei Bewegungen desselben eine Folge von Wellen, die eine Wellenlänge von Hunderten von Kilometern haben.

Bei Annäherung an eine Küste wird jedoch im flacher werdenden Wasser die Wellenlänge verkürzt und die Höhe der Woge steigt manchmal auf über 10 m und bricht auf Küstengebiete ein. Ein Hauptzentrum für solche Erdbebenwellen ist der Pazifik, aber auch im Atlantik und im Mittelmeer werden immer wieder Tsunamis beobachtet. Im Bereich des Pazifik wurde bereits ein System zur Tsunami-Vorwarnung eingerichtet. Hierbei können beispielsweise Flutwellen, die in Chile entstehen, davor warnen, daß sie 15 Stunden später in Hawaii eintreffen werden.

3.13 Erdbeben und Kernenergie

Die Kernenergie gilt mit Recht als eine der umweltfreundlichsten Energieformen. Das trifft jedoch nur zu, solange es nicht zu Zwischenfällen kommt, zu Unfällen und Pannen, wie sie beim Betrieb von technischen Anlagen bei besten Sicherheitsvorkehrungen immer wieder auftreten können. Wird durch einen solchen Zwischenfall Radioaktivität freigesetzt, so erkranken im günstigsten Fall einige wenige an Strahlenkrankheit, im ungünstigsten Fall werden ganze Landstriche für lange Zeit unbewohnbar. In dieser Beziehung stellen einerseits die Kernkraftwerke selbst, d. h. die Reaktoren, andererseits die Lagerstätten für die abgebrannten Kernbrennstoffe ein Sicherheitsrisiko dar, welches mit einer ganz anderen Betrachtungsweise angegangen werden muß als es bei bisherigen technischen Anlagen und Bauwerken der Fall war.

Das Hauptproblem der Sicherheit solcher Anlagen besteht im Schutz vor «äußeren Einwirkungen» und hierbei spielen Flugzeugabstürze, Explosionsdruckwellen und schließlich geologische Katastrophen in Form von Erdbeben und Meteoritenabstürzen die Hauptrolle.

Kernreaktoren

Aus wirtschaftlichen Erwägungen wird als Standort für Kernkraftwerke einerseits die Nähe zum Verbraucher bevorzugt, andererseits ist im Hinblick auf die große benötigte Kühlwassermenge die Nähe an einem Fluß erforderlich. Bei der Beurteilung der Erdbebensicherheit werden in der Regel die Erdbebenzonen bestimmt, die ähnlich denjenigen für allgemeine bautechnische Zwecke, die in historischer Zeit beobachteteten Intensitäten nach Zerstörungen an Bauwerken berücksichtigen. Für die Bundesrepublik Deutschland wurden vier Bebenzonen von 0 bis 3 festgelegt, wobei die Zonen 0 und 1 die Intensitäten V und VI nicht erreichen, während in den Zonen 2 und 3 die Intensitäten VII oder VIII vorkommen können. Bei der Planung eines Kernkraftwerkes sollte berücksichtigt werden

- das größte bisher glaubhaft überlieferte Beben im Umkreis von 200 km und seine statistisch erwartete Wiederkehrperiode (DBE Design Basis Earthquake),
- das größte bei der gegebenen Seismotektonik denkbare Beben der nächstliegenden Bruchzone und seine Wiederkehrperiode (MPE Maximum Probable Earthquake).

Das Kernkraftwerk im elsässischen Fessenheim im tektonisch aktiven Oberrheingraben gelegen und zudem in der Hauptwindrichtung gegenüber Freiburg im Breisgau müßte demnach als DBE das Basler Erdbeben von 1356 zugrunde legen, welches eine Epi-Zentralintensität von IX hatte. Die Wiederkehrperiode dieses Ereignisses ist unbekannt und beträgt über 600 Jahre. Mit einem solchen Beben muß aufgrund der tektonischen Verhältnisse jederzeit im Bereich des Rheingrabens in Zukunft gerechnet werden. Dies hat auch Gültigkeit für die schweizerischen Kernkraftwerke.

Der sorgfältigen Untersuchung des Untergrundes kommt bei Kernkraftwerken insofern eine große Bedeutung zu, als in Lockergesteinen eine Verstärkung der Erschütterungen erfolgt, so daß eine Gründung auf Fels die sicherste Lösung darstellt, gerade in der angestrebten Lage der Kraftwerke in Flußtälern jedoch nicht immer realisierbar ist. Wenn auch eine relativ hohe Sicherheit gegen die Erschütterungen von Erdbeben durch entsprechende bauliche Maßnahmen, wie elastische Aufhängung stoßempfindlicher Apparaturen, Herstellung von flexiblen Verbindungen von Rohrleitungen – die insbesondere den lebenswichtigen Kühlwasserumlauf garantieren sollen – erreicht werden kann, so verbleibt als sicherster Standort für ein Kernkraftwerk derjenige in einer unterirdischen Felskaverne.

Atommüll-Endlager

Von den verschiedenen radioaktiven Abfällen aus Kernkraftwerken, aus Forschung und Industrie sowie Medizin sind insbesondere diejenigen problematisch, die eine Halbwertszeit von mehr als 100 Jahren haben. Sie fallen nach einer Schätzung allein in der Bundesrepublik Deutschland in einer Menge von voraussichtlich 22000 Fässern pro Jahr an. Hier sollte nach einer Studie von W. Heintz zusätzlich die Möglichkeit eines Meteoriteneinfalls und die Entstehung neuer Eiszeiten berücksichtigt werden. So besteht allgemein Einigkeit darüber, daß nur eine Lagerung im tieferen Felsuntergrund in Frage kommt. Wenn immer wieder auf die in Schweden praktizierte Lagerung in Felskavernen in Granit als Musterbeispiel Bezug genommen wird, so ist nach R. Trümpy dabei zu berücksichtigen, daß Schweden, welches geologisch auf einem alten Festlandsblock liegt, der die beiden letzten Gebirgsbildungsphasen nicht mehr mitgemacht hat, als tektonisch relativ «ruhig» gilt.

Die Konzepte für die Endlagerung radioaktiver Abfälle umfassen zwei Möglichkeiten. Die A-Konzepte sehen die Endlagerung in der kontinentalen Erdkruste innerhalb nationalstaatlicher Grenzen vor, wobei innerhalb eines Staates der geologisch relativ günstigste Standort aufgespürt werden muß. Die B-Konzepte sind dagegen ausgerichtet auf die Endlagerung in wenig bevölkerten Gebieten mit geringer biologischer Aktivität, also beispielsweise Wüstengebiete.

Das geplante Atommüll-Endlager Gorleben in der Bundesrepublik

Etwa 100 km südöstlich von Hamburg liegt am Südufer der Elbe und damit dicht an der Grenze zur DDR die Ortschaft Gorleben, die eine geologische Besonderheit aufweist und daher als Standort für ein Atommüll-Endlager ausersehen ist. Wir finden in Nordwestdeutschland häufig im Untergrund verborgen sogenannte Salzstöcke, Salzdome oder Diapire. Gegen Ende des Erdaltertums wurden in einem seichten Meer in der Zeit des Zechsteins ausgedehnte Salzlager zur Ablagerung gebracht. Über diesen gelangten später jüngere Gesteine zur Ablagerung. Entlang von Klüften und Spalten im darüberliegenden Gestein konnte im Laufe

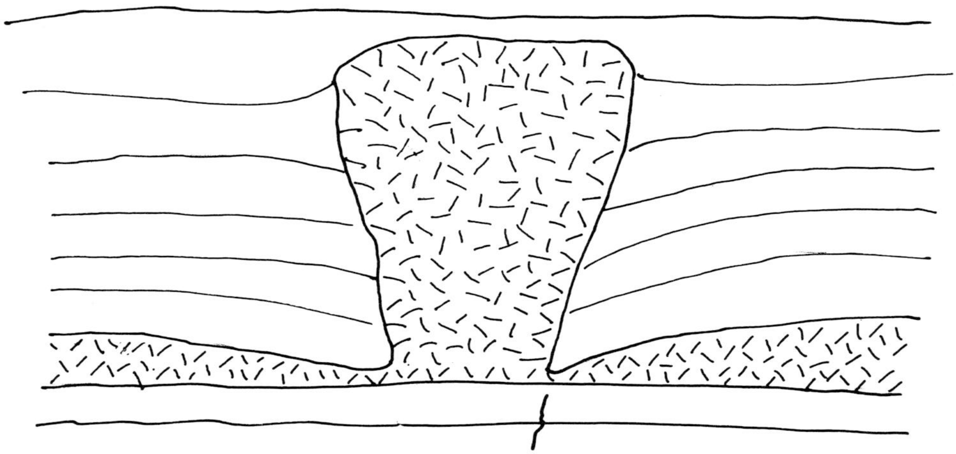

Abb. 3.13-1 Schematisches geologisches Profil durch einen Salzstock (Diapir). Das plastisch reagierende Salz wird unter der Auflast der späteren Ablagerungen entlang einer Spalte nach oben gepreßt.

der Jahrmillionen das spezifisch leichtere Salz unter der Auflast aufsteigen und so als «Fremdkörper» zwischen die jüngeren Gesteine eindringen (Abb. 3.13-1). Von der Oberfläche her lassen sich solche Salzstöcke nur durch Bohrungen oder aber durch ausgedehnte geophysikalische Untersuchungen ermitteln, wie sie beispielsweise für die Erdölsuche ausgeführt wurden. Im Hinblick auf die Endlagerung von Atommüll sind solche Salzstöcke interessant, weil sie im Gegensatz zu

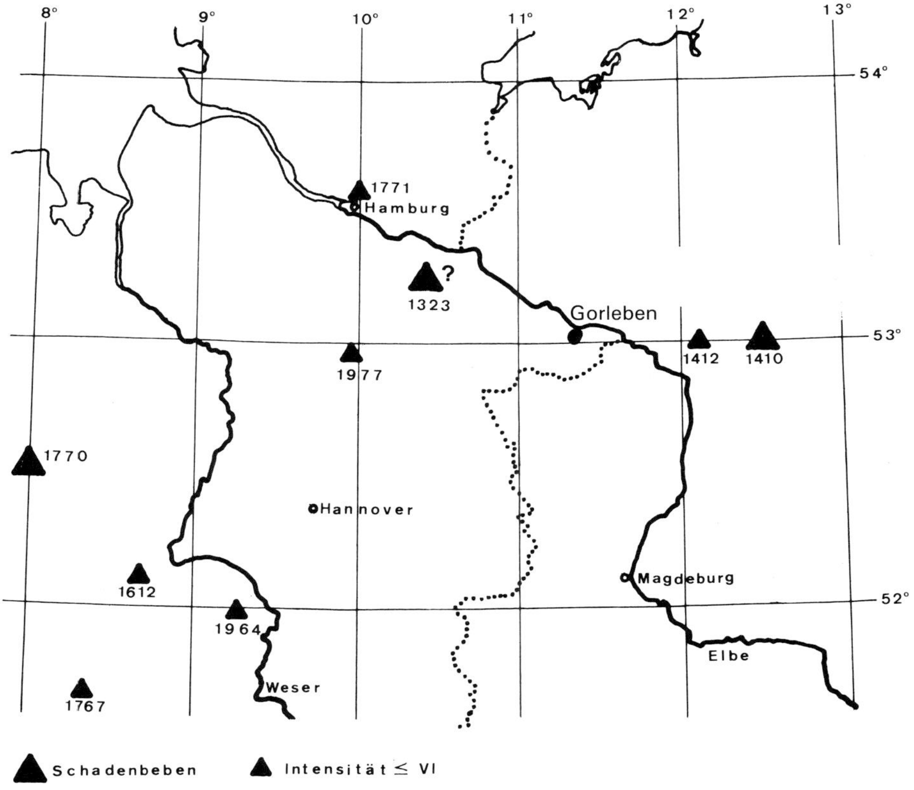

Abb. 3.13-2 Epizentrenkarte der Erdbeben N-Deutschlands für die Jahre 1000–1979. Erläuterungen: Die Zahlen geben das Ereignisjahr an; die Existenz des Lüneburg-Bebens (1323) ist fraglich; die Epizentren der Prignitz-Beben (1410 und 1412) sind nicht genau bestimmbar (nach G. Leydecker, 1980).

den sonstigen Gesteinen bei tektonischen Bewegungen des Untergrundes keine Spannungen aufstauen, sondern jeweils die Bewegungen elastisch mitmachen. Allerdings werden im oberen Bereich der Salzstöcke, wo eine Berührung mit dem Grundwasser möglich ist, Salze gelöst, abtransportiert und somit Hohlräume geschaffen. Bei Bildung von größeren Hohlräumen kann es zu Einstürzen derselben kommen, die sich an der Erdoberfläche durch sogenannte Erdfälle äußern, bei denen sogar Senkungstrichter sichtbar werden.

Allein die Chronik der Stadt Lüneburg berichtet über mehr als 50 solcher Erdfälle im weiteren Bereich der Stadt. Mit größeren Erdfällen sind Einsturzbeben verbunden. Die Intensität solcher Einsturzbeben ist wohl über dem Epizentrum groß und erreicht in Nordwestdeutschland die Intensität VIII. In einer Entfernung vom Epizentrum von 5 km wurde nach den bisher vorliegenden Erfahrungen jedoch max. die Intensität VI erreicht, welche allgemein als Schadensgrenze angesehen wird. Norddeutschland weist eine vergleichsweise geringe Seismizität auf. Ein Teil der in den letzten 1000 Jahren registrierten Erdbeben, insbesondere im Raum Lüneburg, kann auf solche Einstürze von Auslaugungshohlräumen zurückgeführt werden (Abb 3.13-2).

Das nach den Überlieferungen auf das Jahr 1323 datierte große Beben von Lüneburg, worüber die historischen Quellen jedoch nicht ganz eindeutig sind, wird ebenso wie ein entsprechendes Ereignis von 1771 in Hamburg als Einsturzbeben nach vorangegangener Salz- bzw. Gipsauslaugung angesehen. Nach Leydecker können dagegen die Beben im nördlichen Vorland des Teutoburger Waldes auf tektonische Ursachen, d.h. auf Bewegungen des tieferen Untergrundes zurückgeführt werden. Das gilt auch für das Erdbeben vom 2. Juni 1977 von Soltau und auch für die Ereignisse von Wittstock und Havelberg von 1410.

Salzgestein bildet vom Material her gesehen und seinen elastischen Eigenschaften gegenüber tektonischen Vorgängen auf den ersten Blick hin ein ideales Medium zur Ablagerung von Atommüll. Die Erdbebenaktivität des «seismisch ruhigen» Norddeutschland zeigt aber, daß auch dort, wie allgemein weltweit an jeder Stelle, tektonische Beben – wenn auch mit großer Wiederkehrperiode – zu erwarten sind. Die Entstehung eines Salzstockes setzt nun voraus, daß an der betreffenden Stelle durch tektonische Ereignisse Spalten im Gestein aufgerissen sind, die erst ein Aufdringen des Salzes ermöglicht haben. Ein Salzstock kann geradezu als Indiz dafür angesehen werden, daß an der betreffenden Stelle in der geologischen Vergangenheit größere tektonische Bewegungen – in der Regel verbunden mit Erdbeben – stattgefunden haben.

Für die Dimensionierung herkömmlicher Bauten, seien es Wohnhäuser oder Brücken, bestehen eine Vielzahl von Normen, die jeweils beachtet werden müssen, welche die jeweiligen Beanspruchungen während der Lebensdauer des Bauwerkes berücksichtigen: Lasten aus Schnee-Überlagerung, Wind, Erdbeben gemäß unseren historischen Erfahrungen. Die Annahmen gehen hierbei nie über einen Zeitraum von 100 Jahren hinaus. Die Tatsache, daß tektonische Ereignisse eine Wiederkehrperiode von mehreren Jahrtausenden oder Zehner von Jahrtausenden haben können, ist in keiner Norm berücksichtigt. Der Sicherheitsfaktor, der bei allen technischen Konstruktionen die Hauptrolle spielt, wird bei dem Problem der Atommüll-Lagerung in abstrakte – gegenwärtig nicht faßbare – Dimensionen gerückt.

Vom geologischen Standpunkt aus gesehen ist es als bedenklich zu bezeichnen, dicht besiedelte Gebiete, die zudem in tektonisch aktiven Zonen liegen, für eine

Endlagerung heranzuziehen, die für einen Zeitraum von über 100000 Jahren Sicherheit bieten sollen. Das zeigt das nachfolgende Beispiel.

Das geplante Atommüll-Endlager in der Nordschweiz

Die Schweiz ist ein Erdbebengebiet. Nach den aufgrund von Beobachtungen seit dem 9. Jahrhundert bekannt gewordenen Erdbeben im Gebiet der Schweiz sowie der Nachbarländer wurde vom Schweizerischen Erdbebendienst eine Karte entworfen, die aufgrund eben dieser historischen Erfahrungen die maximal zu erwartenden Erdbebenintensitäten in den einzelnen Landesteilen darstellt (Abb. 3.13-3). Daraus ist ersichtlich, daß im wesentlichen nur in zwei Gebieten, nämlich südlich des Gotthard und nordwestlich des Vierwaldstätter Sees mit Intensitäten von VI gerechnet werden muß, während in übrigen Gebieten die Intensitäten VII und VIII erwartet werden.

Daneben wurden im Zeitraum zwischen 1295 und 1971 sieben Beben mit einer Intensität von mehr als VIII, d.h. verbunden mit schweren Bauschäden beobachtet. Das bekannteste hiervon ist das bisher folgenschwerste Erdbeben in Mitteleuropa, nämlich dasjenige von Basel des Jahres 1356 (Abb. S. 224). Gleich drei schwere Beben ereigneten sich im Tal der Rhone, dem Wallis, nämlich 1755, 1855 und 1946. Südlich des Vierwaldstätter Sees befinden sich zwei Epizentren, die 1601 und 1774 durch schwere Schäden bekannt wurden. Ein weiteres Epizentrum eines schweren Schadbebens ist dasjenige vom Rheintal in Graubünden des Jahres 1295. Epizentren von Beben mit leichten Bauschäden finden sich um die genannten Epizentren herum, aber auch isoliert an zahlreichen Orten.

Seit 1855 systematisch beobachtete Beben und lokale Erdstöße sind ziemlich gleichmäßig über das ganze Land verteilt. Auffallend ist, daß bei den in der Schweiz beobachteten Beben einerseits kaum Beziehungen zur Großtektonik bestehen – und daß die Epizentren gebietsweise ganz deutlich dort eine Häufung aufweisen, wo auch die Bevölkerungsdichte besonders groß ist. So stellt die Häufung von Epizentren in den relativ dicht besiedelten großen Alpentälern gegenüber den dünn oder gar nicht besiedelten Hochlagen ganz ohne Zweifel eine Verzerrung dar, indem aus dünn besiedelten Gebieten einfach weniger Beobachtungen mitgeteilt wurden. Auf alle Fälle kann festgestellt werden, daß die Epizentren über dem Gebiet der Schweiz eine breite Streuung aufweisen und daß sie zusammenhängen mit Deformationen im Untergrund. Wie Herdlösungen, d.h. Berechnungen der Verschiebungsebenen entlang von Verwerfungen im Untergrund nach Erdbeben in der Schweiz gezeigt haben, findet immer noch die Einengung der Erdkruste statt, die zur Auffaltung der Alpen, Einsenkung des Molasse-Troges, Faltung des Ketten-Juras und Herausheben durch Bruchtektonik von Tafel-Jura und Schwäbischer Alb statt. Der Druck ist deutlich etwa gegen Nord-Nordost gerichtet, wo Schwarzwald und Vogesen und das Zentralmassiv einen Widerstand darstellen gegen die Kräfte, die erzeugt werden durch das Nordwärts-Drängen der afrikanischen Platte gegen die eurasische.

In einem Gebiet, das aufgrund der geschichtlichen Betrachtungsweise als seismisch nicht besonders auffällig erscheint, nämlich desjenigen von Vogorno im

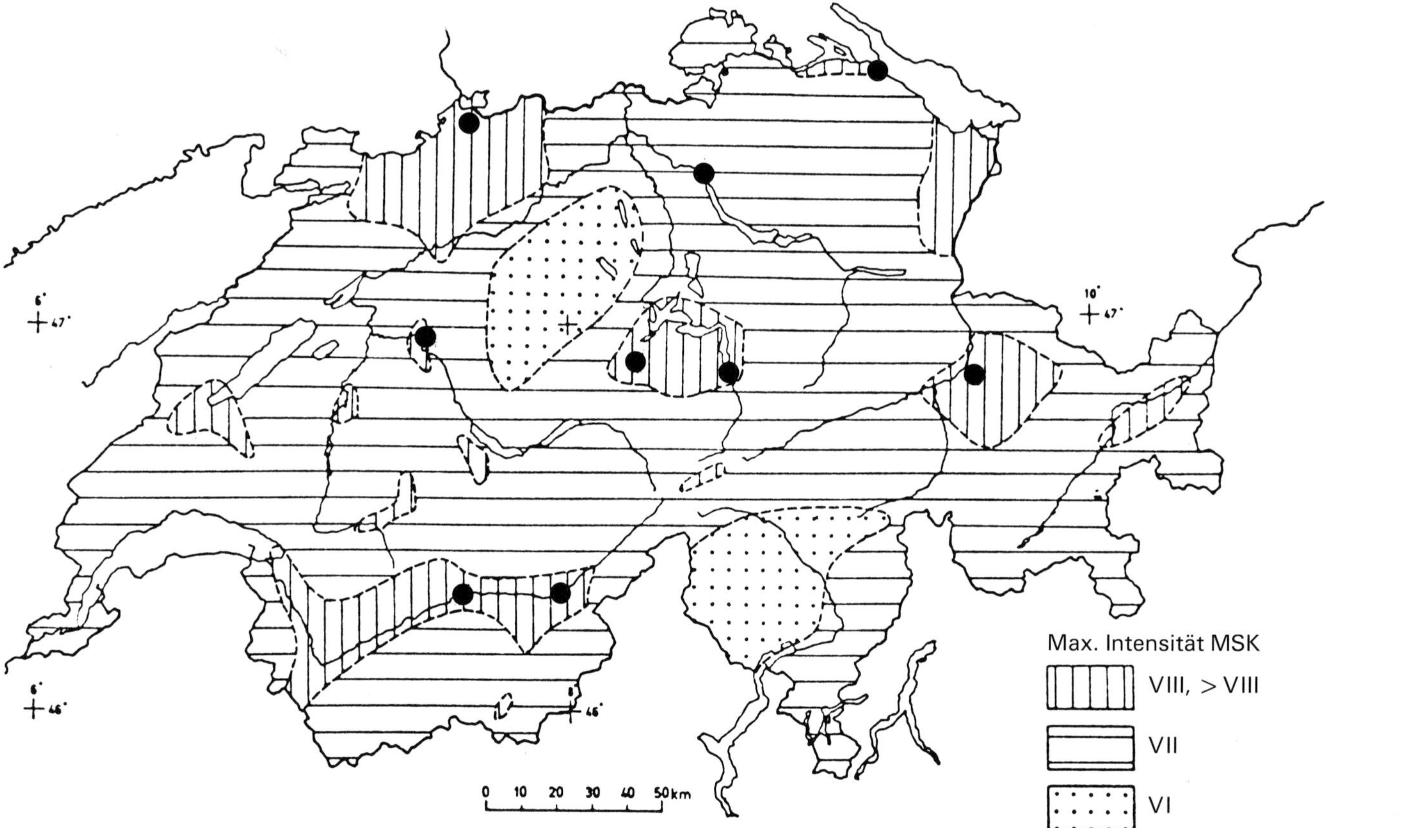

Abb. 3.13-3 Karte der Erdbebenintensitäten der Schweiz (nach N. Pavoni/Schweiz. Erdbebendienst, 1972, ergänzt).

unteren Verzasca-Tal/Tessin, wurde eine Hebungsgeschwindigkeit von 1,4 mm/Jahr gemessen. Und doch geschah es gerade in dieser seismisch unauffälligen Region, daß beim erstmaligen Aufstau des Speichersees von Vogorno im Jahre 1965/66 eine Serie von Erdbeben ausgelöst wurde. Im Zusammenhang mit diesen konnte an zwei lokalen Verwerfungen eine relative Hebung des Nordflügels derselben nachgewiesen werden.

Zusammenfassend kann gesagt werden, daß die Schweiz ein Erdbebengebiet darstellt, wobei mit Ausnahme von zwei örtlichen Gebieten mit Intensität VI überall mindestens die Intensitäten VII bzw. VIII bis größer als VIII in Zukunft zu erwarten ist. Der allergrößte Teil der Schweiz liegt gleichzeitig mindestens im Bereich analog jener Mikrozone der Intensität VII, wie sie noch 1973 vor dem Schadbeben des Jahres 1977 für die Stadt Bukarest von einem Gremium von UNESCO-Wissenschaftlern erarbeitet worden war und die sich dann als Zone schwerster Zerstörungen erwies. (Abb. 3.11-5 und 6.)

In der Schweiz kann die Energieversorgung wegen des weitgehenden Fehlens von Kohle- und Erdöl-Lagerstätten zu einem großen Teil auf die Wasserkraft abgestellt werden. Daneben ist der stetige Ausbau eines Netzes von Kernkraftwerken im Gange, die in naher Zukunft bereits 50% der benötigten Elektrizität liefern werden. Das in der Schweiz östlich von Basel am Rhein geplante Kernkraftwerk Kaiseraugst konnte von Umweltschützern auf die lange Bank geschoben werden. Das etwas weiter rheinaufwärts gelegene Kernkraftwerk Leibstadt konnte 1984 seinen Betrieb aufnehmen, obwohl auf der gegenüberliegenden deutschen Seite des Rheins die Stadt Waldshut-Tiengen liegt.

Aus dem Betrieb der Kernkraftwerke resultieren hochradioaktive Rückstände aus verbranntem Kernbrennstoff, welche zu Glas geschmolzen einer Endlagerung zuzuführen sind. Wegen der großen Halbwertszeit muß die Lagerung während weit über 100000 Jahren so vollzogen werden, daß keine Umweltschädigung der noch kräftig strahlenden Substanz zu befürchten ist. Die nationale Genossenschaft für die Lagerung radioaktiver Abfälle (NAGRA) betreibt nun eine großangelegte Untersuchungskampagne zur Ermittlung des günstigsten Standortes in der Nordschweiz, d.h. zwischen der Gegend westlich und nördlich von Zürich und der schweizerischen Landesgrenze, die größtenteils mit dem Rhein zusammenfällt. Hier soll in mehr als 1000 m Tiefe das radioaktive Material im Bereich des kristallinen Grundgebirges gelagert werden, das in Form des Kristallins des Schwarzwaldes am Rhein unter die jüngeren Sediment-Gesteine, hauptsächlich aus dem Mesozoikum, dem Erdmittelalter, untertaucht. Daneben sucht die NAGRA in der Schweiz Standorte für die Lagerung von schwach und mittelaktiven Abfällen, ebenfalls aus den Kernkraftwerken, aber auch aus Forschung, Technik und Medizin.

Bei den hier zu betrachtenden stark radioaktiven Abfällen soll davon ausgegangen werden, daß die Verpackung und Lagerung so gewählt wird, daß eine direkte Beeinflussung der dicht besiedelten Geländeoberfläche über den Kavernen nicht gegeben ist. Eine Gefährdung kann dann nur indirekt über den Wasserkreislauf erfolgen, d.h. – da Kavernen sich ja in Fels befinden – über Klüfte und Spalten in demselben. Nun ergibt die Altersbestimmung von Grundwasser aus solchen Klüften zum Teil die überraschende Tatsache, daß ein Alter von mehreren tausend Jahren vorliegt, das Wasser somit als «fossil» gelten kann, was wiederum auf eine fehlende Erneuerung und somit – das gilt für die Gegenwart – auf einen auf praktisch Null reduzierten Wasserkreislauf schließen läßt. Auf der anderen Seite entströmen demselben Fels zahlreiche Thermal- und Mineralquellen, von

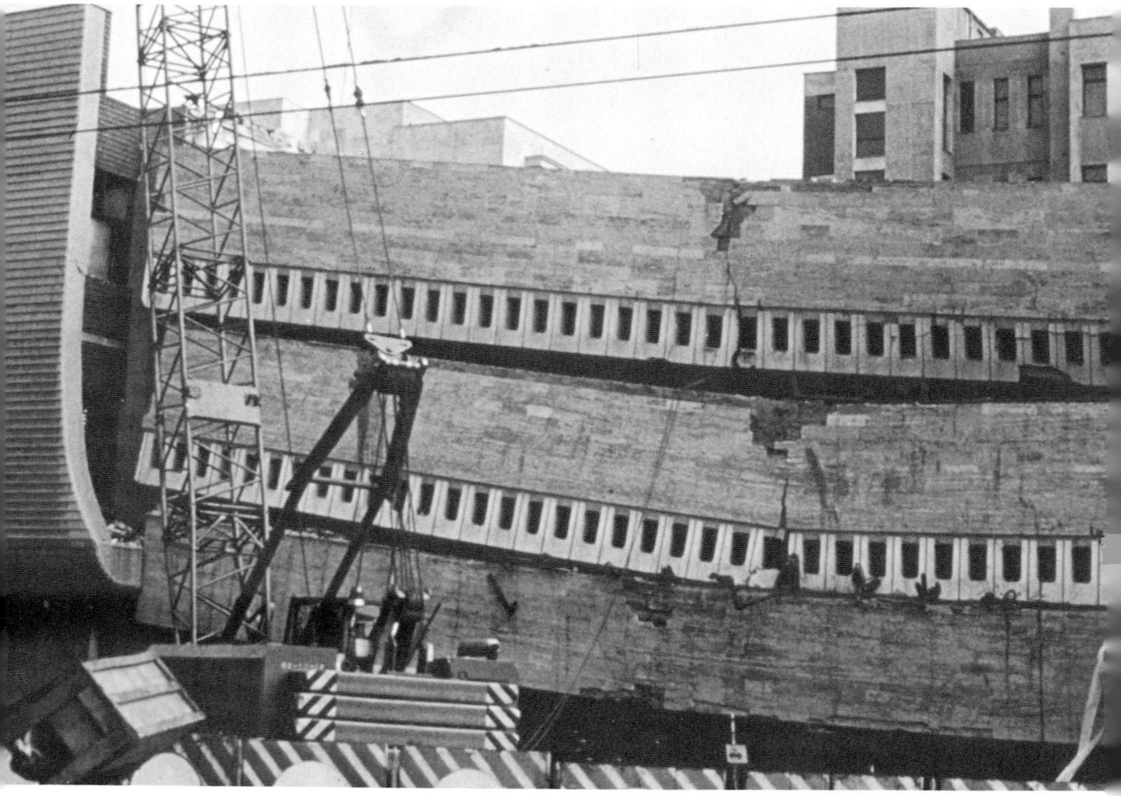

Abb. 3.13-4 Schwerste Zerstörungen an Gebäuden in Bukarest – hier ein modernes Computergebäude – fanden in einer als weniger gefährdet geltenden Zone statt.

(Foto: Univ. of California, Berkeley)

denen diejenigen von Baden und Zurzach im Aargau die bekanntesten sind. Auf der rechtsufrigen Seite des Rheins ist es Bad Säckingen und beim Bau des deutsch-schweizerischen Gemeinschafts-Kraftwerkes zwischen Stein/Aargau und Säckingen im Jahre 1965 war der Verfasser selbst mit der Eindämmung von dort als Störfaktor auftretenden derartigen Quellen in der Baugrube inmitten des Rheins beschäftigt. Diese Quellen, die ihre Wärme aus großen Tiefen im Untergrund beziehen, haben demnach zumindest stellenweise den Weg auf Klüften und Spalten im Gestein bis zur Erdoberfläche gefunden.

In einem finanziell sehr gut ausgestatteten Untersuchungsprogramm hat sich die NAGRA vorgenommen, für die nächsten Jahrzehnte den Ort in der Schweiz zu erkunden, der das niedrigste Risiko für eine Endlagerung bedeutet. Von den bisherigen Fragestellungen an den Bauingenieur und den Ingenieurgeologen weicht ein solches Vorhaben in der zu beurteilenden Standzeit eines Endlagers von über 100000 Jahren gegenüber den meist höchstens 100 Jahren für «normale» Bauwerke ab. Noch nie stand die Menschheit vor der Aufgabe, etwas für 100000 Jahre sicher zu bauen – sicher, weil ein solches Endlager in einem dicht besiedelten Gebiet liegen soll, das zudem hydrographisch über ein Flußnetz und den Rhein mit einem Großteil Europas und dem Meer verbunden ist.

Die aufwendigsten Tiefbohrungen, physikalischen Messungen und sonstigen Untersuchungen geben – und das gilt ganz allgemein für geotechnische Probleme – nur den gegenwärtigen Zustand wieder. Der Begriff Gegenwart ist bei einem Alter der festen Erde von vier Milliarden Jahren ein ganz und gar relativer Begriff. Für den Geologen kann Gegenwart bei Beurteilung der Standsicherheit einer Baugrubenböschung nur einige Tage umfassen. Unsere geologische Gegenwart, d.h. die Nacheiszeit, umfaßt aber bereits 10000 Jahre. Über bedeutende geologische Ereignisse aus dieser «Gegenwart» ist uns nur ganz spärlich und auch nur aus den etwa letzten 3000 Jahren – und dies gilt nur für den seinerzeit kultivierten Mittelmeerraum – bekannt. Die Erdbebengefahr in der Schweiz wurde wohl früher größer eingeschätzt als heute. So findet sich bereits aus dem Jahre 1557 eine erste Zusammenstellung über Erdbebentätigkeit in der Schweiz. 1858 entstand ein umfassendes Werk mit erster Intensitätsskala und 1878 schuf die Schweiz mit der Gründung der Schweizerischen Erdbeben-Kommission als erstes Land eine ständige Organisation zur Beobachtung von Erdbeben. Der Schweizer F.A. Forel stellte 1880 eine 10gradige Intensitätsskala auf, die ab 1882 zusammen mit dem Italiener Rossi in die «Rossi-Forel-Skala» überging. 1924 geschah weltweit erstmals in der Schweiz die separate Bestimmung der Geschwindigkeit der P- und S-Wellen bei den Erdbeben von Visp vom April jenen Jahres. Heute betreibt der Schweizerische Erdbeben-Dienst an der Eidgenössischen Technischen Hochschule Zürich 20 Erdbebenstationen.

Damit läßt sich jedoch kein Blick in die Vergangenheit und auch nicht in die Zukunft tun. Ist schon die statistische Methode angesichts der zu kurzen Beobachtungszeit zur Beurteilung des seismischen Risikos von sonstigen Bauanlagen nicht ganz unbedenklich, wird doch immerhin das Leben von Hunderten oder von Tausenden zugunsten geringfügiger Einsparungen an den Baukosten in die Waagschale geworfen. Das ist keine Theorie, sondern die jährlich über 10000 Toten durch Erdbeben irgendwo – meist in bekannten Erdbebengebieten – sind Zeugen dafür – viele davon hatten nach der kurzen betrachteten Zeit, die historische Dokumente überlieferten, auch kein größeres seismisches Risiko als die Nordschweiz aufzuweisen, die nun für über 100000 Jahre gegenüber Schadbeben mit Spaltenbildungen, mit Veränderungen der Grundwasserverhältnisse, mit der

Zermalmung von Gestein, dem Zerscheren von Bauwerken sicher sein soll. Auch wenn der Eidgenosse vielleicht nicht an eine Zukunft von 100000 Jahren denkt, sondern vielleicht an noch einmal 700 Jahre, wie sie seit dem Rütlischwur des Jahres 1291 vergangen sind, so behält das alles seine Gültigkeit.

Wie sich die Beurteilung der Erdbebensicherheit eines Gebietes während der Planung für ein Großbauvorhaben ändern kann, zeigt auch das folgende Beispiel:

Als längste, doppelt gekrümmte Bogenstaumauer der Welt wurde die Auburn-Talsperre im Zusammenhang mit dem Auburn-Folsom-South-Projekt in Kalifornien geplant, und seit 1968 in Angriff genommen. Bevor für das riesige Bauwerk noch mit dem Betonieren begonnen werden konnte, ereignete sich am 1. August 1975 das Erdbeben von Oroville, Kalifornien, das zwar keinen großen Schaden in der Stadt und in den umgebenden Gemeinden anrichtete, aber das besonders beachtet wurde, da sich das Epizentrum nur 10 km südwestlich des Oroville-Dammes befand, der mit einer Höhe von 236 m als größter Erddamm Nordamerikas gilt. Die Talsperre mit einem Stauvolumen von über 4 Milliarden m^3 liegt in einer Gegend, die bis dahin im Umkreis von 50 km um den Damm seismisch als relativ ruhig galt. In ebenfalls 50 km Entfernung vom Damm war zwar 35 Jahre vorher, nämlich am 8. Februar 1940 ein Erdbeben mit der Magnitude M 5,7 aufgetreten, das jedoch keine größeren Schäden verursacht hatte. Die vor Baubeginn des Oroville-Dammes in Betrieb genommenen Seismographen hatten das als harmlos zu erachtende Erdbebengeschehen der Umgebung im Umkreis von 30 km bestätigt. Dies sowohl während der Bauzeit, während der Periode des Aufstaus und auch später bis 1975. In diesem Jahr begannen am 28. Juni einige schwächere Erdstöße, die sich bis Ende Juli auf eine Summe von rund 20 aufsummierten, wobei die größte beobachtete Magnitude M 4,7 betrug. Als danach durch die Fachleute eine Inspektion des Dammes auf eventuelle Fehler im Gange war, geschah der Hauptstoß mit einer Magnitude M 5,7. Der Damm selbst, auf dem eine Beschleunigung von 0,15 g beobachtet worden war, blieb intakt, in der benachbarten Stadt Oroville stürzten einige schlecht gebaute Häuser und einige Kamine ein, insgesamt wurde die Intensität mit VII beschrieben. Man begann Diskussionen darüber, ob das Erdbeben durch den Damm selbst ausgelöst worden wäre und stellte jedenfalls das Auburn-Projekt zunächst zurück.

Zuerst war also eine bemerkenswert niedrige Seismizität und entsprechend hohe Stabilität der Erdkruste ermittelt worden. So wurde es als große Überraschung aufgefaßt, daß in einer Entfernung von 65 km das Ereignis am Oroville-Damm vom 1. August 1975 eintrat. Damit war der Beweis erbracht, daß bereits vorher erkannte Bruchzonen im Untergrund, die zunächst als nicht mehr aktiv angesehen worden waren, doch noch aktiv wären. Nach jahrelangen Diskussionen und Gutachten durch speziell gegründete Expertengruppen wurden erst 1980 wesentlich verschärfte Vorschriften für jedes der Absperrbauwerke an der Auburn-Sperrstelle festgelegt. So wurde ein maximal mögliches Erdbeben mit der Magnitude von M 6,5 mit einer möglichen Epizentralentfernung von 3,7 km und einer Herdtiefe von 8,0 km als Berechnungsbasis angenommen.

Können schon bei einem global denkenden Geologen die verbleibenden Bedenken zum Projekt Gorleben nicht vollständig ausgeräumt werden, so muß das Vorhaben der Endlagerung von Atommüll in der erwiesenermaßen seismisch aktiven Nordschweiz als abenteuerlich bezeichnet werden. Die Autarkie eines Landes findet dort ihre Grenzen, wo die Natur – hier die Geologie – nicht mehr mitmacht. Wenn sich schon die Energieversorgung nicht mehr nationalstaatlich bewältigen läßt, warum soll dann eine nationale Endlagerung von Atommüll gegen die naturgegebenen Hindernisse bewältigt werden?

3.14 Erdbebenversicherung

Durch Erdbeben – wie auch durch Vulkanausbrüche – können neben Schäden an Bauwerken solche am Inventar derselben entstehen. Weiterhin können dabei Menschen verletzt oder gar getötet werden. Gewöhnlich sind solche Schäden jedoch nicht durch die üblichen Versicherungen gedeckt. Erdbeben fallen in den Versicherungsverträgen meist unter die gleiche Kategorie wie kriegerische Ereignisse und Atomexplosionen. Dies ist auch verständlich angesichts der riesigen Schäden, die durch die bekannten Katastrophen entstanden sind. In den einzelnen Fällen muß mit Schadensbeträgen gerechnet werden, die in die Hunderte von Millionen US $ gehen. Zur Deckung von solchen Großschäden reichen auch die Reserven selbst von großen Versicherungsunternehmen kaum aus. Sie würden ihre Existenz aufs Spiel setzen und wären im Katastrophenfalle gar nicht mehr in der Lage, ihre Verpflichtungen gegenüber den Versicherten zu erfüllen. Das Risiko von Schäden durch die Erdbeben ist versicherungstechnisch nur schwer abzuschätzen. Zwischen einzelnen Großschäden können sehr lange Zeitintervalle liegen, ohne daß stärkere Beben auftreten, wie dies in Mitteleuropa der Fall ist. Die Versicherungen müßten sehr große Reserven für derartige Katastrophen ansammeln, wobei dann während Jahrzehnten oder vielleicht Jahrhunderten praktisch keine Schäden auftreten würden, wobei eine einzige Katastrophe dagegen auf einen Schlag alle Reserven verbrauchen könnte.

So wird, international gesehen, die Regulierung von Schadensfällen in der Regel in der Weise durchgeführt, daß Hilfsaktionen erfolgen, wobei die einzelnen Staaten und die Gemeinden, unterstützt durch Sammlungen einen Beitrag zur Regulierung der Schäden liefern. Ein weiteres Mittel, die Folgen von Erdbebenschäden zu lindern, besteht beispielsweise darin, steuerliche Erleichterungen für die Betroffenen vorzusehen, wie dies beim Beben auf der Schwäbischen Alb von 1978 in Baden-Württemberg geschah, indem dort die Kosten zur Erneuerung von beschädigtem Hausrat als außergewöhnliche Belastung steuermindernd vom Einkommen abgezogen werden konnte.

Als einziges Bundesland der Bundesrepublik Deutschland kennt das Land Baden-Württemberg jedoch eine geregelte Erdbebenversicherung. Diese ist inbegriffen in der obligatorischen staatlichen Gebäudeversicherung, die im Normalfall hauptsächlich als Feuerversicherung vorgesehen ist.

Eine Erdbebenversicherung kennt man auch in Japan, Neuseeland, den UdSSR und den USA. In Kalifornien hängt die Höhe der Versicherungs-Prämie ab von der seismischen Zone, in der sich das Gebäude befindet. In Japan ist der Inselstaat in 12 Erdbebenzonen unterteilt. Doch wird als Deckungssumme nur 30% derjenigen der Feuerversicherung versichert. In Neuseeland wird die Erdbebenversicherung, wie auch die Versicherung von sonstigen geologischen Schäden, wie Erdrutsche von der Regierung gefördert und von privaten Versicherungen gegen entsprechende Prämie übernommen.

Die Versicherungen in Großbritannien bieten z.T. auch Erdbebenversicherungen an. In Kanada ist die Deckung des Erdbebenrisikos möglich als Zuschlag zur Feuerversicherungs-Police, wobei die Prämien abhängig sind von der seismischen Zone, in der das Gebäude liegt. In Australien ist die Erdbebenversicherung in der allgemeinen Gebäudeversicherung inbegriffen.

3.15 Erdbebenvorhersage

Analog zur seismischen Zonierung werden im Hinblick auf die Erdbebenvoraussage einerseits statistische Methoden angewendet, anderseits machen seit etwa 1970 die synoptischen Methoden, die auf der Beobachtung physikalischer Größen beruhen, große Fortschritte. Ein großer Erfolg war hierbei die präzise Vorhersage des Ereignisses von Liaoning/China vom Februar 1975 (3.5).

Die statistische Erdbebenvorhersage

In Gebieten, in denen langfristige Beobachtungen vorliegen, insbesondere auch historische Überlieferungen in alten Schriftstücken, läßt sich häufig feststellen, daß Schadbeben mit vorgegebener Magnitude in bestimmten Zeitabständen mit mehr oder weniger großer Regelmäßigkeit auftreten. So ist im Bereich der Niederrheinischen Bucht etwa alle 20 Jahre mit einem Schadbeben zu rechnen. Für den praktischen Gebrauch sind solche statistischen Methoden jedoch nicht ausreichend, da der Zeitpunkt des Eintreffens und die zu erwartende Magnitude nur sehr grob umrissen werden kann.

Das Ziel einer Erdbebenvorhersage muß es nämlich sein, sowohl den Ort als auch den Zeitpunkt und schließlich noch die Stärke eines Bebens vorherzusagen. Man bedenke, daß das Herausgeben einer Erdbebenwarnung schwerwiegende wirtschaftliche Konsequenzen hat: Die wochen- oder monatelange Evakuierung der Bevölkerung eines Gebietes, das Stillegen von Fabriken und Verkehrsmitteln usw.

Die synoptische Erdbebenvorhersage

Nach dem Erdbeben von Niigata 1964 hat man durch Auswertung von Meßergebnissen nachträglich festgestellt, daß sich an der Westküste von Honsu, Japan, zunächst 60 Jahre lang der Boden ständig gehoben hatte und insbesondere in der Umgebung von Niigata die Küste ständig dem Meer entstiegen war. Diese Hebung nahm gegen Ende der 50er Jahre ab und nach dem Beben von 1964 war plötzlich eine Senkung von mehr als 20 cm festgestellt worden. Dies ist ein Beispiel dafür, daß Geländebewegungen einem Schadbeben vorausgehen können.

In Gegenden, in denen regelmäßig schwächere Erdbeben auftreten, können diese anhand der Seismogramme analysiert werden. So hat sich gezeigt, daß bei solchen schwachen Beben die Geschwindigkeit der P-Wellen von Ereignis zu Ereignis sich etwas verändern können. In den UdSSR hat man ermittelt, daß die Geschwindigkeit der P-Wellen in einem Fall zunächst um etwa 10% abnahm und kurz vor einem Schadbeben dann wieder auf den normalen Wert gesprungen war. Diese Veränderung der Wellengeschwindigkeit ist zurückzuführen auf die Veränderung der Eigenschaften des felsigen Untergrundes unter der sich aufbauenden und später wieder nachlassenden Spannung.

Eine dritte Methode umfaßt die fortlaufende Analyse von Gasen, die aus dem Bereich von aktiven Bruchzonen aufsteigen. Solche Messungen können am besten in Tiefbohrungen ausgeführt werden. So kann die Konzentration des überall aus dem Gestein aufsteigenden, radioaktiv zerfallenden Edelgases Radon vor Großbeben ansteigen.

Eine weitere Möglichkeit ist die Beobachtung der elektrischen Leitfähigkeit des Gesteins im Bereich von bekannten Erdbebenzonen. Aus Laborexperimenten an Gesteinsproben hat man ermittelt, daß der elektrische Widerstand, die Porenziffer und die Durchlässigkeit von Gesteinen kurz vor dem Bruch unter hoher Belastung eine starke Veränderung erfahren.

Durch direkte Beobachtung im anstehenden Gestein – «in situ» – hat man eine Vergrößerung des Volumens und die damit verbundene Auflockerung des Gefüges von Gesteinen beobachtet, die bei Schubbeanspruchung auftritt. Diese als Dilatanz bezeichnete Erscheinung beim Erdbebenvorgang ist ein weiterer Ansatzpunkt für die Erdbebenvorhersage. Früher oder später werden entsprechende Sonden in Bohrlöchern die entsprechenden Veränderungen der physikalischen Eigenschaften des Gesteins fortlaufend beobachten und unter Einsatz von Registraturgeräten und Computern werden kritische Zustände ermittelt werden können. Die ersten Schritte in Richtung einer sicheren Erdbebenvorhersage unter Einsatz der modernen Gerätetechnik sind gemacht.

Wesentlich weiter fortgeschritten als bei den vorgenannten Methoden sind die Untersuchungen hinsichtlich der Veränderungen der seismischen bzw. mikroseismischen Aktivität in einem gefährdeten Gebiet vor dem Auftreten von Schadbeben. Vor dem schadbringenden Hauptstoß finden häufig in ganz charakteristischer Weise für ein Erdbebengebiet schwache Vorbeben statt, die im Abstand von Monaten, Wochen oder Tagen auftreten können, auf die dann vielleicht eine trügerische Ruheperiode folgt. Für bestimmte Erdbebenzonen läßt sich aufgrund der Auswertung der Häufigkeit und Magnitude ein für den betreffenden Herd immer wiederkehrendes Schema erarbeiten, das für die Erdbebenvoraussage eingesetzt werden kann. Daß es andere Gebiete gibt, in denen Vorbeben fehlen, oder ganz unsystematisch sind, zeigt das Beispiel der Beben auf der Schwäbischen Alb (3.3).

Stunden vor einem schweren Beben wurde das abweichende Verhalten von Tieren beobachtet, so in San Francisco 1906, Tokio 1923 und auch in Friaul 1976. Es bestehen nur Vermutungen, daß die Tiere feine Veränderungen im Magnetfeld der Erde oder auch Mikrobeben spüren können. Unter Umständen wittern sie auch aus dem Boden austretende Gase. Von Amateurbeobachtern kann kurz vor Schadbeben wahrgenommen werden, wenn sich deutliche Veränderungen von Grundwasserspiegeln in Brunnen zeigen, wenn verdächtige Geräusche in Bauwerken (Knarren von Balken) bemerkbar sind.

Als allerletzte Warnung vor einem Schadbeben können häufig die schnellen P-Wellen herangezogen werden, die den schadbringenden S-Wellen vorauseilen (Abb. 3.15-1). Beim Erdbeben in Rumänien vom 4. März 1977 trafen die P-Wellen

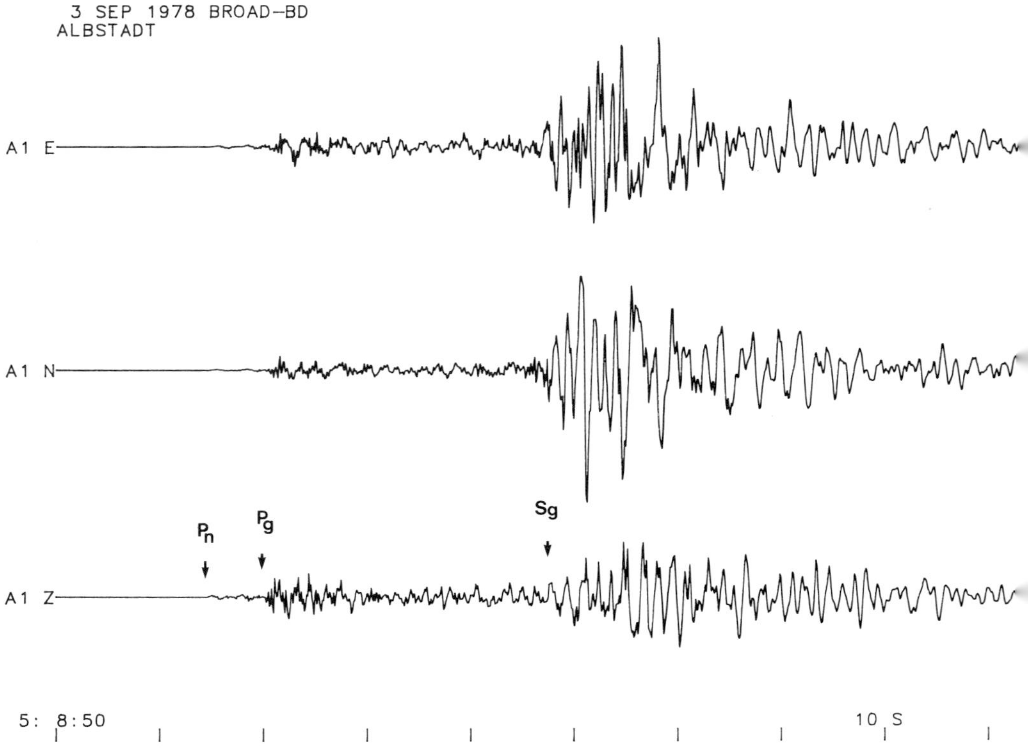

Abb. 3.15-1 Seismogramme des Bebens von Albstadt/Onstmettingen vom 3. September 1978 mit Einzeichnung der Einsätze der P- und S-Wellen (nach H. Aichele, Seismologisches Zentralobservatorium Gräfenberg/Erlangen).

in Bukarest volle 20 Sekunden vor den S-Wellen ein, da sich vom Hypozentrum, welches über 100 km tief lag und vom Epizentrum, das in 170 km lag, eine Entfernung zum Erdbebenherd von 200 km ergab. Durch die relativ lange Vorwarnzeit zwischen den P- und den S-Wellen konnten zahlreiche Personen aus den Gebäuden flüchten, die später zusammenbrachen. In den meisten Fällen wird der Zeitunterschied zwischen dem Eintreffen der beiden Wellen nur wenige Sekunden betragen. In jedem Fall ist es ratsam, beim Spüren von seismischen Erschütterungen sofort ins Freie zu eilen.

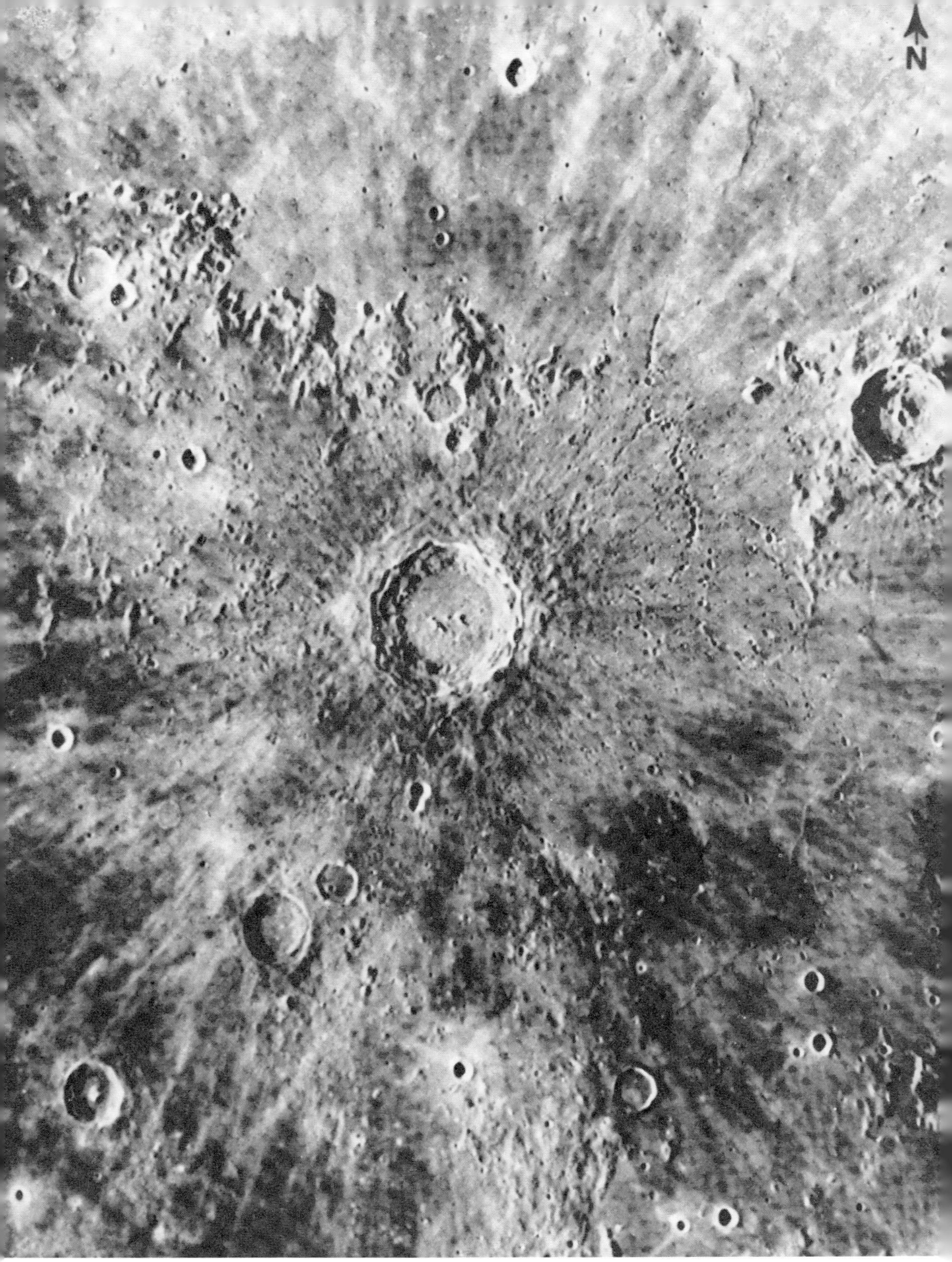
N

4. Meteoriteneinschläge

4.1 Das Tunguska-Ereignis – Explosion in der Taiga

Am 30. Juni 1908 registrierten verschiedene Wetterstationen in England auf den kurz vorher erfundenen, selbstschreibenden Barographen während 20 Minuten außerordentlich starke Schwankungen des Luftdruckes, für die keine plausible Erklärung gefunden werden konnte. Als dann an den folgenden beiden Abenden am Abendhimmel von Berlin, Kopenhagen und Königsberg weiße bis gelbe Lichterscheinungen auftraten, erinnerten sich einige Fachleute an ein ähnliches Phänomen, das im Zusammenhang stand mit der Explosion des Krakatau von 1883 (2.4). Schiffskapitäne, die zwischen Europa und Amerika unterwegs waren, registrierten ebenfalls merkwürdige Lichterscheinungen und veranlaßten die Metereologen zu intensiven Himmelsbeobachtungen, die jedoch zunächst zu keinem Resultat führten. Die Ratlosigkeit vergrößerte sich, als Störungen des Magnetfeldes der Erde bekannt wurden. Ein Ereignis, über das inzwischen über tausend Veröffentlichungen vorliegen, wurde erst 20 Jahre später in Europa bekannt: Die große Explosion am Oberlauf der Steinigen Tunguska, einem Nebenfluß des Jenissei in Sibirien.

Lichtblitz und Hitzestrahlung

So datiert der Bericht des russischen Forschers L. A. Kulik, der als einer der ersten das Ereignis erforschte, von 1927. Er zitiert den Bericht eines Augenzeugen, der als Mitarbeiter einer Handelsstation in dem dünn besiedelten Gebiet in etwa 100 km Entfernung, als er gerade an seiner Hütte arbeitete, die Explosion beobachtet hatte. Danach war über dem Himmel plötzlich ein Lichtblitz erschienen, der sich zu einem riesigen Feuerball entwickelte.

Im nächsten Moment wurde dem Beobachter so heiß, daß er weglaufen wollte. Da wurde er jedoch bereits von einer Explosion umgeworfen. Unter lautem Donnern vibrierte das Haus, die Scheiben klirrten und die Tür sprang auf. Zur selben Zeit hatten die Reisenden eines Zuges der Transsibirischen Eisenbahn in etwa 300 km Entfernung ein sonnengroßes Objekt gesichtet und der Knall der anschließenden Explosion war so stark, daß der Lokomotivführer anhielt, weil er eine Explosion im Zuge selbst vermutet hatte. In der 800 km entfernten sibirischen Stadt Irkutsk war die Explosion nicht nur auf den seismographischen Instrumenten wahrgenommen worden, sondern die Bevölkerung hatte sie als Erdbeben empfunden und war angsterfüllt auf die Straße gerannt. Aber auch in Moskau

◁ Mondoberfläche (Foto: NASA)

und in der seinerzeitigen Hauptstadt St. Petersburg, sogar in Jena, Washington und Java registrierten die Seismographen die Erschütterung. Über der Gegend der Tunguska stiegen anschließend schwarze Wolken bis 20 km Höhe empor und ein schmutziger, schwarzer Regen ging nieder.

Keine Überreste

Als Kulik fast 20 Jahre später unter großen körperlichen Anstrengungen die Berggegend erreicht hatte, fand er das früher dicht bewaldete Gebiet in einem trostlosen Zustand vor. Die Bäume lagen fächerförmig, mit den Wipfeln vom Zentrum weggerichtet am Boden. Alles war verbrannt – spätere genauere Messungen ergaben einen Durchmesser der Fläche mit Brandschädigungen von 65 km – und selbst nach dieser langen Zeit war nur vereinzelt Grün festzustellen. Trotz intensiver Suche konnten keinerlei Überreste eines Meteoriten – es war sogleich an einen solchen als Ursache der Umweltkatastrophe gedacht worden – gefunden werden. Es war auch kein eigentlicher Einschlagkrater erkennbar. In der weiteren Umgebung fanden sich nur kleinere Vertiefungen im Durchmesser von wenigen Metern. Durch das Fehlen eines großen Einschlagkraters und da nicht einmal Spuren eines Himmelskörpers aufgefunden werden konnten, blieb das Ereignis jahrzehntelang rätselhaft. Heute wird die Masse des seinerzeit in Sibirien niedergegangenen Meteoriten auf 1 Mio. Tonnen geschätzt. Von der Größenordnung von etwa 1 t an sprechen wir von Riesenmeteoriten und gerade solche stürzen relativ häufig auf die Erde, ohne daß Spuren von ihnen zurückbleiben. Meteorite sind Festkörper, die aus dem Weltall stammen und auf die Erde niederfallen. Die Erscheinung einer am Nachthimmel aufleuchtenden «Sternschnuppe» ist nichts anderes als ein Meteorit, der für den Bruchteil einer Sekunde oder länger aufblitzt. Solche kosmischen Partikel dringen – meist in der Größenordnung von 1 mm – in die irdische Atmosphäre ein. In einer klaren Nacht kann man von bloßem Auge etwa alle 10 Minuten eine solche Sternschnuppe beobachten.

Jährlich fallen Millionen von meist winzigen Meteoriten auf die Erde, die sich auf eine Masse von 1000 t/Tag summieren. Sie sind als Reflexe auf den Radarschirmen zu erkennen und werden von den Mikrophonen der die Erde umkreisenden Satelliten registriert. Von «Meteoren» sprechen wir, wenn es sich um das Aufleuchten von größeren, kugelförmigen Lichterscheinungen am Himmel handelt. Die Lichterscheinungen sind häufig so intensiv, daß sie am hellen Tage über Hunderte von Kilometern beobachtet werden können. So konnte man die Bahn des Meteoriten von Bath Furnace (Kentucky/USA) am Abend des 18. Nov. 1902 in den amerikanischen Staaten Louisiana, Mississippi, Alabama, Georgia, Tennessee und Kentucky auf einer Strecke von annähernd 1000 km beobachten. Die Lichterscheinungen beim Herabfallen eines Meteoriten beginnen erst, wenn derselbe einen Abstand von der Erde von etwa 150 km erreicht hat. Es wurden jedoch schon Meteoriten beobachtet, welche in 300 km Höhe begonnen hatten zu leuchten.

Die meisten Teilchen aus dem Weltraum verdampfen schon in Höhen um 80 km, meist aber um 60 km über der Erde. Die Reibung zwischen Oberfläche des

Meteoriten und der Luft bewirkt ein Erhitzen, welches immer stärker wird und schließlich zur Explosion des Himmelskörpers führt oder kleinere Körper völlig zum Verglühen bringt. Zurück bleiben feine Staubpartikel. Erst wenn ein Festkörper eine Masse von mindestens mehreren Kilogramm hat, hat er die Chance, als Festkörper auf die Erde aufzutreffen. Die gefundenen Meteoriten weisen häufig kleineres Gewicht auf, da es nur Bestandteile eines größeren, explodierten Himmelskörpers sind. Der schwerste Meteorstein, dessen Fall beobachtet werden konnte, ist derjenige von Furnas Co. (Nebraska/USA) vom 18. März 1948, der eine Masse von 1000 kg hatte. Dieser schlug im Ackerboden auf und erzeugte eine erstaunlich kleine Vertiefung von 3 m. Auch der Meteorit von Hoba bei Grot Fontein, der im ehemaligen Deutsch-Südwestafrika (Namibia) niederging, schlug in den verwitterten Kalk dort nur einen Trichter von 1,5 m Tiefe. Als in Sichote Alin in Ostsibirien am 12. 2. 47 ein Regen von Eisenmeteoriten niederging, hatte das größte Stück ein Gewicht von 1,7 t und hinterließ nur eine trichterförmige Vertiefung von 4 m.

Das Abbremsen in der Atmosphäre

Die Himmelskörper haben unabhängig von ihrer Größe eine kosmische Geschwindigkeit von etwa 40 km/s. Durch Komprimierung und Ionisierung der Luft erzeugen sie ein Leuchten. Ihre Oberfläche wird hierbei erhitzt und schmilzt auf eine Stärke von meist nur wenigen Millimetern. Es findet nämlich alsbald in der Atmosphäre ein Abbremsen statt, gleichzeitig beginnt eine Abkühlung, so daß die Meteoriten nur in seltensten Fällen heiß oder gar glühend auf die Erde auftreffen. Viel häufiger findet in 10 bis 20 km Höhe ein Zersprengen statt, gleichzeitig entsteht eine glühende Gaswolke.

Meteoriten mit einer Masse bis zu mehreren hundert Kilogramm verlieren durch die Abbremsung in der Atmosphäre ihre kosmische Geschwindigkeit und stürzen schließlich nur noch unter der Wirkung der Erdanziehung zur Erde. Entsprechend klein sind auch die Einschlagstrichter. Bei Massen von etwa 10 t findet nur eine teilweise Abbremsung statt, so daß beim Aufschlagen auf die Erdoberfläche noch Geschwindigkeiten von 4 km/s möglich sind.

1973 wurde auf einem Schrottplatz in Australien ein Eisenmeteorit von 6,1 t Gewicht entdeckt. Dank der Bemühungen des Mineralogen Ramdohr konnte das kostbare Stück in das Max-Planck-Institut für Kernphysik nach Heidelberg gebracht werden, wo es zersägt und an verschiedene wissenschaftliche Institute weitergegeben wurde. Hierbei handelt es sich sehr wahrscheinlich um ein Bruchstück des 15 t schweren Mundrabilla-Meteoriten, der im Museum der australischen Stadt Perth ausgestellt ist.

Als besonders ergiebige Fundstelle von Meteoriten hat sich die Antarktis erwiesen. Seit 1969 wurden inzwischen weit über 1000 Stück bis zu mehreren Kilogramm Gewicht eingesammelt. Auf dem Gletschereis sind Meteoriten leicht auszumachen. Obwohl sie vielleicht im Laufe von Jahrmillionen gefallen sind, reichern sie sich an Stellen an, an denen das Gletschereis vor Bergketten gestaut wird und wo es verdampft (sublimiert).

Riesenmeteoriten

Man schätzt, daß der in der Tunguska niedergegangene Meteor eine Masse von 1 Mio. t gehabt hat. Himmelskörper in dieser Größenordnung werden als Riesenmeteoriten bezeichnet. Während die kleinsten Partikel schon in der Luft verglühen, verdampfen die größten Körper durch die große Geschwindigkeit und die beim Aufschlagen freiwerdenden riesigen Energiemengen vollständig. Sie hinterlassen dann große Einschlagstellen und in diesen oder in der Nähe gefundene kleine Überreste bleiben nur erhalten, wenn sie sich vorher in der Luft von der Hauptmasse abgesprengt hatten. Strenggenommen spricht man erst vom Meteoriten, wenn Material auf der Erde erhalten bleibt. Im Sprachgebrauch werden jedoch auch die völlig verdampften Meteore als Meteoriten bezeichnet.

Beobachtung von Meteoritenfällen

Von den wohl jährlich etwa 2000 auf die Erde als Festkörper auftreffenden Meteoriten fallen naturgemäß die meisten ins Meer. Von den auf dem Land niedergegangenen wird nur der allerkleinste Teil aufgefunden. Von den zahlreichen Kratern, die auf Meteoriteneinschläge zurückgeführt werden, ist nur etwas mehr als ein Dutzend wissenschaftlich gesichert mit solchen in Zusammenhang zu bringen. Daher spielt heute beim Studium der Meteoritenfälle der Einsatz astronomischer Methoden die Hauptrolle. Dies in der Form der Fotoüberwachung des nächtlichen Himmels und Überwachung von Satelliten aus.

Über den ältesten vorliegenden Bericht über einen Meteoritenfall berichtete 1979 der chinesische Wissenschaftler Tu Quanzhi, der sich etwa auf das Jahr 2133 v. Chr. bezieht. Der älteste schriftlich dokumentierte Meteoritenfall in Europa ist derjenige vom 16. 4. 1492 im elsässischen Ensisheim. Der größte Teil des Steinmeteoriten von 55 kg ist heute noch im dortigen Rathaus zu besichtigen. Wissenschaftlich ernst genommen wurde das Phänomen der Meteoriten erst, nachdem am 26. April 1803 über l'Aigle in Frankreich ein Meteoritenschauer aus Tausenden von Steinen im Gesamtgewicht von 100 kg niedergegangen war.

1951 wurden am Ondrejow-Observatorium in der Tschechoslowakei Kameras installiert, die über ein spezielles Spiegelsystem den gesamten Himmel erfassen. Der erste Erfolg stellte sich am 7. 4. 1959 ein, als ein sehr heller Meteor mit der Magnitude –19 ausgemacht werden konnte. Die Klassifikation von Meteore geschieht nach der Helligkeit, wobei die Lichtstärke des Sirius als Nullpunkt gewählt wurde. Alle stärker leuchtenden Objekte als dieser Stern werden mit Minusziffern bezeichnet, so daß der Vollmond die Magnitude –12 erhält. Die Sonne wird mit etwa –25 bewertet. Als Reste dieses Meteoriten konnte 8 kg Material eingesammelt werden und weiterhin konnte durch die Fotoaufnahme die Bahn innerhalb des Sonnensystems berechnet werden. Seitdem wurde ein ganzes Netzwerk von Meteoriten-Fotostationen installiert. Der am 4. 12. 1974 ebenfalls in der Tschechoslowakei gesichtete Sumawa-Feuerball leuchtete nur 3 Sekunden lang auf mit einer Magnitude von –22. Seine Geschwindigkeit wurde mit 26 km/s berechnet. Es ergab sich das überraschende Ergebnis, daß der Körper nur eine Dichte von 0,2 besessen hatte, also aus gefrorenen Gasen, Wasser und Staub bestanden haben muß. Ein massiver Stein- oder Eisenmeteorit dieser Größe hätte mit niedrigerer Geschwindigkeit einen Riesenkrater von einigen hundert Metern erzeugt.

4.2 Das Nördlinger Ries – größter Meteorkrater der Erde

Zwischen der Schwäbischen und Fränkischen Alb liegt nördlich der Donau und ca. 110 km nordwestlich von München eine Kraterstruktur, die nach der benachbarten Stadt Nördlinger Ries genannt wird und einen Durchmesser von ca. 25 km aufweist (vergl. Abb. 3.3-3). Der Krater wurde lange Zeit als Ergebnis einer Vulkanexplosion angesehen. In dem aus dem Krater in die weitere Umgebung ausgeschleuderten Material fanden sich Partien eines merkwürdigen Gesteins, das nach Schwaben «Suevia» die Bezeichnung Suevit erhielt. Dieses enthält glasige Tropfen und Fäden, aber hat stellenweise auch den Charakter von Tuff.

Hauptsächlich amerikanische Forscher waren es, die um 1960 darin Hochdruck-Mineralien fanden, wie man sie im Labor durch «Stoßwellen-Metamorphose» erzeugt hatte, indem Stoßwellen mit Überschall-Geschwindigkeit durch die Gesteine durchgelassen werden. Solche Bildungen wurden dann auch vom Mond bekannt und untermauerten die Deutung des Kraters als Impakt-Krater, d.h. als Einschlagstelle eines Riesenmeteoriten. Wie eine Forschungsbohrung zeigte, die im Jahre 1973 bis 1206 m Tiefe abgeteuft worden war, hatte der Krater unmittelbar nach der Explosion eine Tiefe von ca. 500 m. Dann stürzte zunächst ausgeworfenes und zu Suevit umgewandeltes kristallines Nebengestein auf den Boden zurück. Oberhalb 314 m Tiefe unter Gelände liegen Sedimente, die aus der Miozänzeit des Tertiär stammen und bei denen es sich hauptsächlich um Seeablagerungen wie Tone, Mergel, Sandsteine mit jeweils eingelagerten Ölschiefern oder Braunkohle handelt. Vom ursprünglichen Kraterboden bis zur Endteufe der Bohrung wurde stark zertrümmertes kristallines Gestein durchfahren, das in Blöcken und Schollen vorlag, wobei die Zwischenräume von feinkörnigem Gesteinsbruch, sogenannter Breccie durchsetzt sind. Da der Grad der Zerstörung zur Tiefe hin noch nicht abgenommen hatte, wird gefolgert, daß unversehrtes Gestein erst unterhalb 2000 m Tiefe vorliegen dürfte.

Aus den Ergebnissen rekonstruierte man, daß vor etwa 14,8 Mio. Jahren ein Himmelskörper mit einer Masse von zwei Milliarden Tonnen mit einer Geschwindigkeit von 22 km/s aufgeschlagen ist und aufgrund seiner freigewordenen Energie vollständig verdampfte. Durch die hierbei momentan entstehende Hitze und die alsbald folgende Druckwelle wurde im Umkreis von 100 km jegliches Leben und jegliche Vegetation ausgelöscht. Die dabei entstandene Staubwolke hat sicherlich weltweit eine Klimaverschlechterung bewirkt.

Mit dem Krater des Nördlinger Ries haben wir eine Struktur vor uns, wie sie auf dem Mond in unzähligen Variationen vorhanden ist. Die Krater sind dort wegen der fehlenden Atmosphäre und der dadurch fehlenden Erosion auch bei einem Alter von mehreren Milliarden Jahren besser erhalten.

Aussterben der Dinosaurier durch Meteoriteneinschlag?
Am Ende der Kreide-Zeit vor 65 Mio. Jahren waren die Dinosaurier ausgestorben und mit ihnen ein Großteil der seinerzeitigen Lebensformen. Nun haben entsprechende Studien ergeben, daß das Magnetfeld der Erde sowohl zu dieser Zeit, als auch zum Zeitpunkt des Ries-Ereignisses eine Umkehrung erfahren hat. So wurde die Hypothese aufgestellt, daß die Explosion eines riesigen Meteoriten vor 65 Mio. Jahren eine derart große Staubwolke produziert hat, daß die Erde jahrelang in ein Dämmerlicht getaucht wurde. Die von der Photosynthese abhängigen Organismen, wie auch die Lebewesen, die sich von ihnen ernährten, mußten eingehen. Tatsächlich sind es hauptsächlich kleinere Lebewesen, die sich über den kritischen Zeitpunkt hinweg erhalten konnten, was sich anhand von Fossilien belegen läßt. Nach Whipple kommt als Einschlagstelle Island in Frage, wo nur jüngere vulkanische Gesteine vorhanden sind. Anlaß zu seiner Theorie sieht er in der Verteilung des Schwermetalls Irdium, welches in Tonschichten aus der fraglichen Zeit stellenweise stark angereichert ist und welches auch in Meteoriten mit entsprechend hohen Gehalten vertreten sein kann. Partikel aus der Explosions-Staubwolke hätten danach das Metall in den seinerzeit an der Erdoberfläche liegenden Schichten angereichert. Die größten Irdium-Konzentrationen ergaben sich nun in Nordeuropa.

4.3 Der Krater vom Canyon Diabolo

Im US-Staat Arizona liegt auf einem semi-ariden Hochplateau zwischen den Städten Winslow und Flagstaff ca. 3,5 km östlich des Canyon Diabolo der nach diesem benannte Meteoritenkrater (Abb. 4.3-1). Nachdem um die Jahrhundertwende in seiner Umgebung Bruchstücke von meteoritischem Nickeleisen aufgefunden worden waren, wurde sehr rasch eine Parallellisierung mit meteoritischen Mondkratern angestellt. Vom Kraterboden aus abgeteufte Bohrungen sollten die Hauptmasse des Meteoriten auffinden, eine solche konnte jedoch nie gefunden werden. Statt dessen konnte man feststellen, daß unter dem 180 m tief gelegenen Kraterboden zunächst die Ablagerungen eines inzwischen eingetrockneten Sees und unter diesen Trümmermaterial bis 265 m Tiefe liegt. Daraus ergibt sich eine ursprüngliche Tiefe des Kraters von 450 m. Aufgrund von Schätzungen des Alters anhand des Verwitterungszustandes und anhand von Fossilien in den Seeablagerungen datiert man das Ereignis auf einige 10000 Jahre zurückliegend.

Hinsichtlich der ursprünglichen Masse des Meteoriten gehen die Ansichten der verschiedenen Bearbeiter sehr stark auseinander. Es werden Massen von einigen tausend bis einhunderttausend Tonnen geschätzt. Die Aufschlaggeschwindigkeit wird meist auf 15 bis 20 km/s veranschlagt. Im Vergleich zu den Ereignissen Ries und Tunguska handelt es sich also um einen relativ kleinen Körper, dessen ursprüngliche kosmische Geschwindigkeit sehr stark abgebremst war.

Der Kraterrand zeigt eine charakteristische Aufwölbung des anstehenden Gesteins, das durch zurückfallendes ausgeschleudertes Trümmermaterial zusätzlich

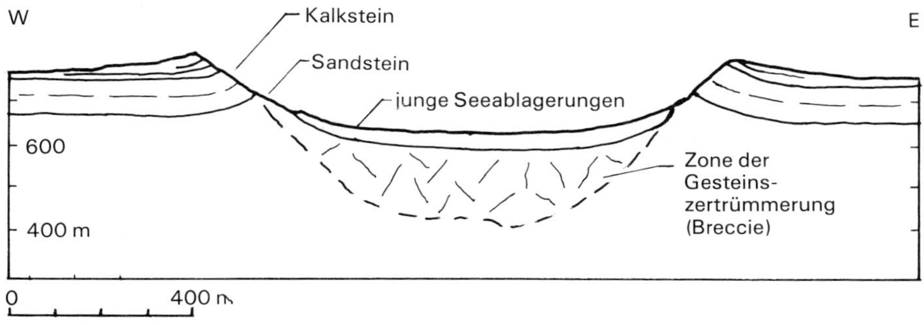

a) Meteorkrater vom Canyon Diabolo/Arizona

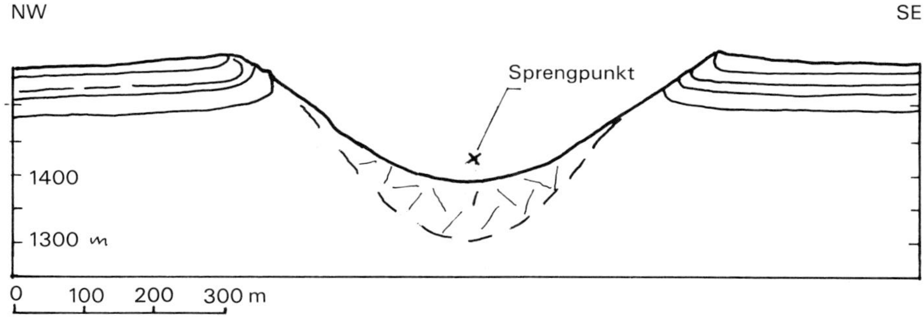

b) Krater der Kernexplosion Teapot Ess

Abb. 4.3-1 Vergleich der Struktur von Explosionskratern durch a) Meteoriteneinschlag und b) Kernexplosion. Beiden gemeinsam ist die Aufwölbung der oberflächennahen Gesteinsschichten und die Gesteinszertrümmerung (Breccien-Bildung) unter dem Kraterboden, geologische Profile (nach Shoemaker).

mit einem Wall von ca. 50 m Höhe bedeckt ist. Shoemaker stellte Vergleiche an mit Kratern, die durch Kernexplosionen im Rahmen von Tests entstanden sind. Hier finden sich ganz ähnliche Kraterstrukturen. Die Ladung bei den Versuchssprengungen war nicht an der Oberfläche, sondern in der Tiefe angordnet worden. So wird die Schlußfolgerung gezogen, daß der Meteorit bei seinem Einschlag zunächst in das Gestein eindrang, sich und das anstehende Gestein unter Aufbau einer Stoßwelle unter sehr hohen Druck setzte und dann erst die eigentliche Explosion erfolgte. In der Tat finden sich an den aufgefundenen Meteoritentrümmern typische Hochdruck-Bildungen. Schon bei den 1891 aufgefundenen ersten Stücken wurde ein Gehalt an Diamanten festgestellt. So wurden zeitweilige Drücke von 1000 Kilobar rekonstruiert. Gleichzeitig muß auch eine Erhitzung stattgefunden haben, indem sonst für Nickeleisen-Meteoriten charakteristische Ätzfiguren auf angeschliffenen Flächen stark gestört sind, was auf eine Erhitzung auf über 760° C hinweist.

5. Rutschungen und Bergstürze

5.1 Hangbewegungen – die häufigste geologische Gefahr

Nirgends zeigt sich die geologische Aktivität häufiger und augenfälliger als bei den Hangbewegungen. So ist die Bezeichnung «Erdrutsch» in die Umgangssprache für eine unvorhergesehene und tiefgreifende Veränderung z.B. in der Politik übernommen worden. Zwischen Rutschungen einerseits und Bergstürzen andererseits läßt sich oft keine scharfe Abgrenzung durchführen. So ist im angelsächsischen Sprachgebrauch auch der Oberbegriff «landslides» für beide Phänomene gemeinsam, entsprechend dem deutschen «Erdrutsch» oder einfach «Rutschung». Von eigentlichen Rutschungen spricht man, wenn «Erde», d.h. ein Lockergestein, wie z.B. Ton (Erdrutsch) oder eine Felsmasse (Felsrutsch) eine Bewegung auf einer Gleitfläche (Abb. 5.1-1) ausführt. Bei einem Bergsturz spielt dagegen ein freier Fall, meist von Felsmaterial, die Hauptrolle. Der Bergsturz ist das Endglied einer Steigerungsreihe, die beim Steinschlag beginnt, wie er an vielen Straßen signalisiert ist. Erreichen die herabfallenden Massen dagegen ein Volumen in der Größenordnung von Kubikmetern, spricht man von Felssturz. Erst bei nachhaltigen Veränderungen in der Topographie, d.h. wenn große Gesteinspartien abstürzen, wird das jeweilige Ereignis zum «Bergsturz» (Abb. 5.1-2).

Solche Hangbewegungen sind naturgemäß besonders häufig in Ländern mit Gebirgen, wie den Alpenländern, Südamerika, Japan, China und Indien. Zaruba und Mencl berichten, daß in der Tschechoslowakei allein in den Jahren 1961 und 1962 9000 Rutschungen aufgetreten sind, die eine Fläche von 60000 ha betroffen haben. C. Veder berichtet, daß das Erdbeben vom 8. Mai 1947 von Zenkoji in der japanischen Provinz Nagano 44000 Rutschungen ausgelöst hat. Nach Albert Heim sind in der Schweiz seit der Zeit der römischen Besiedlung rund 5000 Menschen durch Rutschungen ums Leben gekommen.

Die Größe einer Rutschung wird in erster Linie definiert nach dem Volumen an Lockergestein und Fels, das durch das jeweilige Ereignis bewegt worden ist. Wie bei den Vulkanausbrüchen und Erdbeben ist die jeweilige Schadwirkung stark abhängig von der jeweiligen Besiedlung eines betroffenen Gebietes. Bei der größten bekannten Rutschung, nämlich derjenigen von Usoy im Pamir-Gebirge in der UdSSR vom Jahre 1911 wurde ein Volumen von 2,5 km^3 durch ein Erdbeben bewegt. Hierbei wurde nicht nur das Dorf Usoy mit seinen 54 Einwohnern verschüttet, sondern die abgerutschten Erd- und Felsmassen stauten der Murgab-Fluß, wodurch ein See von 53 km Länge und 284 m Tiefe gebildet wurde.

◁ Hebgen Lake (Foto: Univ. of California, Berkeley)

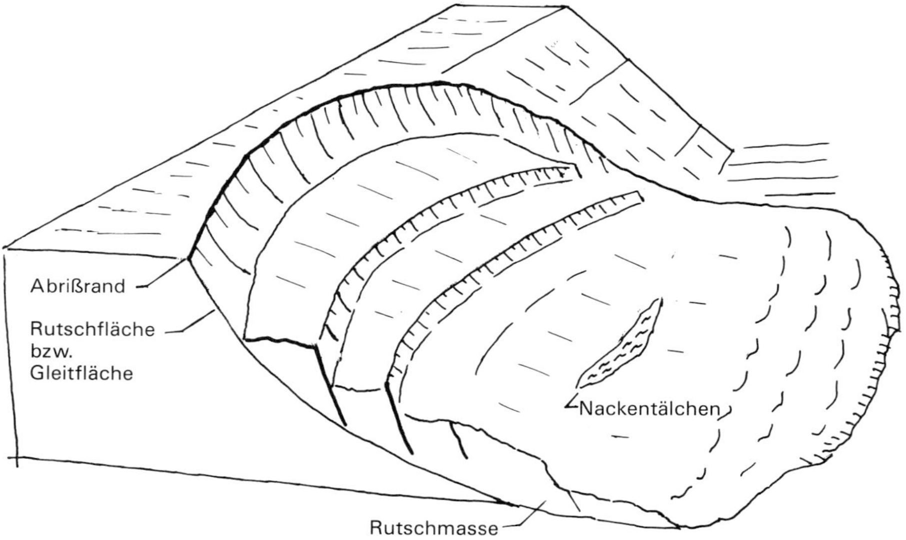

Abb. 5.1-1 Blockdiagramm einer Rutschung.

Rutschungen und Felsstürze mit einem Volumen von wenigen Kubikmetern können aber bereits einzelne Häuser zerstören oder Straßen und Eisenbahnen oder Versorgungsleitungen unterbrechen. Hangbewegungen stellen in zweifacher Hinsicht eine Gefahr dar. Einmal können sich Bauwerke und Anlagen im oder auf dem Rutschkörper selbst befinden und sie werden bei der Bewegung mitgerissen. Zum anderen droht die Gefahr am Fuß der Rutschung, wo die aufgelockerten Boden- und Felsmassen noch in Entfernungen von vielen Kilometern alles fortreißen und unter sich begraben können.

Die Geschwindigkeit von Rutschungen variiert in weiten Grenzen. Es sind extrem langsame Bewegungen von weniger als 0,06 m/Jahr möglich. Auf der anderen Seite können die extrem schnellen Bewegungen mehr als 3 m/s betragen.

Von den eigentlichen Rutschungen zu unterscheiden sind Kriechbewegungen, wie sie bei den meisten steilen Hängen aus Lockergesteinen und Felsböschungen auftreten. Meist finden diese jedoch nur dicht unter der Geländeoberfläche statt. Ihre Geschwindigkeit liegt meist im Bereich von wenigen Millimetern pro Jahr, wodurch sie aber bereits Bäume schiefstellen, Straßen und Zäune zum Verschieben bringen.

Eine besondere Art von Gleiten und Fließen im Bereich der oberflächennahen Schichten ist die Solifluktion, die während der Eiszeiten weit verbreitet war und bei der Bildung der Morphologie des Geländes einen wichtigen Faktor darstellt. Heute findet sie sich nur in arktischen Gebieten und oben im Hochgebirge, wo je-

Abb. 5.1-2 Wichtigste Ursachen von Rutschungen und Bergstürzen. ▷

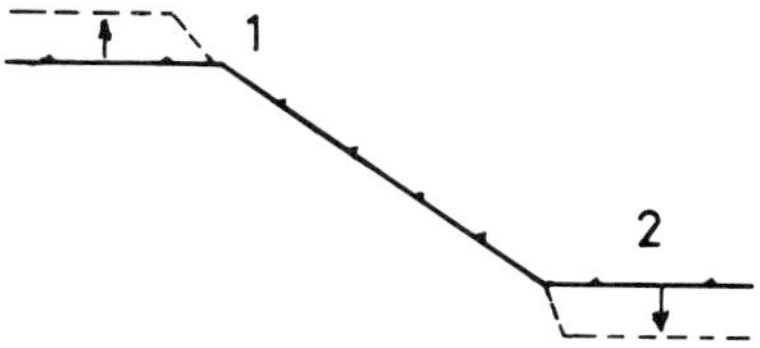

Natürliche oder künstliche *Aufhöhung* einer Böschung (1) oder *Vertiefung* am Böschungsfuß (2) (z.B. durch Erosion, Abschmelzen von Gletschereis) reduziert die Standsicherheit

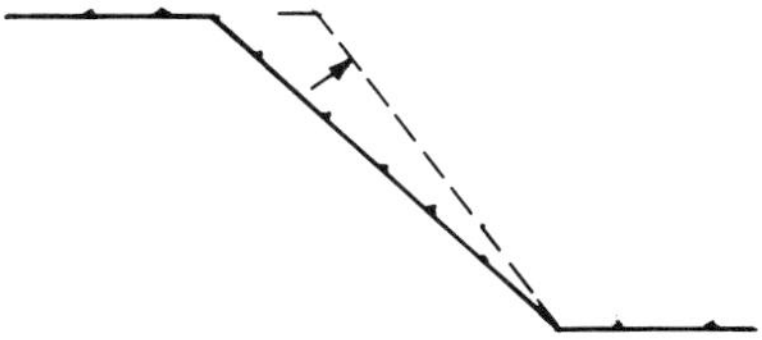

Tektonische Vorgänge (Gebirgsbildung, Hebungen) versteilen die Böschungsneigung

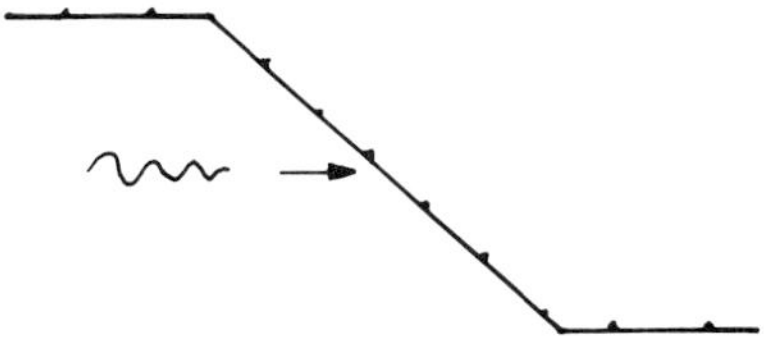

Erdbeben oder Sprengungen bewirken eine Horizontalkraft auf die Böschung oder bringen das Korngerüst zum Zusammenbrechen bis zur Verflüssigung (Löß, Sand)

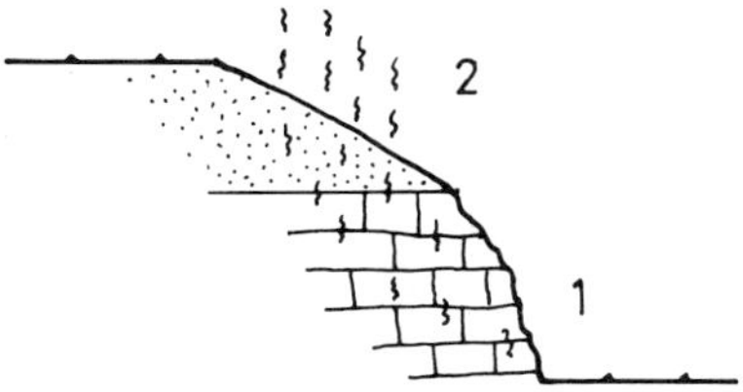

Einsickern von Wasser in Trennflächen von Fels (1) bzw. Poren von Lockergestein (2) bewirkt Herabsetzen von Kohäsion und Reibungswinkel, löst Kornbindungen (Löß), bewirkt innere Erosion (Feinsand und Schluff/Silt)

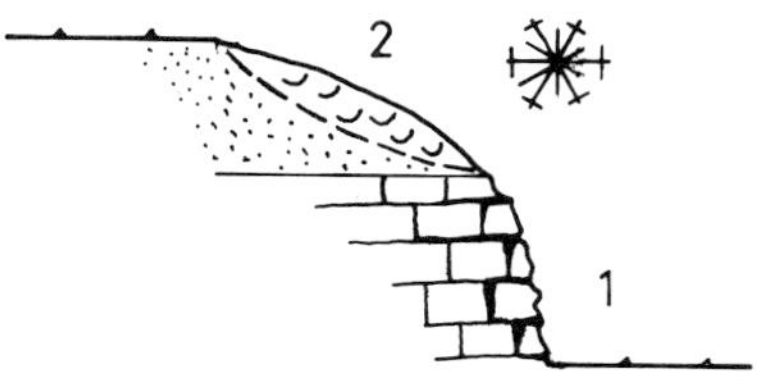

Gefrierendes Wasser erweitert die Trennflächen und bildet neue in Fels (1) bzw. verflüssigt beim Auftauen Schluff/Silt (2)

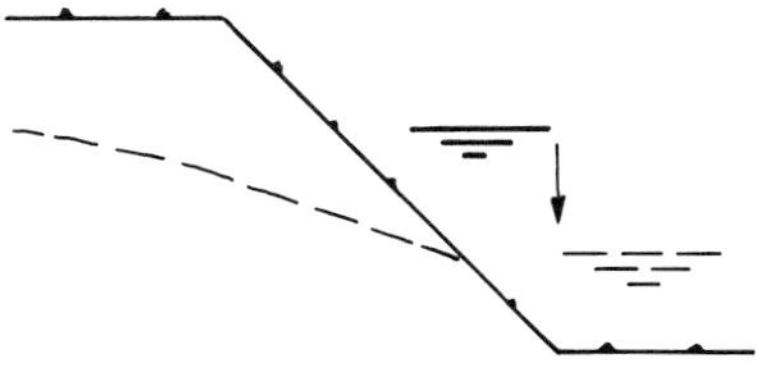

Plötzliches Absenken eines Wasserspiegels (z.B. in einem Stausee) bewirkt eine Sickerströmung oder Bodenverflüssigung in Schluff/Silt und Sand

weils der Boden im kurzen Sommer nur bis zu einer geringen Tiefe auftaut und der dann wassergesättigte Boden auch über sehr flache Hänge von 2 bis 4° fließen kann.

Neben der Zerstörung von baulichen Anlagen findet bei Rutschungen in großem Maße eine Landschaftszerstörung statt. Das trifft meist Berggebiete, in denen Land- und Forstwirtschaft ohnehin mit Schwierigkeiten zu kämpfen haben,

Abb. 5.1-3 Eine Schafherde als Opfer eines Erdrutsches im Schweizer Kanton Graubünden zu Pfingsten 1983. (Foto: RDZ)

indem nun zusätzlich schwere Wunden in die Hänge gerissen werden, Kulturland und Wald abrutscht und im Talgrund die dort besonders wertvolle Ackerkrume von Schuttmassen zugedeckt wird. Während schwerer Regenfälle zu Pfingsten 1983 fanden in dem Bergdorf Ramosch, Kanton Graubünden in den Schweizer Alpen, starke Rutschungen statt, die Schäden an Kulturen in Höhe von mindestens 500000 Franken verursachten. Hierbei kam auch die Hälfte einer Schafherde um, die sich auf der Weide oberhalb des Dorfes befunden hatte (Abb. 5.1-3).

Da sich Rutschungen häufig mit hohen Geschwindigkeiten bis zu mehreren hundert Kilometern pro Stunde bewegen, werden immer wieder Schädigungen durch die dabei auftretende Druckwelle beobachtet. Zu ganz gewaltigen indirekten Schäden kommt es, wenn die Rutschmassen im Talgrund Flüsse aufstauen und wenn der so gebildete Damm später durchbricht und die riesigen Wassermassen schlagartig talabwärts durchbrechen können.

5.2 Katastrophen durch Bergstürze

Der Bergsturz von Elm

Im Schweizer Kanton Glarus ereignete sich am 11. 9. 1881 ein Bergsturz, der nunmehr nach hundert Jahren immer noch als trauriges Beispiel für ein solches Ereignis gilt. Dort war in der Gemeinde Elm an der Flanke des Tschingelberges im Jahre 1868 der Abbau eines Schiefers begonnen worden, der sich besonders für die Herstellung von Schreibtafeln eignete. Dieser Schiefer war ursprünglich entstanden aus einer Wechsellagerung von Tonschlamm und feinem Sand auf dem Meeresgrund. Bei Auffaltung der Alpen wurden die Gesteinsschichten zusammengeschoben und verbogen. Die Gewinnung von solchen seinerzeit recht wertvollen Schiefern, die übrigens auch in zahlreiche Länder exportiert worden waren, ist nur an wenigen Stellen möglich. Durch die Faltungsvorgänge entsteht nämlich im Gestein durch Mineralneubildung senkrecht zur Druckrichtung eine neue Schieferung. Abbauwürdig sind in einem solchen geologisch komplizierten Gesteinskörper dann nur die eng begrenzten Schieferzonen, deren ursprüngliche bei der Ablagerung im Meer entstandene Schieferung parallel zur neu wirkenden Schieferung verläuft.

Nachdem der Steinbruch zunächst 10 Jahre lang durch eine Gesellschaft betrieben worden war, übernahm die Gemeinde 1878 schließlich selbst den Abbau und beschäftigte dabei über hundert Personen. Durch die Notwendigkeit, die eng begrenzte abbauwürdige Zone zu verfolgen, wurde der Abbau immer tiefer in den Berg hineingetrieben – zum Schluß waren es 20 m – und dies auf einer Breite von 180 m (5.2-1). Der Schieferkomplex war durch diese, heute als unsachgemäß zu bezeichnende Abbaumethode unterhöhlt worden und das Gestein begann langsam aber stetig mit einer talwärts gerichteten Kippbewegung aufzureißen, wobei auf der 300 m über dem Berg gelegenen Tschingelalp Risse im Boden auftraten und größere Felsstürze zu Tal gingen. So sah sich der Gemeinderat schließlich 3 Tage vor dem Ereignis gezwungen, die Arbeiten im Bruch einzustellen. Man ahnte eine Gefahr, konnte das Ausmaß und die zeitliche Nähe jedoch nicht erfassen.

Der eigentliche Tag der Katastrophe war ein Sonntag – und schon am Vormittag waren kleinere Felsstürze niedergegangen, die die Leute im Dorf aufgeschreckt hatten – als um 17.15 Uhr der erste größere Sturz als Bergsturz niederging. Die herabstürzenden großen Felsblöcke zerschlugen die Anlagen des Steinbruches und füllten den Bruch selbst auf. Nach diesem ersten Bergsturz waren noch keine Menschenleben zu beklagen gewesen, doch nun eilten zahlreiche Neugierige aus dem Dorf an den Schauplatz des Ereignisses. Dort ging eine Viertelstunde nach dem ersten Ereignis ein noch größerer Bergsturz nieder und raste über die zuerst abgelagerten Schuttmassen, hob Dächer ab und brachte die glücklicherweise evakuierten Häuser zum Einsturz. Die herbeigeeilten Zuschauer versuchten in panischer Angst den gegenüberliegenden Hang des Düniberges hinaufzukommen. Doch die Sicherheit, in der sie sich dort wähnten, war trügerisch, denn nur 4 Minuten später erfolgte der Hauptsturz. Die Hauptmasse, die durch die vorangegangenen Stürze unterhöhlt war, löste sich nun. Ein auf 10 Mio. m^3

geschätztes Volumen stürzte zuerst auf die Flanke des Berges beim Steinbruch und wich dann seitlich aus. Die Masse durchflutete das Tal und brandete am gegenüberliegenden Hang des Düniberges auf, wurde dort seitlich abgelenkt und ergoß sich talabwärts in das dort breiter werdende Tal, schob Häuser vor sich her und deckte den Ackerboden zu.

Die dabei erzeugte Druckwelle war so stark, daß Menschen in die Luft gewir-

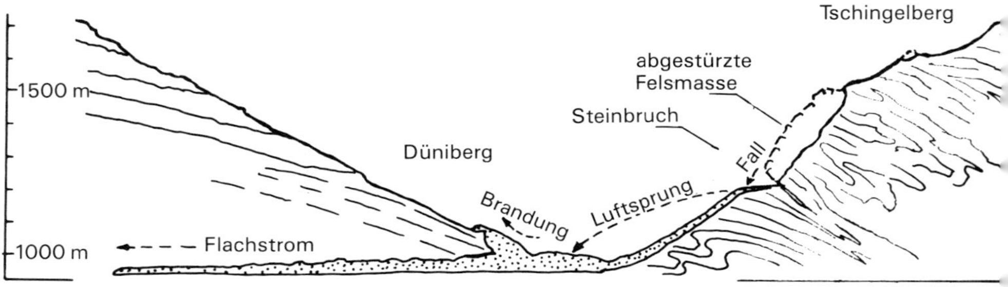

Abb. 5.2-1 Der Bergsturz von Elm, schematisches geologisches Profil bzw. Ansicht mit Einzeichnung der Bewegungsvorgänge (n. Alb. Heim).

belt wurden und erst in weiter Entfernung zu Boden schlugen. Aber gerade dadurch waren zahlreiche der Betroffenen gerettet worden. 115 Menschen waren umgekommen, erschlagen von den Blöcken oder von der 5 bis 50 m starken Schuttschicht verschüttet. 83 Gebäude waren zertrümmert, der Schieferbruch, der die Haupteinnahmequelle der Einwohner gebildet hatte und die fruchtbaren Talböden waren verwüstet.

Eine ausführliche Analyse des Ereignisses folgte alsbald durch den aus Zürich herbeigeeilten Geologen Albert Heim. Dadurch konnte das Ereignis eingehend analysiert werden. Der Hauptsturz war in drei Phasen vor sich gegangen. In der ersten Phase war der geschieferte und zerklüftete Fels im freien Fall abgestürzt und im Bereich des früheren Schieferbruches aufgeschlagen. In einer zweiten Phase hat das Material von dort einen Luftsprung ausgeführt und war dadurch auf den Talboden gelangt. Dort war das Material in einer dritten Phase ähnlich einer vulkanischen Glutwolke oder einem Schlammstrom als Flachstrom mit einer Geschwindigkeit von immer noch 180 km/h weitergerast und erst nach 1500 m zum Stillstand gekommen.

Über den Mechanismus des Fließens der doch trockenen Trümmermasse wurden bis in jüngster Zeit zahlreiche Überlegungen angestellt. Heim war 1882 zunächst zum Schluß gekommen, daß ein Luftkissenmechanismus gewirkt hat, indem die Luft unter der Trümmerdecke unter Druck gesetzt wird und wie bei einem Luftkissenboot eine 10 bis 30 cm starke Luftschicht die Reibung stark reduziert.

1932 zog Heim weiterhin in Betracht, dass eine «Fluidisierung» der Masse des Flachstromes eingetreten war. Diesen Effekt haben wir auch, wenn beispielsweise pulverisierte Kohle als Suspension in einer Flüssigkeit oder in einem komprimierten Gas gepumpt wird. Im Falle eines Bergsturzes kommt als Suspensionsmittel für die Gesteinstrümmer die in der Masse komprimierte Luft in Frage. Spätere Erklärungen, wie die von Hsü 1975, deuten den Vorgang als dispersives Fließen, wobei eine turbulente Bewegung der Gesteinstrümmer vorausgesetzt wird, d.h. ein ständiges Anstoßen der Teilchen gegeneinander. Als Dispersionsmittel kommt im Falle von Elm Luft, Dampf oder Staub in Frage. Nachdem aber ähnliche Sturzströme auf dem Mond beobachtet werden, wo Luft und Wasser nicht vorhanden sind, schlug Mc Losh 1979 eine neue Theorie vor, wobei eine Fluidisierung des Materials durch akustische Druckwellen erfolgt, die beim Zusammenstoßen der Gesteinstrümmer entstehen.

Einer der ältesten, durch historische Überlieferung beschriebenen Bergstürze ist derjenige, der sich ebenfalls in der Schweiz im Jahre 563 oberhalb der Rhonemündung in den Genfer See ereignete. Die herabstürzenden Felsmassen hatten die Rhone gestaut und beim Durchbruch der aufgestauten Wassermassen ergoß sich eine Flutwelle in den See, der die römische Siedlung Taurentunum am Ufer des Sees völlig zerstörte.

Der Bergsturz von Arth-Goldau

Das Ereignis von 1806, das – wiederum in der Schweiz – die Ortschaft Arth-Goldau zerstörte und 457 Todesopfer forderte, wird ebenfalls meist als Bergsturz bezeichnet. Nach strenger Definition, wonach ein Bergsturz zunächst den freien Fall der Hauptmasse durch die Luft voraussetzt, müßte hier jedoch von einem Bergrutsch gesprochen werden.

Nach Abbildung (5.2-2) sind dort nach einem regenreichen Sommer am 2. September mächtige Bänke von Nagelfluh-Konglomerat auf einer geneigten Mergelschicht abgerutscht. Nach einem Augenzeugenbericht war der Fuß des Roßberges ins Gleiten gekommen, worauf alsbald an einer darüberliegenden Felswand Felspartien herunterbrachen. Das Gemisch aus Fels, Steinen, Erde und Bäumen beschleunigte seinen talabwärts gerichteten Lauf. Ohrenbetäubendes Getöse, Krachen und Prasseln von Donnerstärke begleitete den immer schneller werdenden Lauf, bei dem hausgroße Blöcke und ausgewachsene Tannen durch die Luft geschleudert wurden. Die Masse kam in der Talsohle nicht zum Stillstand, sondern sie brandete hinauf zum gegenüberliegenden Rigi. Die seinerzeit niedergegangene Masse von 15 Mio. m^3 bestimmt noch heute das Bild im Talgrund im Bereich der untergegangenen vier Ortschaften durch das Herumliegen von hausgroßen Nagelfluhblöcken.

Als Ursache für den Felsrutsch wird vielfach ein Überhandnehmen des Porenwasserdruckes im Gestein durch die vorangegangenen starken Niederschläge genannt. Ein solcher kann sich jedoch allenfalls in der tonig-mergeligen Gleitschicht ausgebildet haben, dort wegen der hohen Überlagerung durch die harten felsigen Nagelfluhmassen jedoch kaum zu einer Materialveränderung, d.h. zur Schwächung des Materials geführt haben. Im stark zerklüfteten Nagelfluhkonglomerat kann sich ohnehin kaum ein Kluftwasserdruck aufbauen. Das Wasser mag höchstens zur Vergrößerung der Gesteinswichte beigetragen haben. Mit Terzaghi wird als Ursache der Rutschung daher eher eine tektonische Ursache gesehen, wobei durch Gebirgsbildungsvorgänge im Laufe von Jahrhunderten möglicherweise die Schichtneigung vergrößert worden ist.

Ein weiteres Beispiel eines Bergsturzes stammt ebenfalls aus den Schweizer Alpen, aus dem Tal des Ticino im Kanton Tessin. Dort zwängt sich zwischen den

Abb. 5.2-2 Das Abrißgebiet des Bergsturzes von Arth-Goldau am Roßberg mit Wechsellagerung von Nagelfluh-Konglomerat und Mergelschiefern. Im Hintergrund der Rigi, auf dessen Flanke die Bergsturzmasse aufbrandete. (Foto: M. A. Koenig)

Ortschaften Giornico und Lavorago der Ticino auf einer Länge von 5 km durch eine enge Schlucht, die aus riesigen Blöcken des sogenannten Tessiner Gneises gebildet wird. Die eiszeitlichen Gletscher hatten das Tal so vertieft, daß nach Rückzug des Eises die Stabilität der Felshänge nicht mehr gegeben war, so daß zwei oder drei Bergstürze stattgefunden hatten, die ein Volumen von rund 500 Mio.

Tonnen Fels bewegt hatten. An den Berghängen sind noch die Überreste von Seeablagerungen sichtbar, so daß geschlossen werden kann, dass die Bergsturzmasse zeitweise einen See aufgestaut hatte. Beim Bau der Gotthardeisenbahn stellte die Bergsturzmasse mit Blöcken von 5000 m^3 Inhalt ein ernsthaftes Hindernis dar, so daß mit zwei Tunnels in den Hang aus gewachsenem Gneis ausgewichen werden mußte.

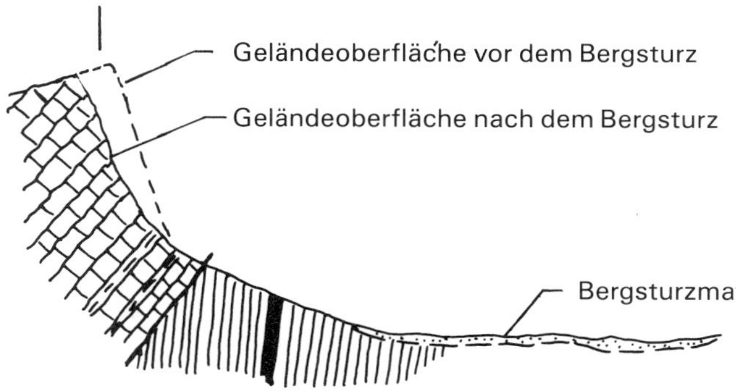

Abb. 5.2-3 Der Bergsturz von Frank, Alberta/Kanada; schematisches geologisches Profil (n. Terzaghi, 1950).

Ebenfalls ein Felsrutsch war derjenige vom Tour d'Ai im schweizerischen Rhonetal, als 1584 die Stadt Yvorne zerstört wurde und 300 Personen umkamen.

Als klassisches Beispiel eines Bergsturzes gilt das Ereignis von 1903, das die Stadt Frank im Westen der kanadischen Provinz Alberta betraf und dort 70 Todesopfer forderte (Abb. 5.2-3).

Über der Stadt erhebt sich der Turtle Mountain, der aus paläozoischen Kalksteinbänken aufgebaut ist, deren Schichtflächen wohl gegen den Berg fallen, deren Klüftung dagegen weitgehend hangparallel ausgebildet sind. Die Kalksteine sind aufgeschoben auf relativ weiche Sandsteine und Schiefer aus der Kreidezeit und in diesen wurde zeitweise Kohle abgebaut. Ausgelöst durch den Kohleabbau einerseits und gefrierendes Wasser in den Kluftflächen löste sich eine Masse von 30 Mio. m^3 von Felsmaterial und stürzte ohne Ausbildung einer Gleitfläche von der Gipfelpartie des Berges talabwärts und ergoß sich als Schuttstrom bis in eine Entfernung von 4 km über das Tal.

Mattmark: Der Gletschersturz auf die Baustelle

Ein Bergsturz in weiterem Sinne war auch der Gletschersturz vom 30. 8. 1965 auf der Staudammbaustelle Mattmark (Wallis, Schweiz). Unterhalb des im Bau befindlichen Dammes für den Stausee Mattmark waren am Berg Eismassen am Allalingletscher abgerissen und auf mehrere hundert Meter Breite über die darunter installierten Wohn- und Werkbaracken und Maschinenlager der Baustelle hinweggefegt. Das Ereignis forderte 88 Todesopfer. Der Allalingletscher war einer von 10 Gletschern, die in der Schweiz vor der Katastrophe in Ausdehnung begriffen waren (Abb. 5.2-4).

Abb. 5.2-4 Ein Eisabbruch vom Allalingletscher Wallis/Schweiz (oben im Bild) stürzte 1965 über die Felspartie mit Gletscherschliff (Mitte) auf ein Barackenlager der Dammbaustelle Mattmark (hinter dem Moränenwall) und erschlug 88 Mann des Personals.

(Foto: M. A. Koenig)

In der Zeit vom Herbst 1960 bis zum Herbst 1962 belief sich der Vorstoß des Gletschers auf 38 m. Die Gletscherzunge befand sich seinerzeit auf einer Höhe von 2228 m, wogegen die Talsohle auf etwa 2100 m liegt. Die horizontale Entfernung von der Abrißtelle zu den später verschütteten Barackenlagern betrug rund 600 m. Aufgrund dieser großen Entfernung hatte man die Gefahr nicht erkannt, obwohl bereits häufig kleinere Eispartien abgestürzt waren. Augenzeugen berichteten später, daß die in Mitleidenschaft gezogenen Baracken durch den ungeheuren Luftdruck zusammengestürzt waren, kurz bevor die Eismassen sie überdeckten.

Nach der Katastrophe wurde der Gletscher vom Flugzeug aus untersucht. Um eventuelle absturzgefährdete Partien zu lösen, wurden Sprengladungen mit Zeitzündern in markante Gletscherspalten abgeworfen und zur Detonation gebracht. Damit wurden weitere abbruchgefährdete Eispartien künstlich gelöst.

Huascaran: Gefahr vom Gletscher in den Anden

In den Anden von Peru in Südamerika reichen die Berggipfel bis über 6000 m hoch hinauf und sind daher meist von Eis und Schnee bedeckt. Auf der anderen Seite sind wegen der noch nicht abgeklungenen Gebirgsbildungsvorgänge die Böschungen sehr steil – und werden durch «Wachsen» der Berge einerseits und kräftige Erosion in den tiefen Tälern andererseits – immer steiler, so daß es dort immer wieder zu Katastrophen durch Rutschungen und Eisabbrüche sowie Schneelawinen kommt.

Abb. 5.2-5 Eine Lawine von Eis und Felsblöcken vom 6768 m hohen Huascaran in den peruanischen Anden zerstörte 1970 die Stadt Ranrahirca zum zweiten Mal in seiner Geschichte. (Foto: NOAA/EDIS.)

Nördlich von Lima erhebt sich der nach einem Inka-Fürsten benannte Huascaran auf 6768 m Höhe. Sein Gipfelgletscher hat eine Stärke von mehreren hundert Metern und in regelmäßigen Abständen finden Abbrüche von Eis- und Schneemassen statt, die als Lawinen talwärts gehen. Am 10. Januar 1962 löste sich nun eine Masse von Eis und Schnee, deren Volumen später auf 3 Mio. m^3 geschätzt wurde. Sie fiel zunächst auf fast 1 km Höhe senkrecht ab, zerbrach in kleine Partikel und folgte als dichte Eis- und Schneewolke dem Verlauf das Tales, wobei auf der rasenden Fahrt Felsblöcke und Erdmassen mitgerissen wurden, so daß eine Kombination von Lawine und Schlammstrom entstand. Als die Massen fast 4000 m Höhenunterschied zurückgelegt hatten und auf ein Volumen von 13 Mio. m^3 angeschwollen waren, erreichten sie die kleine Stadt Ranrahirca und 6 Dörfer, die allesamt weitgehend zerstört wurden. Schließlich kam die Masse zum Stillstand, indem sie ein Flußtal staute. Als später der Damm unter den aufge-

stauten Wassermassen brach, ergoß sich eine verheerende Flut talabwärts, so daß durch das Ereignis schließlich 4000 Menschen ums Leben gekommen waren.

Im Mai 1970 wiederholte sich das Ereignis, diesmal durch ein Erdbeben ausgelöst. Die als Mittelding zwischen Lawine und Rutschung niedergehenden Massen erreichten Geschwindigkeiten gegen 200 km/h und zerstörten hauptsächlich die Stadt Yungay.

Die Stadt wurde von dem 1 bis 2 km breiten Schuttstrom mit einer mehr als 10 m dicken Schicht von Schlamm und Geröll überdeckt, so daß nur noch die Umrisse der Kathedrale und die Palmen des Hauptplatzes herausragten (5.2-6). 18000 Menschen mußten ihr Leben lassen. Eine Abzweigung des Stromes schoß auf den Rio Santa zu, streifte die bereits 1962 betroffene Stadt Ranrahirca, wo sie 170 Menschen tötete (5.2-5) und kam erst nach Überquerung des Rio Santa 80 m über dem Flußbett am Gegenhang zur Ruhe, wo sie das Dorf Matacoto teilweise zerstörte.

Bei diesem Ereignis sind wahrscheinlich auch siebzehn Mitglieder einer tschechoslowakischen Bergsteigerequipe umgekommen, die ihr Lager am Ufer des Leanganuco-Sees unterhalb des Huascaran aufgeschlagen hatte. Der Untergang des Zeltlagers konnte von einer japanischen Seilschaft mitverfolgt werden, die am gegenüberliegenden Ufer kampiert hatte. Das Erdbeben, das diese Rutschkatastrophe ausgelöst hatte, forderte insgesamt 48000 Tote.

5.3 Katastrophen durch Rutschungen

Rutschungen und andere Hangbewegungen ganz allgemein entstehen durch Einwirkung der Schwerkraft, welche die Lockergesteins- oder Felsmassen hangabwärts verschiebt bzw. zum Abstürzen, Gleiten oder Ausfließen bringt. Ausgelöst wird eine Rutschung, wenn die physikalische Größe Scherfestigkeit des Bodenmaterials in der Gleitfläche zu klein wird. Dies ist besonders augenfällig der Fall, wenn feinkörnige Böden, d.h. solche, deren Korngrößen unter 0,06 mm liegen, und somit Schluff bzw. Silt und Ton umfassen. In solchen Bodenschichten kann bereits beim Zutritt von kleinen Wassermengen der instabile Zustand erreicht werden.

Der Erdrutsch vom 30. November 1977 von Tuve/Göteborg

Im Vorort Tuve der südschwedischen Küstenstadt Göteborg kam es am 30. 11. 1977 in einem Neubaugebiet zu einem großen Erdrutsch, der 67 Häuser völlig zerstörte, weitere 30 unbewohnbar machte und 8 Tote und 73 Verletzte forderte. Dieser Vorort liegt an der Talflanke des Kvillebäcken, einem Nebenfluß des Göta-Flusses. Der Baugrund besteht hier im tieferen Untergrund aus Moräne,

◁ *Abb. 5.2-6* Eine Luftaufnahme des Schuttstromes vom Huascaran 1970 mit der verschütteten Stadt Yungay. (Foto: Servicio Aerofotografico Nacional, Peru)

d.h. einer Ablagerung von eiszeitlichen Gletschern. Darüber – und hier als Baugrund für die Bebauung dienend – sogenannter Quickton. Dieser wurde früher im Meer abgelagert, es handelt sich also um ein marines Sediment mit einem ursprünglich vorhandenen Salzgehalt. Nach Ende der Eiszeit schmolz die Gletscherbedeckung über Skandinavien ab und als Folge davon ergab sich ein stetiges sogenanntes isostatisches Herausheben des Landes aus dem Meer, wobei seit Ende der Eiszeit bereits ein Betrag von 30 m erreicht wurde. Dadurch werden ursprünglich vorhandene Böschungen immer höher, bis dann ein kleines auslösendes Moment genügt, daß der Boden lokal aufreisst und sich eine kleine Rutschung bildet. Es ist eine spezielle Eigenschaft des Quicktons, daß er neben der allgemeinen Empfindlichkeit von Ton gegen Wasser zusätzlich empfindlich ist gegen mechanische Störungen. So pflanzen sich zunächst kleine Brüche rückschreitend gegen den Hang mit großer Geschwindigkeit fort und es kommt praktisch zu einer Verflüssigung des Tons. Die besondere Sensivität dieses Tons rührt her vom ursprünglichen Salzgehalt, der im Laufe der Zeit durch Niederschläge und Grundwasser ausgelaugt wurde, wodurch entsprechende Lücken im Korngerüst zurückblieben.

Als auslösender Faktor für die Rutschung wird die Sprengung für einen Tunnel in wenigen Kilometern Entfernung in Betracht gezogen. Unter den verschiedenen anderen diskutierten möglichen Auslösefaktoren befindet sich auch die Möglichkeit, daß undichte Abwasserleitungen einen Einfluss gehabt haben können. Einmal hätte hierbei Wasser in den Ton gelangen können, zum anderen enthält solches Abwasser Entspannungsmittel (Tenside), wie sie Waschmitteln beigegeben werden. Diese sind in der Lage, einen Teil des an der Öberfläche der Tonteilchen gebundenen Wassers in freies Porenwasser umzuwandeln, wodurch die Durchlässigkeit des an sich kaum wasserdurchlässigen Tons erhöht wird, so daß sich die Durchnässung des Materials weit ausbreiten kann.

Im benachbarten Göta-Tal war bereits 1950 eine ähnliche Rutschung aufgetreten, bei der in der Stadt Surte innerhalb von 4 Minuten 31 Häuser zerstört worden waren. Bereits 1913 waren die schwedischen Staatsbahnen von Tonrutschungen bei Lerun betroffen worden.

Darauf wurde eine geotechnische Kommission einberufen, woraus sich schließlich das spezialisierte Fachgebiet der Bodenmechanik des Bauingenieurwesens entwickelte.

5.4 Rutschungen und Stauseen

In zweifacher Hinsicht besteht ein möglicher Zusammenhang zwischen Rutschungen oder auch Bergstürzen einerseits und Stauseen andererseits. So befinden sich solche Hangbewegungen häufig in engen Flußtälern und beim Niedergehen können die Schuttmassen den Fluß aufstauen. Auf der anderen Seite werden künstliche Stauseen besonders oft in engen Bergtälern angelegt, also an Stellen, an denen auch bevorzugt Rutschungen auftreten.

Vaiont 1963: Ein Stausee schwappt über

Eine der größten Rutschungskatastrophen war diejenige vom Vaiont-Staudamm in den italienischen Alpen, die die Ortschaft Longarone und ein halbes Dutzend weitere Dörfer im Tal der Piave völlig auslöschte und rund 3000 Menschenleben forderte. In einem engen schluchtartigen Tal war erst wenige Jahre vor der Katastrophe durch eine Bogenstaumauer von 265 m Höhe der Vaiont-Stausee aufgestaut worden, der ein Volumen von 150 Mio. m^3 besaß. Der Stausee hatte eine Länge von 7 km und eine Breite von bis zu 300 m.

Schon kurz nach Fertigstellung der Staumauer wurden 1960 in der Böschung über dem See Risse beobachtet, örtlich waren auch kleinere Felsstürze aufgetreten und Hangbewegungen von anfänglich 0,4 m/Tag beobachtet worden. Erst einige Wochen vor der Katastrophe wurden intensive Beobachtungen durchgeführt, die alsbald eine gewisse Gefahrensituation erkennen ließen. Der Bürgermeister von Erto, welches sich in unmittelbarer Nähe des Stausees befand, hatte die Einwohner bereits eine Woche vor dem Ereignis zum Verlassen des Gebietes unter Mitnahme von Hausrat und Vieh aufgefordert. Die Aufforderung war jedoch nur teilweise befolgt worden. Ein letzter Appell erging wenige Minuten vor der Katastrophe, indem der Marschall der Carabinieri von Longarone von seiner vorgesetzten Dienststelle die Sperrung der Staatsstraße «Del Allemagna» forderte, jenes alten Verbindungsweges, der von Venedig über Cortina d'Ampezzo nach Deutschland führt und der hier zum großen Teil im Uferbereich der Piave verläuft.

Oberhalb des Südufers des Stausees erhebt sich der gegen 2000 m hohe Monte Toc. Von seiner Flanke rutschte nun plötzlich ein Volumen von 250 Mio. m^3 von hauptsächlich Felsmaterial in das Staubecken. In einer dadurch erzeugten Flutwelle mit einer Höhe, die die Staumauer um 100 m überragte, drangen die Wassermassen ins Tal, das Vaiont-Tal aufwärts, hauptsächlich aber talabwärts bis zum Tal der Piave und rauschten weiter dasselbe hinab. Es war der Abend des 10. Oktober 1963 gegen 22.45 Uhr, als mehrere Ortschaften buchstäblich verschwanden. Die Wucht der Wassermassen kann man sich vielleicht vorstellen, wenn man bedenkt, daß die Dammkrone bei 720 m Höhe über dem Meer liegt, während das Zentrum von Longarone bei 450 m Höhe lag. So blieb nach Augenzeugenberichten von Longarone nicht viel mehr übrig als ein Kirchturm und ein Baum. In der Stadt, die für ihre Speiseeis-Herstellung berühmt ist, trafen in den Tagen nach dem Unglück die Eishersteller aus der Bundesrepublik und der Schweiz ein – wo sie traditionell arbeiteten – um den Tod ihrer Angehörigen und den Totalverlust ihrer Häuser festzustellen.

Dem Schicksal waren einige Dutzend Kinobesucher entgangen, die nach Belluno gefahren waren, nachdem das Kino des Ortes kurz vorher abgebrannt war. Eine andere Gruppe hatte sich im höheren Teil der Stadt um einen der wenigen Fernsehschirme versammelt und kam ebenfalls mit dem Leben davon. Von amerikanischen Hubschraubern wurden in Longarone nur 18 Überlebende aufgenommen. Ebenso waren die Dörfer Fae und Pirago völlig verschwunden, letzteres bis auf den Kirchturm, und in Villanova blieb nur ein einziges Haus stehen. Im Vaiont-

Tal selbst, in unmittelbarer Nähe des Staudammes, waren die kleinen Dörfer San Martino, Viaspesse und Erto betroffen.

Zunächst hatte man angenommen, daß die Talsperre selbst gebrochen wäre, doch diese war bis auf kleinere Schäden im Bereich der Dammkrone intakt geblieben. Der Stausee selbst war jedoch von den abgerutschten Felsmassen weitgehend aufgefüllt.

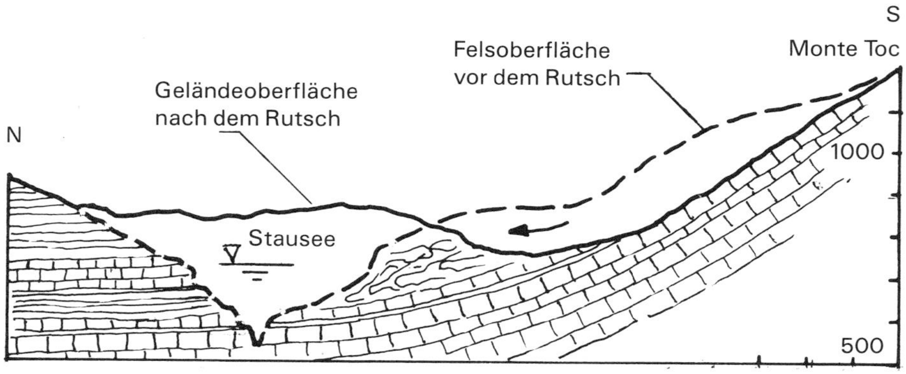

Abb. 5.4-1 Der Felsrutsch vom Monte Toc in den Vaiont-Stausee; geologisches Querprofil (n. Selli, 1964).

Wie beim Bergsturz von Arth-Goldau (5.2) war bei der Katastrophe von Vaiont eine große Felsmasse auf talwärts geneigten Schichtflächen abgerutscht. Es handelt sich hier um Schichten von Kalkstein aus der Zeit der Kreide und des Juras. Solche Kalksteinbänke sind gewöhnlich durch mehr oder weniger feine Zwischenlagen von Mergelschiefern getrennt. Nach Mencl rutschte die Felsmasse entlang einer Gleitfläche ab, die im bergwärtigen Bereich zunächst weitgehend geradlinig, im talwärtigen Bereich ähnlich wie die mittleren Schichtneigungen ausgeprägt gekrümmte Ausbildung hatte. Als auslösender Faktor wird der Aufbau eines artesischen Wasserdruckes durch Niederschlagswasser im Bereich der Gleitfläche vermutet. In Bezug auf Abrutschen der Felsmassen auf einer talwärts geneigten Gleitfläche und Mitwirken von Wasser als auslösender Faktor sind somit Parallelen zum Bergsturz von Arth-Goldau (Abb. 5.4-1) gegeben.

Als permanente Seen, die durch Rutschmassen aufgestaut werden, finden sich in den Schweizer Alpen als Beispiel der Klönsee im Kanton Glarus, der in einer Zwischeneiszeit entstand und ein Volumen von 770 Mio. m^3 umfaßt. Ebenso entstand der See von Davos durch eine Rutschmasse. Der ebenfalls in einer Zwischeneiszeit niedergegangene Felsrutsch von Flims im Schweizer Kanton Graubünden unterbrach den Lauf des Rheins, so daß sich ein See von 600 m Tiefe aufstauen konnte. Im Laufe der Zeit konnte der Rhein sich jedoch in die Rutschmasse einschneiden und praktisch sein früheres Bett wieder erreichen. Zurück blieb innerhalb der Rutschmasse als Restsee der kleine Cauma-See.

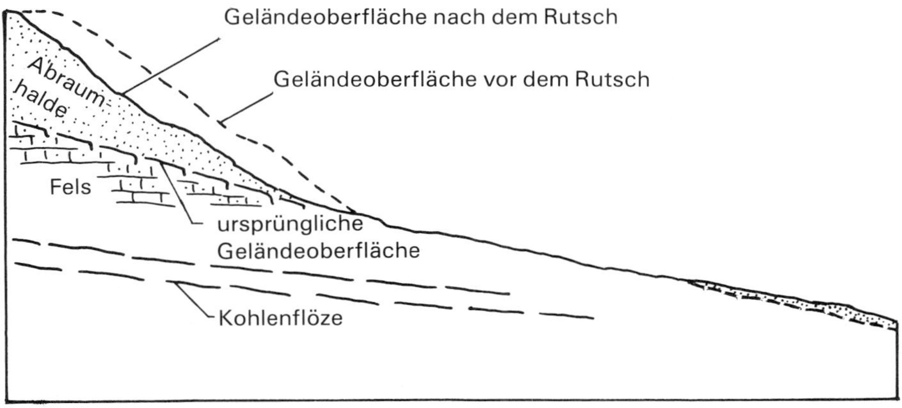

Abb. 5.4-2 Der Erdrutsch von Aberfan; schematisches Querprofil.

Rutschkatastrophen an künstlich erstellten Hängen, an Aufschüttungen und Dämmen sind bei richtiger Ausführung vermeidbar. Dennoch kommen sie immer wieder vor. So kam am 21. Okt. 1966 in Aberfan, Süd-Wales, Großbritannien, die Abraumhalde einer Kohlenmine ins Rutschen. Die wassergesättigten Erdmassen flossen über die an einem Hang errichtete Halde, stürzten talabwärts, zerstörten eine Schule und andere Häuser, so daß 116 Kinder, 5 Lehrer und 23 andere Erwachsene ums Leben kamen (Abb. 5.4-2).

5.5 Bergstürze und Rutschungen durch Erdbeben

Wir können zwei Wirkungsmechanismen unterscheiden, mit denen Erdbeben Hangbewegungen auslösen. Einmal kann dieselbe Horizontalkomponente von seismischen Schwingungen, die Bauwerke zum Einstürzen bringt, in labilem Zustand befindliches Fels- und Erdmaterial an Böschungen zum Abstürzen bzw. Abrutschen bringen. Bei der Untersuchung von Rutschungen wird man daher neben den hydrologischen Verhältnissen stets zunächst prüfen, ob ein Erdbeben als auslösender Faktor in Frage kommt (Abb. 5.5-1). Erdbeben können in Böden aus Sand oder Schluff bzw. Silt durch die Erschütterungen weiterhin eine regelrechte Bodenverflüssigung herbeiführen. Das gilt insbesondere, wenn der Boden locker gelagert ist und von Grundwasser erfüllt ist. Neben dem bereits beschriebenen Effekt des Versinkens von Bauwerken im Boden (3.12) werden dadurch auch Rutschungen ausgelöst.

Lößböden sind als eiszeitliche Windablagerungen entstanden und bestehen aus feinem Sand und Schluff/Silt und die Poren sind statt mit Wasser mit Luft gefüllt. Auch dieses Material kann sich durch Erdstöße verflüssigen, wobei statt des

Porenwasser-Überdruckes, der bei wassererfüllten Materialien auftritt, ein Porenluft-Überdruck entsteht. Am 16. Dezember 1920 wurden in der chinesischen Provinz Kansu durch ein Erdbeben ungeheure Rutschungen in Löß ausgelöst, welche rund 100000 bis 200000 Menschenleben forderten.

Im Jahre 1556 kamen in der chinesischen Provinz Schensi sogar fast 1 Mio. Menschen ums Leben, als ebenfalls bei einem Erdbeben solche Lößhänge verflüs-

Abb. 5.5-1 Beim Erdbeben vom 4. Februar 1976 wurden in Guatemala City Erdrutsche an bebauten Hängen ausgelöst. (Foto: USGS)

sigt wurden. Auf den ersten Blick erscheint die Möglichkeit einer «Verflüssigung» von trockenem Material unwahrscheinlich. Den hierbei wirksamen Effekt kann man sich jedoch illustrieren, wenn man Mehl oder Zement rasch aus einem Sack schüttet. Lößablagerungen finden sich weit verbreitet auch in den südwestdeutschen Erdbeben-Gebieten, wo sie allerdings häufig eine die Gefahr der Verflüssigung herabsetzende Verlehmung aufweisen.

Beim großen Erdbeben von Alaska des Jahres 1964 (3.7) entstanden in der Stadt Anchorage, die auf einer Terrasse etwa 20 m über dem Meeresspiegel liegt, neben zahlreichen Rutschungen auch regelrechte Bodenverflüssigungen in Partien von Sand und Schluff/Silt und sogar in Ton.

Während und nach dem Erdbeben von San Fernando 1971 in Kalifornien ereigneten sich Tausende von Rutschungen und Felsstürze, die bewirkten, daß unter anderem tagelang eine dichte Staubwolke über dem betroffenen Gebiet lag. Auch aus dem italienischen Calabrien werden durch Erdbeben ausgelöste Rutschungen beschrieben, die ihrerseits Flüsse abgesperrt und zu Seen aufgestaut hatten (Abb. 5.5-2).

Abb. 5.5-2 Ein Bergsturz nach dem Erdbeben vom 9. Juli 1958 zerstörte die Bewaldung der Ufer der Lituya Bay/Alaska durch die Flutwelle. (Foto: NOAA/EDIS.)

Alter Holzschnitt des Erdbebens von Basel 1356 (nach Christian Wurstisen, 1580; aus Suter, R., 1956).

6. Mit der Gefahr leben

6.1 Geologische Gefahren – zunehmende Tendenz

Die tektonische Aktivität auf der Erde umfaßt einmal die langsamen Bewegungen, wie das Heben und Senken von Teilen der Erdkruste sowie das «Wandern» von Kontinentalplatten. Diese langsamen Bewegungen, die reversibel sind, d.h. die eines Tages auch wieder umgekehrt verlaufen können, werden epirogene Bewegungen genannt. Im Gegensatz dazu stehen die orogenen oder gebirgsbildenden Bewegungen, die ein Zertrümmern oder Verfalten von Gesteinspaketen bewirken. Daneben gibt es isostatische Bewegungen, wie sie das Herausheben von Skandinavien nach Abschmelzen der eiszeitlichen Gletscherüberdeckung darstellen.

Der Antrieb für die tektonischen Bewegungen der Erdkruste liegt in Wärmekonvektionsströmen im Bereich des flüssig reagierenden Erdinneren. Im Erdinneren entsteht durch Kernzerfallsprozesse laufend Wärme. Zur kühlen Erdkruste entsteht ein Temperaturgefälle, welches die Gesteinsschmelze in Bewegung bringt. Solche Gesteinsschmelze dringt als Magma in aufgerissene Spalten ein und, wenn der örtliche Druck groß genug ist, schafft der Glutfluß den Weg bis zur Erdoberfläche, so daß Vulkanismus entsteht.

Anhand der Altersbestimmungen an den ältesten gefundenen Gesteinen hat die Erde ein Alter von über vier Milliarden Jahren. Mit dem Beginn der Formation des Kambriums vor 500 Mio. Jahren hat man den Beginn des Erdaltertums angesetzt, weil erst von dieser Zeit an die verschiedenen Gesteinsschichten so gut erhalten sind, daß sie näher untersucht werden können. Ähnlich der Untergliederung der Geschichte der Menschheit in Altertum, Mittelalter und Neuzeit folgt auf das Erdalterum (Paläozoikum), das Erdmittelalter (Mesozoikum) und schließlich die Erdneuzeit (Känozoikum). In den einzelnen Zeitaltern waren dort die mächtigsten Lagen von Sedimentgesteinen entstanden, wo sich der Boden in Senkungsräumen und Einbruchszonen, sogenannten Trögen, abgesenkt hatte. Im Erdaltertum war die örtliche Absenkung des Bodens besonders stark, so daß heute besonders mächtige Schichtpakete aus der Zeit des Karbons resultieren: die großen Kohlebecken im Ruhrgebiet und – erst 1983 im Zuge von Bohrungen für die Endlager von radioaktiven Abfällen in der Schweiz entdeckt – ein Trog von Karbonablagerungen vom Bodensee bis nach Burgund. Aber der Zeitraum, den diese Schichten zu ihrer Ablagerung brauchten, war auch sehr lang.

Im Erdmittelalter wurden insbesondere im Bereich des Geosynklinaltroges der späteren Alpen ebenfalls Gesteinsschichten von mehreren Kilometern Mächtigkeit sedimentiert. Ebenfalls entstand dort in der Erdneuzeit die Molasse als Verwitterungsprodukt der inzwischen dem Meer entstiegenen Alpen. Dieser Trog im Vorland der Alpen sank unter dem Gewicht des Verwitterungsschutts, den die Flüsse und Meeresströmungen herantrugen, ständig ab. So entstanden neue Schichten mit einer Mächtigkeit von wiederum mehreren Kilometern.

Betrachtet man aber nun den Zeitraum, in dem diese Gesteine entstanden sind, so kommt man zu dem überraschenden Schluß, daß im Erdaltertum, pro Zeiteinheit ganz wesentlich weniger Material sedimentiert wurde als in der Erdneuzeit.

Pro Zeiteinheit von 1 Mio. Jahren wurde nämlich im Erdalterum nur rund 100 m Sediment, im Mesozoikum rund 200 und im Känozoikum, der Erdneuzeit, sogar gegen 300 m Sediment abgelagert. Daraus folgert, daß vom Paläozoikum zum Känozoikum die Bildung von Sedimentgesteinen pro Zeiteinheit kräftig zugenommen hat. Dies war nur möglich, indem durch Senkungen, d.h. durch tektonische Bewegungen, die für die Ablagerung notwendigen Becken oder Tröge geschaffen wurden. Die dafür notwendigen Bewegungen der Erdkruste haben zugenommen. Im Einklang dazu steht die Feststellung der Geophysiker, daß die seismische Aktivität der Erde zunehmende Tendenz zeigt. Daraus folgt, daß in Zukunft nicht mit einer Abnahme, sondern mit einer Zunahme geologischer Katastrophen zu rechen ist. Durch die vergrößerte Bevölkerungsdichte wird die Zahl von Opfern und die Summe der Sachschäden immer größer werden – wenn nicht endlich konsequent der Nutzen aus den vorliegenden Erfahrungen gezogen wird.

6.2 Geologische Katastrophen und Atomkrieg

Bei den geologischen Katastrophen bestehen zahlreiche Querverbindungen untereinander. Vulkane können Lockermaterialien ausstoßen, die sich als Rutschungen, Lawinen und Schlammströme später in Bewegung setzen können. Erdbeben können Spalten zum Aufreißen bringen, auf denen dann Gesteinsschmelze, Magma, an die Erdoberfläche in Form von vulkanischen Ausbrüchen aufdringen kann. Auch Rutschungen und Bergstürze können durch die Horizontalkomponente von Erdbebenwellen ausgelöst werden.

Meteroiteneinschläge sind schließlich kosmische Ereignisse. Der Einschlag großer Meteore auf der Erdoberfläche ist vergleichbar mit Atombombenexplosionen. In beiden Fällen erscheint zunächst der Lichtblitz, und die sich dabei ausbreitende Hitzewelle verschmort jedes Leben, entzündet alles Brennbare im weiten Umkreis. Beim Ereignis in der Tunguska von 1908 betrug der Durchmesser der Fläche mit Brandschädigungen 65 km. Bei der Atombombe käme zusätzlich während einiger Sekunden eine Neutronen-Strahlendusche dazu. Beiden Erscheinungen wiederum gemeinsam ist die ungeheure Druckwelle, die anschließend folgt und schwerste mechanische Zerstörungen verursacht und auch Erdbeben auslösen kann.

Der Atompilz, der bei einer Atombombenexplosion mit Sprengpunkt am Boden entsteht, stellt pulverisierte Trümmer, Erde und Gestein dar, die über die Erdatmosphäre hinaus in die Stratosphäre aufsteigen und als radioaktiver Ausfall bis in große Entfernungen niedergeht. Die kleinsten Teilchen umkreisen jahrelang die Erde. Abgesehen von der mangelnden Radioaktivität der Staubteilchen haben wir sowohl bei Meteoriteneinschlägen als auch bei großen Vulkanexplosionen dieselbe Erscheinung: Eine Staubwolke steigt 20 bis 40 Kilometer hoch auf, in der näheren Umgebung herrscht tagelange völlige Dunkelheit, anschließend wird die Sonneneinstrahlung auch in weit entfernten Gebieten, wenn nicht auf der ganzen Erdoberfläche, stark reduziert. So war es beim Ereignis Katmai 1912 (2.6), Krakatau 1883 (2.4) und Tambora 1815 (2.5). Während zwei oder drei Jahren war anschließend die mittlere Jahrestemperatur in weiten Teilen der Welt um mehrere Grad reduziert, was bereits zu Hungersnöten führte.

Der Nuklearwinter

So betrachten die Gegner eines Atomkrieges die Staub- und Rauchbildung von Atomexplosionen und die dadurch bedingten klimatischen Veränderungen in der Atmosphäre als weit gefährlicher als die örtlich sicher dramatischen Primärschäden durch Hitzestrahlung, Druckwelle und Neutronen-Strahlendusche. 1983 legten Sagan und Ehrlich eine Berechnung für den Fall eines Waffeneinsatzes von Nato und Warschaupakt gegen militärische, industrielle und städtische Zentren mit einer gesamten Sprengkraft von 5000 Megatonnen sowohl mit Luft- als auch mit Bodenzündung vor. Sie errechneten als Folge der Reduktion der Sonneneinstrahlung eine völlige Finsternis auf der nördlichen Erdhalbkugel von mehreren Monaten mit einem Temperatursturz auf minus 15 bis minus 25° C. Daraus wurde die Möglichkeit der Unterbrechung des Vegetationszyklus gefolgert, was die Auslöschung des menschlichen Lebens auf der nördlichen Hemisphäre nach sich ziehen könnte.

1984 wurden von der Gruppe Covey, Schneider und Tompson vom National Center for Atmospheric Research (NCAR) weniger drastische Auswirkungen errechnet. Das NCAR-Modell rechnet bei einem Krieg im Sommer mit einem Temperaturabfall um 15 bis 20° C, im Winter mit einem solchen um 5° C, wobei die reduzierten Temperaturen jedoch nur kurzzeitig wirken würden und ein Auslöschen der menschlichen Existenz damit nicht zu erwarten wäre.

Einigkeit herrscht jedenfalls dahingehend, daß der Reduktion der Sonneneinstrahlung bei den angenommenen nuklearen Explosionen für die Betrachtung des Schicksals der Menschheit allgemein ein größeres Gewicht beigemessen werden muß, als den örtlichen primären Folgen einer Atomexplosion, seien sie auch noch so furchtbar. Das Studium der großen Vulkanexplosionen der Geschichte stellt hierbei ein Hilfsmittel dar, wie man es in einem Großversuch nicht besser nachvollziehen könnte. Seit dem Jahre 79 n. Chr. ist der Begriff der «Pinienwolke» geläufig. Diese Erscheinung im Zusammenhang mit der seinerzeitigen Explosion des Vesuv (2.13) ist identisch mit dem modernen Begriff des «Atompilz».

Spätestens seit den genannten großen Vulkanexplosionen war die klimaverschlechternde Wirkung solcher bis in die Stratosphäre aufsteigender Staubwolken bekannt. Und dennoch hat die US National Academy of Science (NAS) noch

1975 in einer Atomkriegsstudie die möglichen atmosphärischen Veränderungen infolge von Atomexplosionen nicht berücksichtigt. Was sich ohne Computerberechnungen rein empirisch aussagen läßt, ist, daß ein Atomkrieg im angenommenen Ausmaß eine größere Reduktion der Sonneneinstrahlung mit sich bringen würde, als dies bei den historischen Vulkanausbrüchen der Fall war. Solche Vulkanexplosionen haben aber bereits zu riesigen Ernteausfällen und damit verbundener Hungersnot, ja Hungertod geführt.

Die dänische Forschergruppe Hammer, Clausen und Dansgaard hat den Zusammenhang zwischen explosiven Vulkaneruptionen und Klimaverschlechterung anhand einer 404 m tiefen Kernbohrung im Eis auf Grönland untersucht.

Das untere Ende des Bohrkerns konnte auf das Jahr 553 n. Chr. datiert werden. Bei Vulkanexplosionen geraten nicht nur staubförmige Gesteinspartikel in die Stratosphäre, sondern auch Schwefel im Form von Schwefelsäure. Diese hält sich als Aerosol wesentlich länger in großen Höhen als die Staubteilchen, die doch in relativ kurzer Zeit zur Erde niedersinken. Den Aerosolen wird der Effekt zugeschrieben, die Sonneneinstrahlung stark zu reduzieren. Später findet sich die Schwefelsäure in den Eiskernen und starke Kaltzeiten zeigen gleichzeitig eine starke Anreicherung von Schwefelsäure im Eis. Den großen Vulkanausbrüchen konnte in der Bohrung jeweils eine nachfolgende Kaltzeit zugeordnet werden. Bei den Untersuchungen ergab sich weiterhin, daß die größte vulkanische Aktivität im untersuchten Zeitabschnitt zwischen 1250 und 1500 und später wiederum zwischen 1550 und 1700 n. Chr. geherrscht hatte. Diese Zeiträume sind aber auch aus der Geschichte als Kaltzeiten, als sogenannte «Kleine Eiszeit» bekannt, nachdem die eigentliche Eiszeit vor etwa 10000 Jahren ihr Ende gefunden hatte.

Die Auswirkungen eines Atomkrieges würden jedoch bei weitem übertroffen bereits vom Einschlag eines mittelgroßen Riesenmeteoriten von der Größe desjenigen des Ries-Ereignisses (4.2.) aufwärts. Auch hier wäre mit örtlichen Auswirkungen wie Verbrennung jeglichen Lebens durch die sich blitzartig entwickelnde Hitzestrahlung zu rechnen, die zudem langandauernde Waldbrände und Brände von Grasflächen auslöst. Dazu kommen die schweren mechanischen Zerstörungen durch die Druckwelle mit Auslösung von Erdbeben und das Niederprasseln von ausgeschleudertem Gesteinsmaterial. Über der Aufschlagstelle entwickelt sich eine Wolke aus Staub und Rauch und steigt in die Stratosphäre auf. Zusammen mit dem Rauch aus den brennenden Flächen wird eine Abschirmung des Sonnenlichtes bewirkt, die weltweite Klimaverschlechterungen mit sich bringt. Nach einer Hypothese von H. Urey ist beim Aufprall eines Riesenmeteoriten sogar die Gefahr gegeben, daß sich die Lufthülle weltweit für kurze Zeit auf 200 °C erhitzt. Damit würde ein großer Teil der Lebewesen auf der Erde vernichtet.

Ein solches kosmisches Ereignis würde danach zum eigentlichen «geologischen Epochemacher». Nach dem genannten Forscher ist etwa alle 11 bis 12 Mio. Jahre mit einer solchen globalen Katastrophe zu rechnen. Die schweren Kälteeinbrüche auf der Erde, die vor rund 800000 Jahren den Beginn der Eiszeit markiert haben, werden nach dieser Auffassung auf das Aufschlagen eines Kometenkerns zurückgeführt.

Die Sintflut – ein Meteoritenereignis?

Da über 70% der Erdoberfläche vom Meer bedeckt sind, ist auch die Wahrscheinlichkeit entsprechend groß, daß ein Meteorit in einen der Ozeane stürzt. Diesbezüglich hat K. Lemcke Überlegungen angestellt und er kommt zu dem Ergebnis, daß beim Einsturz eines Meteoriten mit einem Durchmesser von 900 m ein Wasservolumen von 25 km^3 augenblicklich verdampfen würde. Die hoch in die Atmosphäre hinaufschießende Dampfwolke würde das atmosphärische Gleichgewicht nachhaltig stören. Mit der alsbald zu erwartenden Kondensation des Dampfes wären katastrophale Wolkenbrüche oder in höheren Breiten riesige Schneefälle zu erwarten. Die sich in der Atmosphäre verteilenden Wasserdampfmoleküle würden weiterhin durch Beeinflussung der Ein- und Rückstrahlung der Sonnenenergie klimatische Veränderungen bewirken.

Die größte Gefahr würde jedoch von der Flutwelle ausgehen, die sich als Tsunami (3.7) auf die Küste zu bewegen würde. Während beim Einbruch der Caldera des Krakatau (2.4) eine Flutwelle in Höhe von 30 m auf die benachbarten Küsten aufbrandete, wäre bei einem solchen Ereignis mit Höhen von einigen hundert Metern zu rechnen, d.h. die Zerstörung würden sich weit in die Kontinente hinein erstrecken. Nach Abschätzungen dürfte ein solches Ereignis in der Erdgeschichte schon einige hundert Male stattgefunden haben. Nach Untersuchungen von amerikanischen und italienischen Geologen in der Karibik hat vor etwa 10 500 Jahren ein am Westrand des Atlantik eingeschlagener Meteorit eine solche Flutwelle ausgelöst. Die frühe Menschheit hat nach Lemcke mindestens einen Einschlag eines großen Meteoriten ins Meer miterlebt. Ein solches Ereignis würde die vielen Sagen über große Überschwemmungen, zu denen auch die biblische Sintflut gehört, zwanglos erklären.

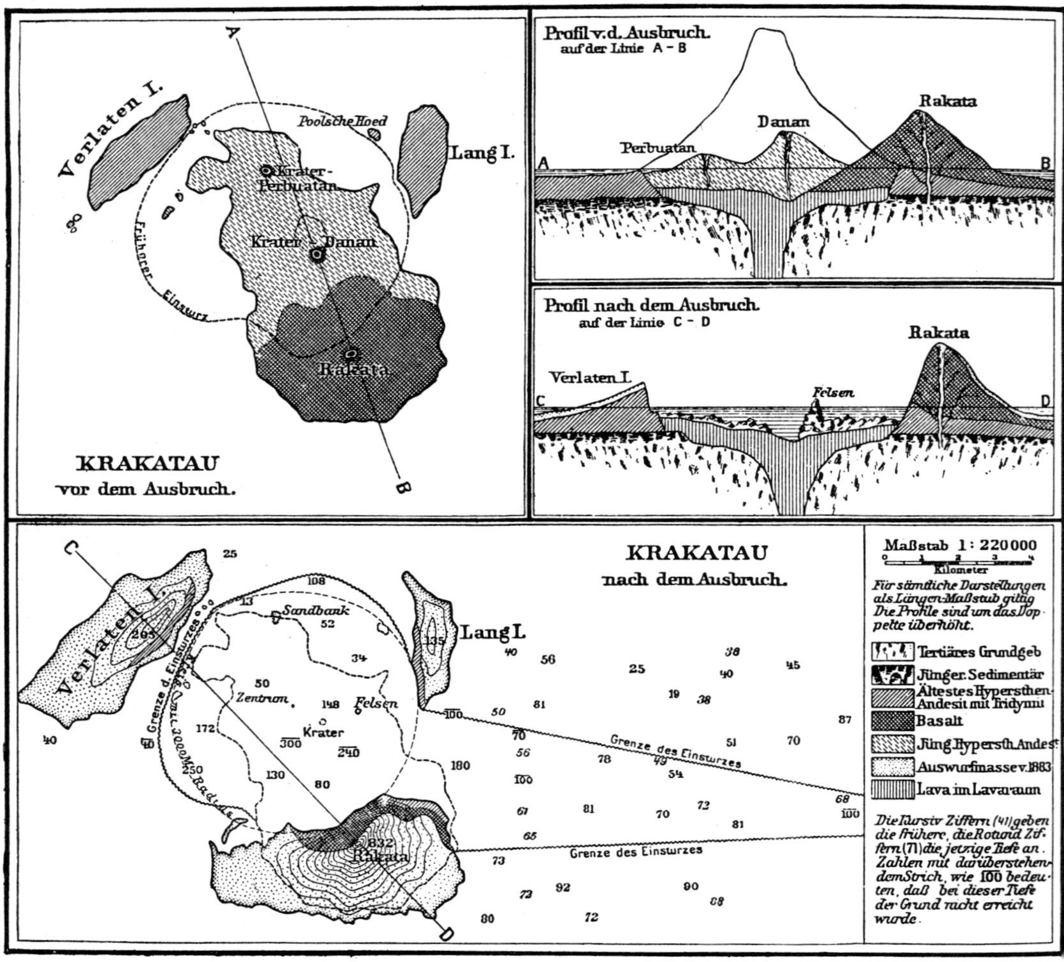

Krakatau 1883, geologische Karten und Profile in zeitgenössischer Darstellung nach Verbeeck, aus M. Neumayr 1886 (vgl. S. 33).

7. Literaturhinweise

7.1 Naturkatastrophen, geologische Katastrophen, allgemein

Bolt, B. A., Horn, W. L., Macdonald, G. A., Scott, R. F. (1975): *Geological Hazards.* Springer, New York - Heidelberg - Berlin.
Fuchs, V. (Herausgeber) (1978): *Naturgewalten.* - Umschau-Verlag, Frankfurt/Main.
Scheidegger, A. E. (1975): *Physical aspects of natural catastrophes.* - Elsevier Scientific Publishing Company, Amsterdam - Oxford.
Münchener Rückversicherungsgesellschaft (1978): *Weltkarte der Naturgefahren.* - Kartographisches Institut H. Fleischmann, München.
Schneider, G. (1980): *Naturkatastrophen.* - Enke, Stuttgart.
Stirrup, M. + Heierli, H. (1984): Grundwissen in Geologie. - Ott Verlag, Thun.
Swiss Reinsurance Company (1978): *Atlas on seismicity and volcanism.* - Kümmerly + Frey, Bern.
Annual summary of information on natural disaster. UNESCO, Paris.
White, G. F. (Ed.) (1974): *Natural hazards, local, national, global.* - Oxford University Press, New York - London.

7.2 Vulkane

Decker, R. + Decker, B. (1981): *Volcanoes.* - W.H. Freeman, San Francisco.
Macdonald, G. A. (1972): *Volcanoes.* - Prentice Hall, Englewood Cliffs, New Jersey.
Pichler, H. (1970 ff.): *Italienische Vulkangebiete,* Bd. 1–4. - Gebr. Bornträger, Berlin - Stuttgart.
Pichler, H., Schiering, W. (1980): *Der spätbronzezeitliche Ausbruch des Thera-Vulkans und seine Auswirkungen auf Kreta.* - Archäologischer Anzeiger, p. 1–37, 1980.
Pichler, H., Schiering, W. (1976): *Der Ausbruch des Thera-Vulkans um 1500 v. Ch.* - Naturwissensch. 65, p. 605–610.
Rittmann, A. (1981): *Vulkane und ihre Tätigkeit.* - Enke, Stuttgart.
Sheets, P. D. + Grayson, D. K. (Ed.) (1982): *Vulcanic Activity and Human Exology.* - Academic Press, New York.
Tazieff, H. (1974): *Vulkanismus und Kontinentwanderung.* - Deutsche Verlags-Anstalt, Stuttgart.
Thorarinsson, S. (1968): *Surtsey, Geburt einer Vulkaninsel im Nordmeer.* - Rascher, Zürich - Stuttgart.
Williams, H. + McBirney, A. R. (1979): *Vulcanology.* - Freeman, Cooper + Co., San Francisco.

7.3 Erdbeben

Berg, G.V., Bolt, B.A., Sozen, M.A., Rojahu, C. (1980): *Earthquake in Romanina,* March 4, 1977. – National Academy Press, Washington D.C.

Berlin, G.L. + Pitrone, D.J. (1975): *Urban seismology.* – CRC Press, Cleveland / O. (Critical reviews in environmental control; vol. 5; issue 3; p. 275–396).

Bolt, B.A. (1978): *Earthquakes, a Primer.* – W.H. Freeman + Co., San Francisco.

Bolt, B.A., Horn, W.L., Macdonald, G.A. + Scott, R.F. (1975): *Geological Hazards.* – Springer, Berlin – Heidelberg – New York.

Bureau of Social Affairs Home Office, Japan (1926): *The Great Earthquake of 1923 in Japan.* – Tokyo.

Damrath, R. (1974): *Ein stochastisches Verfahren der seismischen Analyse von Bauwerken mit Anwendung auf Kernkraftwerke.* – Diss. TH Berlin.

DIN 4149 (1981): *Bauten in deutschen Erdbebengebieten.* – Beuth, Berlin.

Earthquake Prediction and Seismicity Patterns. – Birkhäuser Verlag, Basel – Boston – Stuttgart.

Erdbeben in der Bundesrepublik Deutschland (1974ff.): Herausgeber: Bundesanstalt für Geowissenschaften, Hannover.

Leydecker, G. (1980): *Erdbeben in Nord-Deutschland.* – Z. dt. geol. Ges., 131, p. 547–555.

Lukas, H.G. (1979): *Wenn die deutsche Erde bebt.* – Deutsche Bauzeitung, 6, 56–66.

Newmark, N.M. + Rosenbluth, E. (1971): *Fundamentals of earthquake engineering.* – Prentice-Hall, Englewood Cliffs / N.J.

Pavoni, N. (1983): *Erdbeben und globale Tektonik.* – Vjschr. natf. Ges. Zürich 128/4.

Pavoni, N. + Mayer-Rosa, D. (1978): *Seismotektonische Karte der Schweiz.* Eclogae geol. Helv. 71/2.

Poljakov, S.V. (1973): *Earthquake resistant construction.* – National Oceanic and Atmospheric Administration, Rockville / Md.

Ray, D., Pister, K.S. + Chopra, A.K. (1974): *Optimum design of earthquake-resistant buildings.* – Earthquake Engineering Research Center, Richmond / Cal.

Rosman, Riko (1983): *Erdbebenwiderstandsfähiges Bauen.* – Ernst, Berlin.

Wieland, M. (1977): *State-of-the-Art Report über das dynamische Verhalten von Staumauern und von Staumauerbeton während Erdbeben.* – Mitt. Vers. A. Wasserb. Hydrol. u. Glaz. ETH Zürich.

7.4 Meteoriten

Baxter, J. + Atkins, T. (1976): *The Fire Came By.* – Doubleday + Co., New York.

Mccall, G.J.H. (1973): *Meteorite Craters.* – Dowden, Hutchinson + Ross, Stroudsburg, Penn.

Vdovykün, G.P. (1973): *The Canyon Diablo Meteorite.* – Space Sci. Rev. 14. (enthalten in Mccall).

Wasson, J.T. (1974): *Meteorites.* – Springer-Verlag, Berlin – Heidelberg – New York.

7.5 Rutschungen

The Japan Association of Landslide Control Techniques (Ed.) (1977): Proc. Second. Int. Symp. on Landslides and their Control, Tokyo.

Rastogi, K. A. (Ed.) (1980): *International Symposium on Landslides,* Bd. 1–3. – Sarita Prakashan, Meerut, New Dehli.

Veder, C. (1979): *Rutschungen und ihre Sanierung.* – Springer, Wien – New York.

Voight, B. (Ed.) (1978): *Rockslides and avalanches.* – Elsevier, Amsterdam – Oxford – New York.

Zaruba, Q. + Mencl, V. (1969): *Landslides and their control.* – Elsevier, Amsterdam/Academia, Praha.

8. Stichwortverzeichnis

Die verständlich geschriebene erdwissenschaftliche Reihe aus dem Ott Verlag Thun

Vom gleichen Autor:

Kleine Geologie der Schweiz

Dr. Martin A. Koenig

Allgemeinverständliche Einführung in Bau und Werden der Schweizer Alpen.

Die Schweiz gilt in internationalen Geologenkreisen stets als das Gebiet, in welchem auf relativ kleiner Fläche fast sämtliche geologischen Erscheinungen anzutreffen sind. Das Studium der Geologie der Schweiz stellt gleichzeitig eine umfassende Einführung in die allgemeine Geologie dar.

3. Auflage 1978. 212 Seiten, 24 Tafeln, davon 8 farbig, 43 Abbildungen und 11 Tabellen im Text, Leinen.

Grundwissen in Geologie

Ein Lehr- und Lernbuch auf elementarer Basis

Martin Stirrup / Hans Heierli

Das vorliegende Buch ist gedacht als eine Einführung in die Geologie und ihre Begleitwissenschaften – Mineralogie, Petrographie und Paläontologie – auf moderner Grundlage.
280 Seiten, 223 Abbildungen, 4 Farbtafeln, Leinen, farbiger Umschlag

- Ein Geologie-Lehrgang modernster Art
- Mit den neuesten Erkenntnissen auf dem Gebiet der Plattentektonik
- Allgemein verständlich geschrieben
- Aus dem Englischen – den mitteleuropäischen Verhältnissen aber angeglichen
- Für alle, die mehr über Gesteine und über die Bauformen unserer Landschaft wissen möchten

Die verständlich geschriebene erdwissenschaftliche Reihe aus dem Ott Verlag Thun

K. Werner Barthel
Solnhofen
Ein Blick in die Erdgeschichte.
394 Seiten, Leinen.

Bernd Binnewies
Steinschleifen
Die Kunst, Schmucksteine zu schleifen.
96 Seiten, broschiert.

Bögel/Schmidt
Kleine Geologie der Ostalpen
240 Seiten, Leinen.

Eberhard Fraas
Der Petrefaktensammler
Bestimmungsbuch der wichtigsten Fossilien.
5. Auflage, 392 Seiten, Leinen.

René Hantke
Eiszeitalter
Die jüngste Erdgeschichte der Schweiz und ihrer Nachbargebiete.
Das grosse Standardwerk in 3 Bänden, total 1908 Seiten, Leinen.

Band 1
Klima, Flora, Fauna, Mensch. Alt- und Mittelpleistozän. Vogesen, Schwarzwald, Schwäbische Alb, Adelegg.

Band 2
Letzte Warmzeiten. Würm-Eiszeit, Eisabbau, Nacheiszeit der Alpen-Nordseite, vom Rhein- zum Rhonesystem.

Band 3
Westliche Ostalpen bis zum Inn-Durchbruch und Südalpen zwischen Dolomiten und Mont-Blanc.

Hans Heierli
Geologischer Wanderführer Schweiz
Band 1: Die geologischen Grundlagen
Band 2: Exkursionen
2 Bände, total 420 Seiten, broschiert.

Karl Karsch/Ewald Muntwiler
Der Schweizer Jura und seine Fossilien
136 Seiten, Pappband.

Alex Kipfer
Mineralindex
206 Seiten, 12800 Mineralnamen. broschiert

Martin A. Koenig
Kleine Geologie der Schweiz
3. Auflage, 212 Seiten, Leinen.

Werner Lieber
Der Mineraliensammler
Über den Aufbau von Sammlungen und was man dazu wissen sollte.
Das Standardwerk Nr. 1!
7. Auflage, 344 Seiten, Leinen.

Hans Lüschen
Die Namen der Steine
2. Auflage, 384 Seiten, Leinen

Pajaud/Bariand
Fossilien
Versteinertes Leben aus Jahrmillionen.
110 Seiten, Leinen.

Hansgeorg Pape
Der Gesteinssammler
100 Seiten, broschiert.